软件开发 人才培养系列丛书

Python 程序设计基础与应用

朱大勇 陈佳 许毅◎编著

人民邮电出版社
北京

图书在版编目（C I P）数据

Python程序设计基础与应用 / 朱大勇，陈佳，许毅编著. -- 北京 : 人民邮电出版社，2023.2
（软件开发人才培养系列丛书）
ISBN 978-7-115-60259-6

Ⅰ. ①P… Ⅱ. ①朱… ②陈… ③许… Ⅲ. ①软件工具—程序设计 Ⅳ. ①TP311.561

中国版本图书馆CIP数据核字(2022)第191525号

内 容 提 要

本书主要介绍 Python 语言的开发环境（包括 Spyder、Jupyter 和 PyCharm）与交互式工具、语言概述、数据结构、编程范型、库、数据分析、数据可视化及应用案例分析。本书通过融合其他相关知识，重点讨论了 Python 在网络爬虫、推荐系统、图像处理和机器学习等多个领域的应用。本书不仅注重基本概念的讲解，还强调问题的分析与求解，并在教辅资源中给出了大量实例、源代码及 4 个 Python 实验，以供读者练习，进而帮助读者巩固所学知识。

本书的内容覆盖面广，实用性强，既可作为高等院校计算机、软件工程、人工智能、数据科学与大数据技术、信息和通信工程等专业相关课程的教材，又可供计算机视觉、机器学习等领域的技术人员参考使用。

◆ 编　　著　朱大勇　陈　佳　许　毅
　责任编辑　王　宣
　责任印制　王　郁　陈　犇
◆ 人民邮电出版社出版发行　　北京市丰台区成寿寺路 11 号
　邮编　100164　电子邮件　315@ptpress.com.cn
　网址　https://www.ptpress.com.cn
　北京隆昌伟业印刷有限公司印刷
◆ 开本：787×1092　1/16
　印张：19　　2023 年 2 月第 1 版
　字数：461 千字　　2023 年 2 月北京第 1 次印刷

定价：79.80 元

读者服务热线：(010) 81055256　印装质量热线：(010) 81055316
反盗版热线：(010) 81055315
广告经营许可证：京东市监广登字 20170147 号

前言
Preface

■ 技术背景

Python 是一种集解释性、编译性、互动性和面向对象等语言特征于一体的脚本语言。Python 相比其他程序设计语言，有相对较少的关键字，结构简单，其程序具有很强的可读性，并且学习难度较低。Python 具有功能极其丰富的（程序）库，这些库覆盖了文件 I/O、GUI（graphical user interface，图形用户界面）、网络编程、数据库访问、文本操作等绝大部分应用场景。此外，Python 语言可以跨平台，能够在 UNIX、Windows 和 macOS 等多个平台上使用，而且具有较好的兼容性。

■ 本书内容

本书共 9 章，各章的内容介绍如下。

第 1 章主要介绍 Python 的概况、发展历程及 Python 语言的特点。

第 2 章介绍 Python 常用的 IDE（integrated development environment，集成开发环境）工具，包括 Spyder、Jupyter 和 PyCharm。

第 3 章介绍 Python 的内置类型、控制流程和模块，并通过编程实例讲解 Python 语言的使用方式。

第 4 章着重分析元组、列表、集合和字典等数据结构，以及各种数据结构的推导式。

第 5 章介绍 3 种编程范型，即面向对象编程、函数式编程和元编程。

第 6 章主要介绍不同领域中使用的 Python 库，着重讲解 Python 的科学计算库。

第 7 章在各种库的基础上，介绍数据存取、数据清洗及时间序列分析方法。

第 8 章介绍数据可视化的各种绘图工具、统计绘图方法、网络可视化算法及交互式图形的制作方法等。

第 9 章通过案例探讨 Python 在网络爬虫、推荐系统、图像处理和机器学习等领域的具体应用。

■ 本书特色

1．理论联系实践，助力学练结合

本书在介绍 Python 语言的基础上，侧重讲解如何使用 Python 进行数据分析和应用开发；通过应用案例串联知识点，重难点清晰；在讲解基本概念时，注重编程实例和相关问题的分析，能有效引导读者学习相关知识并锤炼实战技能。

2．面向多领域应用，融合多学科知识

在每章中通过编程实例将各类知识纵向连接在一起；在应用案例部分，综合 Python 在网络爬虫、推荐系统、图像处理和机器学习等多领域的应用，通过融合多学科的知识讲解 Python 开发技术，帮助读者培养算法思维和解决实际工程问题的能力。

3．配套立体化教辅资源，全方位服务教师教学

本书配套了丰富的教辅资源，如 PPT、（针对不同学时的）教学大纲、源代码、习题答案、上机实验和实验代码等。读者可以通过动手实践掌握各章节的相关知识和编程技术，以便快速掌握 Python 编程的基本方法，并理解不同的编程思想。

■ 学时建议

授课教师可按模块化结构组织教学，同时可根据所在学校相关课程的学时情况，对部分章节的内容进行灵活取舍。此外，编者针对本书内容给出了相应的学时建议，如表 1 所示，供授课教师参考。

表 1　学时建议表

章序	章名	32 学时	48 学时
第 1 章	概述	2	2
第 2 章	开发环境与交互式工具	2	2
第 3 章	语言概述	2	2
第 4 章	数据结构	4	6
第 5 章	编程范型	4	6
第 6 章	库	4	6
第 7 章	数据分析	4	6
第 8 章	数据可视化	4	8
第 9 章	应用案例分析	6	10

■ 编者团队

本书总体结构由朱大勇设计，其中，第 1~4 章由陈佳编写，第 5、6、8 章由许毅编写，第 7、9 章由朱大勇编写。朱大勇对全书进行了统稿。

由于编者水平有限，书中难免存在疏漏及不妥之处，敬请读者朋友提出宝贵意见，以便编者修改完善。

编　者

2023 年 1 月于成都

目录
Contents

第1章 概述

第2章 开发环境与交互式工具

第5章

编程范型

第6章

库

第7章

数据分析

数据可视化

第9章 应用案例分析

第1章 概 述

本章主要介绍 Python 的基本概念，重点解析 Python 的数据模型，探究 Python 的数据分析方法。通过对以上内容的学习，读者可以了解 Python 的发展历程和特点，掌握 Python 的基本数据模型，理解 Python 数据分析方法的基本概念、预处理及分析方法的分类等。

本章的重点是掌握 Python 的基本数据模型，理解 Python 数据分析的基本方法；难点是理解数据分析。第 2 章将着重介绍 Python 开发环境与交互式工具。

1.1 Python 简介

Python 是一种跨平台的计算机程序设计语言，最初用于编写自动化脚本（shell）。随着版本的不断更新以及语言新功能的添加，它越来越多地应用于独立的大型项目的开发。

Python 是一种结合了解释性、互动性和面向对象等特性的高层次脚本语言，具有很强的可读性（它经常使用英文关键字来增强其可读性），同时还具有比其他语言更具特色、更易理解的语法结构。Python 是一种解释型语言，开发过程中无须编译环节。它使用解释器执行，解释执行的模式有两种：交互模式和脚本模式。类似于 PHP（hypertext preprocessor，超文本预处理器）和 Perl 语言，Python 是交互式语言，可以在一个 Python 提示符下直接互动执行程序。Python 又是面向对象语言，是一种支持面向对象的风格或代码封装在对象中的编程技术。Python 还是适合初学者使用的语言，简单易学。它支持广泛的应用程序开发，这些应用程序既可以是简单的文字处理程序，又可以是 WWW 浏览器，还可以是游戏等。

1.1.1 Python 的发展历程

Python 语言自 20 世纪 90 年代初诞生至今，已被广泛应用于系统管理任务的处理和 Web 编程。

Python 的创始人为荷兰人吉多·范罗苏姆（Guido van Rossum）。1989 年年底，在阿姆斯特丹，吉多为了打发时间，决心开发一个新的脚本解释程序，作为 ABC 语言的一种继承。ABC 是由吉多参与设计的一种教学语言。吉多认为：ABC 这种语言非常优美和强大，是专门为非专业程序员设计的。但是 ABC 语言并没有成功，吉多认为这是由其具有的非开放性造成的。吉多决心在 Python 语言的设计中避免这一问题。同时，他还想在 Python 语言中实现 ABC 语言未曾实现的一些功能。

Python 从 ABC 发展而来，其主要受到了 Modula-3 的影响，并且结合了 UNIX shell 和 C 语言的特点。Python 是用 C 语言实现的，能够调用 C 语言的库文件。Python 具有类、函数、异常处理等，同时它还具有包含表和字典在内的核心数据类型，以及以模块为基础的拓展系统。

Python 已经成为非常受欢迎的程序设计语言之一。自 2004 年以来，Python 的使用率呈线性增长趋势。Python 2 于 2000 年 10 月 16 日发布，稳定版本是 Python 2.7。Python 3 于 2008 年 12 月 3 日发布，不完全兼容 Python 2。2011 年 1 月，Python 被 TIOBE 程序设计语言排行榜评为 2010 年年度语言。2017 年，IEEE Spectrum 发布的研究报告显示，在 2016 年排名第三的 Python 在当年已经成为世界上最受欢迎的语言，C 语言和 Java 分别位居第二和第三。2018 年，Python 仍然排在第一位。

此外，由于 Python 语言的简洁性、易读性以及可扩展性，在国外用 Python 进行科学计算的研究机构日益增多。一些知名大学已经采用 Python 来教授程序设计课程。例如卡内基梅隆大学的编程基础、麻省理工学院的计算机科学以及编程导论等课程全部使用 Python 讲授。众多开源的科学计算软件包都提供了 Python 的调用接口，例如著名的计算机视觉库 OpenCV、三维可视化库 VTK、医学图像处理库 ITK 等。Python 专用的科学计算扩展库也较多，例如十分经典的科学计算扩展库 NumPy、SciPy 和 Matplotlib，它们分别为 Python 提供快速数组处理、数值运算以及绘图功能。因此 Python 语言及其众多的扩展库所构成的开发环境非常适合工程技术人员以及科研人员处理实验数据、制作图表等，甚至可以用来开发科学计算应用程序。2018 年 3 月，该语言创始人宣布 Python 2.7 将于 2020 年 1 月 1 日终止支持。用户如果想在这个日期之后继续得到与 Python 2.7 有关的支持，则需要付费给供应商。

1.1.2 Python 的特点

总结起来，Python 主要具备下述 10 个特点。

① 简单。Python 遵循“简单、优雅、明确”的设计理念。在很大程度上，Python 更注重可读性、一致性和软件质量。Python 的设计致力于可读性，因此它比其他语言具有更优秀的可重用性和可维护性。Python 具有独特的、简洁的、高可读性的语法以及一种高度一致的编程模式。

② 高级。Python 是一种高级语言。相对于 C 语言，Python 牺牲了性能而提升了编程人员的效率。它使编程人员可以不用关注底层细节，而把精力全部放在编程上。相对于 C 语言、C++、Java 等静态类型语言，Python 的开发效率提升了 3～5 倍。也就是说其代码量是其他程序设计语言的 1/5～1/3，而且无须编译、链接等，从而可以很好地提高编程人员的效率。

③ 面向对象。Python 既支持面向过程，也支持面向对象。

④ 可扩展。可以通过 C 语言、C++等为 Python 编写扩充模块。

⑤ 免费和开源。Python 是 FLOSS（free/ libre and open source software，免费/自由和开源软件）之一，允许开发人员自由地发布软件的备份、阅读和修改其源代码，或者将其中一部分代码用于新的自由软件中。

⑥ 边编译边执行。Python 是解释型语言，可边编译边执行。

⑦ 可移植。Python 能够运行在不同的平台上。绝大多数 Python 程序不做任何修改即可在所有主流计算机平台上运行。此外，Python 提供了多种可选的独立程序，如 GUI、数据库接入、基于 Web 的系统等，同时它还提供了操作系统接口等。

⑧ 丰富的库。Python 拥有许多功能丰富的库。Python 内置了众多预编译并可移植的功能模块，涵盖了从字符模式到网络编程等一系列应用级编程任务。此外，Python 可通过自行开发的库和众多的第三方库简化编程，其第三方库可应用于网站开发、数值计算、串口编写、游戏开发等多个场景。

⑨ 可嵌入。Python 代码可以嵌入 C 语言、C++等程序设计语言的代码中，为其提供脚本功能。

⑩ 组件集成。Python 脚本可通过灵活的集成机制轻松地与应用程序的其他部分进行通信。这种集成使 Python 成为产品定制和扩展的工具。Python 程序可以与 C、C++、Java 程序相互调用。

1.2 数据

Python 语言的数据主要包括数据类型和编程范型两个部分。

1.2.1 数据类型

在内存中存储的数据可以包含多种类型。Python 3 中包含 6 种标准的数据类型：number（数值）、string（字符串）、tuple（元组），这 3 种数据类型是不可变的；而另外 3 种数据类型，即 list（列表）、set（集合）、dictionary（字典）则是可变的。

下面分别介绍这 6 种数据类型。

① 数值类型。Python 3 主要支持 int、float、complex（复数）3 种数值类型的数据。在 Python 3 中，只有一种整数类型 int，表示长整型数据，没有 Python 2 中的 long。像大多数语言一样，Python 中数值类型的赋值和计算都是很直观的。Python 内置的 type( )函数可以用来查询变量的数据类型。

② 字符串类型。Python 中的字符串用单引号或双引号括起来，同时使用反斜杠转义特殊字符。

③ 列表类型。列表是 Python 中使用较频繁的数据类型。列表可以完成大多数集合类数据结构的实现。列表中元素的类型可以不相同，它支持数字、字符串，甚至可以包含列表（所谓嵌套）。列表将元素放在方括号之间，用逗号分隔开。和字符串一样，列表同样可以被索引和截取。列表被截取后返回一个包含所需元素的新列表。

④ 元组类型。元组与列表类似，不同之处在于元组的元素不能修改。元组将元素放在圆括号里，元素之间用逗号隔开。

⑤ 集合类型。集合是一个无序且元素不重复的序列，其基本功能是进行成员关系测试和删除重复元素。可以使用花括号或者 set( )函数创建集合。注意：创建一个空集合必须用 set( )而不是花括号，因为花括号是用来创建空字典的。

⑥ 字典类型。字典是 Python 中一个非常有用的内置类型。列表是有序的对象集合，字典是无序的对象集合。两者之间的区别在于，字典当中的元素是通过键而不是通过偏移来存取的。字典是一种映射类型，用“{}”标志，它是一个无序的键值对集合。键必须使用不可变类型的数据。在同一个字典中，键必须是唯一的。

1.2.2 编程范型

编程范型描述的是一类典型的编程风格，特别是软件设计开发的典型风格。本小节介绍 Python 面向过程和结构化的编程范型。

Python 作为一门脚本语言，其使用范围非常广泛。Python 可以用于算法开发，也可以用于验证逻辑，还可以作为“胶水语言”，来“黏合”整个系统的流程。因此，如何使用 Python 既取决于业务场景，也取决于 Python 的应用场景。一般来说，Python 的运行主要分为下面 3 种模式。

1. 单循环模式

单循环模式是使用最多的一种模式，也是最简单、最稳定的模式。因为单循环模式中代码很少，所以出错的机会就更少。因此一般只要正确编写了接口，出错的概率就会很低。这种模式特别适用于一些小工具、小应用的开发以及小场景等。

2. 多线程模式

多线程模式经常用在容易发生阻塞的场合，比如多线程客户端读/写、多线程 Web 访问等。多线程类似于同时执行多个不同程序。多线程模式具有一定的优点，比如可以把长时间占据 CPU 的程序任务放到后台去处理，以加快程序的运行速度。此外在一些需要等待的任务实现上，如用户输入、文件读/写和网络数据收发等，多线程模式就比较有用。在这种情况下，系统可以释放一些珍贵的资源去做一些别的并发处理。线程在执行过程中与进程是有区别的。每个独立的线程都有程序运行的入口、顺序执行序列和程序运行的出口。但是线程不能够独立执行，必须依存在应用程序中，由应用程序控制多个线程执行。每个线程都有它自己的一组 CPU 寄存器，称为线程上下文，该上下文反映了线程上次运行时 CPU 寄存器的状态。指令指针寄存器和堆栈指针寄存器是线程上下文中两个最重要的寄存器，线程总是在线程上下文中运行。

3. reactor 模式

reactor 模式是一种基于事件驱动的设计模式，用于多个客户端并发地向服务端请求服务的场景，其中的每种服务在服务端可能由多个方法组成。Reactor 模式会解耦并发请求的服务并分发给对应的事件处理器来处理。并发系统常使用 reactor 模式来代替常用的多线程模式，以节省系统的资源，提高系统的吞吐量，在有限的资源下处理更多的任务。

1.3 数据模型

Python 的数据模型包括 Python 的数据结构和内置的对象。

1.3.1 数据结构

Python 常用的数据结构主要包含三大类，分别是 list（列表）、dictionary（字典）和 tuple（元组）。

列表是一种有序序列，它的每个元素的位置是确定的，可以通过索引访问每个元素。列表中的每个元素都可变，可以随时添加和删除其中的元素，它是 Python 中最基本的数据结构。列表一般用[ ]来定义，表现为一个可变的有序序列。

字典类似于列表，但更加通用。字典中的数据必须以键值对的形式出现，键（key）不可重复，值（value）可重复。字典中键是不可变的，为不可变对象，不能进行修改；而值是可以修改的，可以是任何对象。字典一般用{}来定义，可变但无序。列表可以在字典中以值的形式出现。

元组也是值的序列，可以理解为一个固定的列表。一旦初始化其中的元素便不可修改，只能对元素进行查询。因为元组不可变，所以其代码更安全。如果可能，能用元组代替列表就尽量用元组。元组一般用( )来定义。通常元组由不同的元素组成，表示的是结构；而列表是相同类型的元素队列，表示的是顺序。列表不能当作字典的键，而元组可以。由于元组支持的操作比列表少，因此元组的操作比列表快速。

1.3.2 对象

Python 的核心是对象，所有的数据都可以表示为对象或对象间的关系。对象是 Python 的抽象数据。每个对象都有标志、类型和值。一旦对象被创建，对象的标志就不会被改变了。一个对象的类型决定了这个对象所支持的操作，以及定义了针对该类型对象的可能值。

函数返回一个对象的类型，对象的类型是不可改变的。某些对象的值是可以改变的。那些值可以改变的对象被认为是可变的；那些值不可以改变的对象一旦创建就是不可变的。一个对象的可变性是由它的类型来确定的。例如，数值、字符串和元组是不可变的，而字典和列表是可变的。对象不用显式地释放。需要注意的是，当对象变得不能访问时，它们可能会被当作垃圾收集。有些对象包含其他对象的引用，它们就是容器。

容器的例子有元组、列表和字典。引用作为容器值的一部分。大多数情况下，当谈及一个容器的值时，只是涉及这个值，而不是所包含的对象。但是，当谈及容器对象的可变性的时候，就涉及被直接包含的对象的标志。因此，如果一个不可变对象（如元组）包含一个可变对象，那么只要这个可变对象的值改变了，则不可变对象的值也就改变了。类型对对象的大多数行为有影响。

1.4 数据分析

数据分析是指用适当的统计分析方法对收集来的大量数据进行分析，提取有用信息和形成结论，进而对数据加以详细研究和概括总结的过程。这一过程也是质量管理体系的支持过程。在实际应用中，数据分析可帮助人们做出判断，以便采取适当行动。

1.4.1 数据分析简介

数据分析是一个从业务需求的建立到获取数据、观察数据、清洗数据、分析数据以及产出结果的闭环。产生闭环的原因是数据分析与业务是密不可分的，业务方提出需求后，通过数据分析产出结果；产出的结果对应地反馈到业务上，可能会形成新的需求。

数据也称为观测值，是通过实验、测量、观察、调查等产生的一系列结果。数据分析所处理的数据分为两类：定性数据以及定量数据。定性数据是一组表示事物性质、规定事物类别的文字表述型数据，只能归入某一类而不能用数值进行测度，其表现形式为类别。其中，不区分顺序的是定类数据，如性别、品牌等；需要区分顺序的是定序数据，如学历、商品的质量等级等。定量数据是指以数量形式存在的属性，因此可以对其进行测量。以物理量为例，距离、质量、时间等都是定量数据。

数据分析的目的是找出所研究对象的内在规律，为验证的假设问题提供必要的数据支持。数据分析用于挖掘数据中存在的问题并找到原因，其采用的主要手段是在一大批看似杂乱无章的数据中进行信息的集中和提炼，把隐藏在其中的信息挖掘出来，以便指导人们进行实际应用，帮助人们做出判断，从而采取相应的行动。

总体来说，数据分析是有组织、有目的地收集数据、分析数据，使之成为信息的过程。

1.4.2 数据预处理

数据预处理是指对所收集数据进行分类或分组前所做的审核、筛选、排序等必要的处理。现实世界中数据大体上都是不完整、不一致的“脏数据”，无法直接进行数据挖掘，或挖掘结果不如人意。为了提高数据挖掘的质量，数据预处理技术应运而生。

数据预处理有多种方法，如数据清理、数据集成、数据变换、数据归约等。在数据挖掘之前使用数据预处理技术，可大大提高数据挖掘的质量，减少实际挖掘所需要的时间。下面具体介绍数据预处理的 4 种主要方法。

1. 数据清理

数据清理是指通过填写缺失值、光滑噪声数据、识别或删除离群点并解决不一致性问题来“清理”数据，以达到格式标准化、异常数据清除、错误纠正以及重复数据的清除等目标。

2. 数据集成

数据集成是指将多个数据源中的数据结合起来并统一存储。建立数据仓库的过程实际上就是数据集成。

3. 数据变换

数据变换是指通过平滑聚集、数据概化、规范化等方式将数据转换成适用于数据挖掘的形式。

4. 数据归约

进行数据挖掘时往往数据量非常大，在大量数据上进行挖掘分析需要很长的时间，数据归约方法可以用来得到数据集的归约表示。数据集的归约表示比原数据集小得多，但仍然能够保持原数据的完整性，并且能够保证结果与归约前相同或几乎相同。

1.4.3 数据分析方法

数据分析一般包括 4 个步骤：需求分析、概念结构分析、逻辑结构分析、物理结构分析。需求分析是指准确了解并分析用户需求；概念结构分析就是常见的 E-R 图模型；逻辑结构分析是指将概念结构分析所得到的模型转换为具体 DBMS（database management system，数据库管理系统）所能支持的数据模型；物理结构分析就是具体的表结构。

下面介绍 3 种常用的数据分析方法。

1. 描述性统计

描述性统计是指运用制表、分类、图形以及计算概括性数据来描述数据的集中趋势、离散趋势、偏度、峰度等。描述性统计常用的具体操作包括如下两类。

① 缺失值填充：常用方法包括剔除法、均值法、最近邻居法、比例回归法、决策树法。

② 正态性检验：很多统计方法都要求数值服从或近似服从正态分布，所以在统计之前需要进行正态性检验，常用方法包括非参数检验的 K-量检验、P-P 图、Q-Q 图、W 检验、动差法。

2. 信度分析

信度分析主要指检查测量的可信度，例如调查问卷的真实性，可以分为以下两类。

① 外在信度：不同时间测量时量表的一致性程度，常用方法为重测信度。

② 内在信度：每个量表是否测量到单一的概念，同时组成量表的内在体项一致性如何，常用方法为分半信度。

3. 相关分析

相关分析研究的是现象之间是否存在某种依存关系，对具体有依存关系的现象探讨其相关方式及相关程度。根据不同的相关方式，相关又可分为单相关、复相关和偏相关。

① 单相关。两个因素之间的相关关系叫单相关，研究时只涉及一个自变量和一个因变量。

② 复相关。3 个或 3 个以上因素的相关关系叫复相关，研究时涉及两个或两个以上的自变量和因变量。

③ 偏相关。在某一现象与多种现象相关的场合，当假定其他变量不变时，其中两个变量之间的相关关系称为偏相关。

1.5 本章小结

Python 作为一种面向对象的动态类型语言，如今已非常广泛地应用在实际工程领域。本章简要概括了 Python 的发展历程及其诸多优势，并简要介绍了 Python 所支持的 3 种可变数据类型与 3 种不可变数据类型。最后，本章引入了数据分析的概念性知识，为后续数据分析与应用相关章节的介绍进行了理论上的铺垫。

通过本章的学习，读者可以对 Python 程序设计语言有一个比较全面的了解与认识，为后续章节的学习打下基础。

1.6 习题

1. Python 是一门怎样的语言？

2. 列举常用的数据分析方法。

3. 列举常用的数据预处理方法。

4. 描述 Python 开发的特点。

5. 描述 Python 常用的编程范型及其应用场景。

6. 执行 Python 脚本的 3 种模式分别是什么？

7. Python 单行注释和多行注释分别用什么表示？

8. 简述位、字节的关系。

9. 简述 ASCII（American standard code for information interchange，美国信息交换标准代码）、Unicode、UTF-8、GBK（Chinese character GB extended code，汉字国际扩展码）的关系。

10. Python 声明变量的注意事项有哪些？

第2章 开发环境与交互式工具

本章主要介绍 Python 的开发环境及常用的交互式工具。通过对本章知识点的学习，读者应能够安装并使用 Python 的开发环境与交互式工具。

本章将介绍 Spyder、Jupyter 及 PyCharm 这 3 种工具的安装和配置方法，以及它们各自的特点和基本使用方法。第 3 章将主要围绕 Python 的控制流程及模块等重点内容展开。

2.1 搭建环境

学习任何一门程序设计语言，都离不开开发环境的搭建，Python 语言的学习也不例外。本节将介绍如何在本地搭建 Python 开发环境，为后续 Python 程序的开发奠定环境基础。

2.1.1 下载 Python

目前，Python 常用的版本主要有两个：一个是 2.x，另一个是 3.x。需要注意的是，这两个版本是互不兼容的。本书选择新版本 3.x 作为相应的示例环境版本。读者可以进入 Python 官网，选择 3.7.0 版本开始下载，如图 2-1 所示。

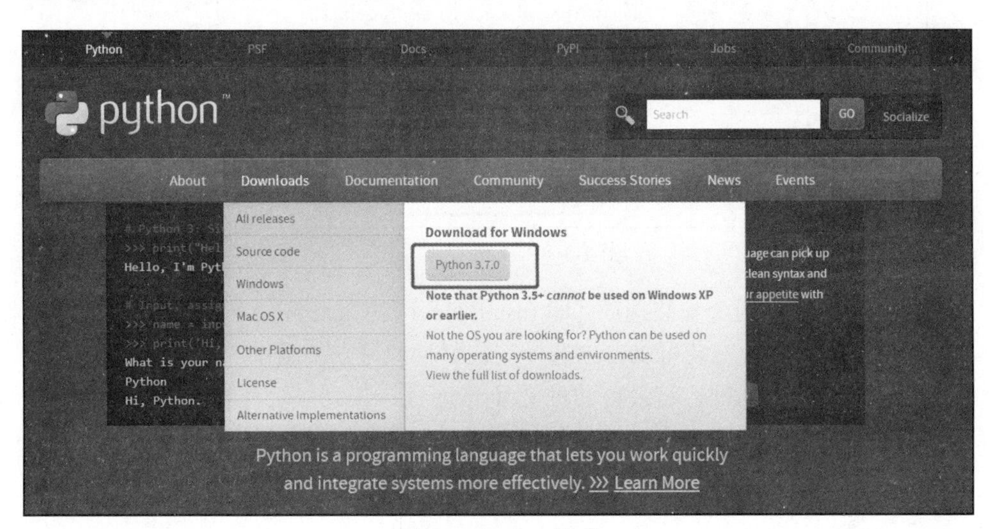

图 2-1　Python 下载

本书选择 Windows 平台下的 Python 3.7.0 的 64 位版本进行安装，请读者根据自己的计算机配置情况下载与设备相匹配的 Python 版本进行安装，如图 2-2 所示。

图 2-2　Python 安装版本的选择

2.1.2　安装

双击 2.1.1 小节下载的文件 python-3.7.0-amd64.exe，启动安装程序，打开后的 Python 安装界面如图 2-3 所示。

图 2-3　Python 安装界面

安装界面中提供了两个安装选项，即 Install Now 和 Customize installation，可以选择任意一个进行安装；自定义安装可以自己选择安装路径和可安装组件。在这里建议勾选“Add Python 3.7 to PATH”复选框，它会自动将 Python 路径添加到系统环境变量中。若这里未勾选该复选框，则后续需要自己手动配置环境变量。

2.1.3　环境变量配置

如果上一步没有勾选“Add Python 3.7 to PATH”复选框，这里需要手动对环境变量进行配置。右击“我的电脑”，在弹出的快捷菜单中选择“属性”，在打开的界面中选择“高级系统设置”，如图 2-4 所示。

图 2-4 高级系统设置

选择“高级”标签，单击“环境变量”按钮，如图 2-5 所示。

图 2-5 “高级”标签

在“环境变量”对话框的“系统变量”栏中选中“Path”环境变量，单击“编辑”按钮，如图 2-6 所示。

图 2-6　选中并编辑“Path”环境变量

可以按照自己的安装路径新建图 2-7 中左侧矩形框内的两行变量。输入完成后，单击“确定”按钮。关闭所有窗口，环境变量配置完成。

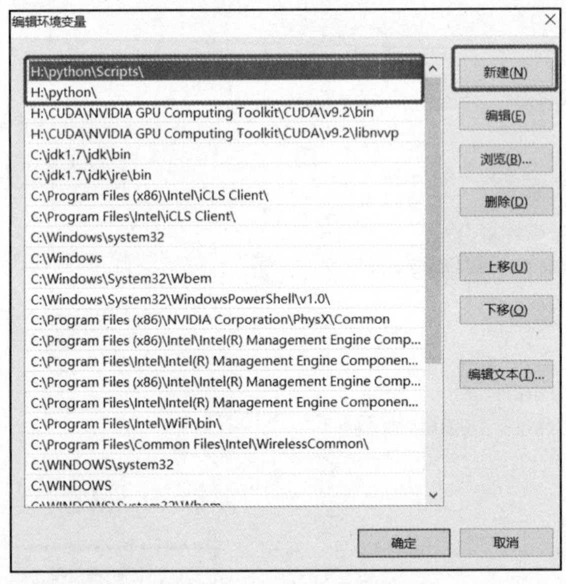

图 2-7　新建环境变量

2.1.4　测试是否安装成功

1. 测试 Python 是否安装成功

当 Python 安装完成后，可以按 Win+R 快捷键，在打开的“运行”对话框中输入“python”，然后单击“确定”按钮，如图 2-8 所示。

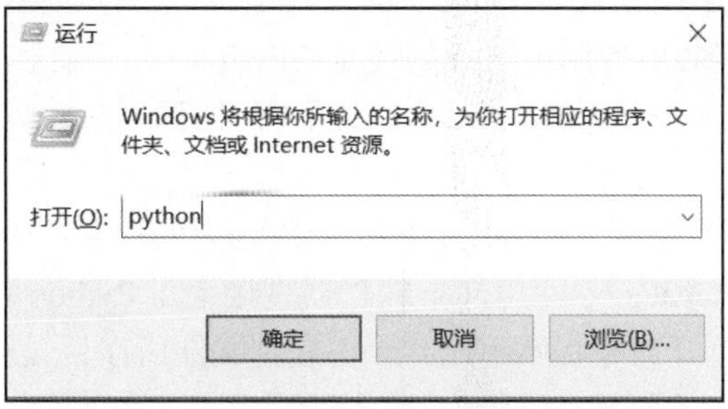

图 2-8　在“运行”对话框中输入“python”

若命令提示符窗口显示如图 2-9 所示的信息，则表示安装成功。当看到提示符 >>> 时，表示已经在 Python 交互式环境中了。此时可以输入任何 Python 代码，按 Enter 键后会立刻得到执行结果。输入 exit( )并按 Enter 键，就可以退出 Python 交互式环境（直接关闭命令提示符窗口也可以）。若看不到图 2-9 所示的信息，则表示安装失败，建议检查环境变量配置是否有误。

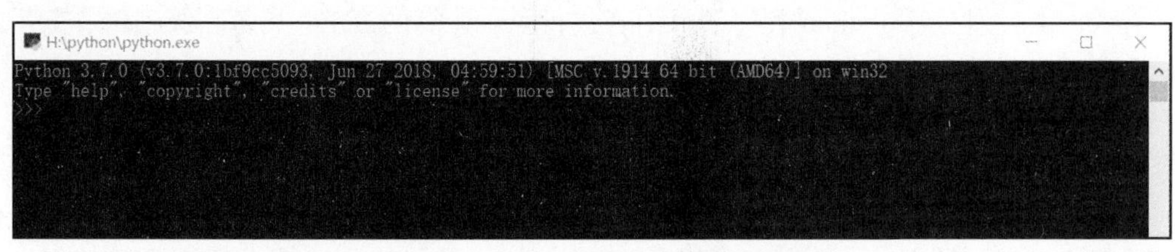

图 2-9　进入 Python 命令提示符窗口

在命令提示符窗口输入 print("hello Python")，如图 2-10 所示。

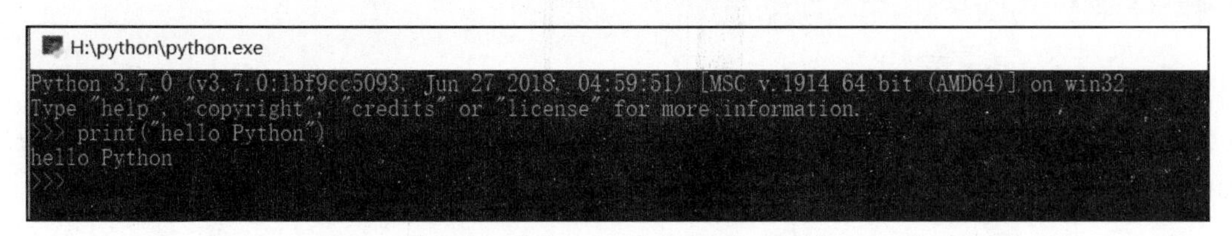

图 2-10　输入 print（"hello Python"）

下一行就输出了 hello Python。至此，Python 的环境搭建工作就全部完成了。

2. 主流的 Python 解释器

当编写 Python 代码时，得到的是一个包含 Python 代码的以.py 为扩展名的文本文件。要运行代码，就需要 Python 解释器去执行.py 文件。目前主流的 Python 解释器主要包括 CPython、IPython、Jython、PyPy 等。

CPython 采用 C 语言开发而成，是官方的标准实现，拥有良好的生态，所以其应用范围也是最广泛的。

IPython 是基于 CPython 的一个交互式解释器。相对于 CPython 而言，其交互方式有所增强，但是执行代码的功能还是与 CPython 相同。

Jython 是专为 Java 平台设计的 Python 解释器，它把 Python 代码编译成 Java 字节码执行。

PyPy 是 Python 语言（2.7.13 和 3.5.3）的一种快速、兼容的替代实现，以速度快著称。

Python 的解释器很多，但使用最广泛的还是 CPython。如果要和 Java 或.NET 平台交互，最好的办法不是用 Jython 或 IronPython，而是通过网络调用来实现，以确保各程序之间的独立性。

通常使用文本编辑器来编写 Python 代码，原因是方便保存。比较常用的两款文本编辑器是 Sublime Text 和 Notepad++。使用文本编辑器直接编写 Python 代码并另存为以.py 为扩展名的文本文件，然后打开命令提示符窗口，切换到文件所在目录就可以直接运行文件了。

在命令提示符窗口中直接输入 python 进入交互模式，相当于启动 Python 解释器，但是只能一行一行地输入源代码，每输入一行就执行一行。

直接运行.py 文件相当于启动 Python 解释器，然后一次性执行.py 文件中的源代码。在这种情况下，是不能以交互的方式输入源代码的。

2.2 Spyder

Spyder 是一种使用 Python 程序设计语言进行科学计算的 IDE，具备高级编辑、交互式测试、调试和代码自检等功能。

2.2.1 Spyder 简介

Spyder 主要采用编辑器（editor）编写代码，使用控制台（console）评估代码（可以在任何时候查看运行结果），使用变量管理器（variable explorer）查看代码中定义的变量。Spyder 也可以用作库，为基于 PyQt 的应用程序提供功能强大的、与控制台相关的小部件。例如，它可以用于直接在 GUI 布局中集成调试控制台。

2.2.2 Spyder 安装

这里使用 pip 工具进行 Spyder 的安装工作。打开命令提示符窗口，输入 pip install spyder，如图 2-11 所示。如果网络连接正常，pip 就会开始下载 Spyder 所需要的各种依赖包。

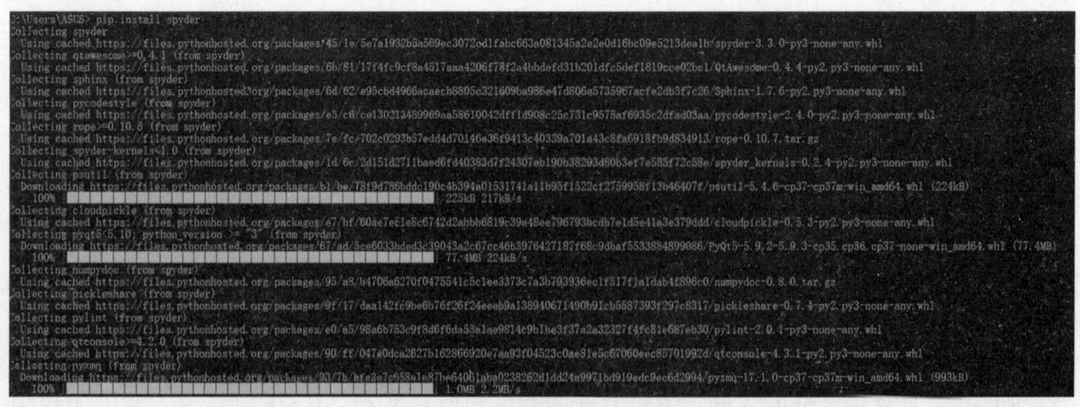

图 2-11 下载 Spyder 安装依赖包

几分钟后，可以看到各种依赖包都已经下载完毕，如图 2-12 所示。

图 2-12　Spyder 安装依赖包下载完成

如果出现图 2-13 所示的提示，表示 pip 版本需要升级。

```
You are using pip version 10.0.1, however version 18.0 is available.
You should consider upgrading via the 'python -m pip install --upgrade pip' command.
```

图 2-13　pip 版本升级提示

运行图 2-13 所示的命令以升级 pip 版本，如图 2-14 所示。

```
C:\Users\ASUS>python -m pip install --upgrade pip
Collecting pip
  Using cached https://files.pythonhosted.org/packages/5f/25/e52d3f31441505a5f3af41213346e5b6c221c9e086a166f3703d2ddaf940/pip-18.0-py2.py3-none-any.whl
Installing collected packages: pip
  Found existing installation: pip 10.0.1
    Uninstalling pip-10.0.1:
      Successfully uninstalled pip-10.0.1
Successfully installed pip-18.0
```

图 2-14　升级 pip 版本

升级完成后再执行一次 pip install spyder 命令，可以看到 Spyder 已经安装成功，如图 2-15 所示。

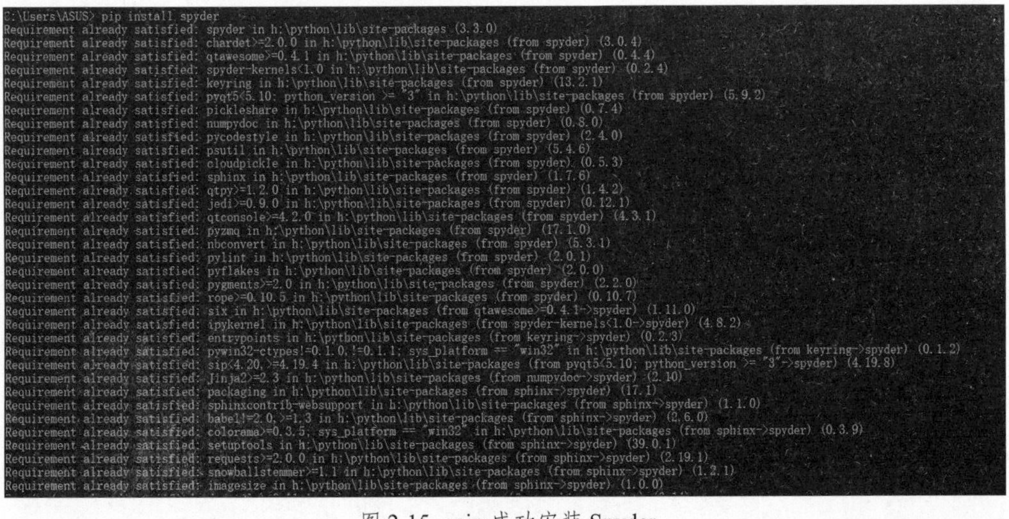

```
C:\Users\ASUS> pip install spyder
Requirement already satisfied: spyder in h:\python\lib\site-packages (3.3.0)
Requirement already satisfied: chardet>=2.0.0 in h:\python\lib\site-packages (from spyder) (3.0.4)
Requirement already satisfied: qtawesome>=0.4.1 in h:\python\lib\site-packages (from spyder) (0.4.4)
Requirement already satisfied: spyder-kernels<1.0 in h:\python\lib\site-packages (from spyder) (0.2.4)
Requirement already satisfied: keyring in h:\python\lib\site-packages (from spyder) (13.2.1)
Requirement already satisfied: pyqt5<5.10; python_version >= "3" in h:\python\lib\site-packages (from spyder) (5.9.2)
Requirement already satisfied: pickleshare in h:\python\lib\site-packages (from spyder) (0.7.4)
Requirement already satisfied: numpydoc in h:\python\lib\site-packages (from spyder) (0.8.0)
Requirement already satisfied: pycodestyle in h:\python\lib\site-packages (from spyder) (2.4.0)
Requirement already satisfied: psutil in h:\python\lib\site-packages (from spyder) (5.4.6)
Requirement already satisfied: cloudpickle in h:\python\lib\site-packages (from spyder) (0.5.3)
Requirement already satisfied: sphinx in h:\python\lib\site-packages (from spyder) (1.7.6)
Requirement already satisfied: qtpy>=1.2.0 in h:\python\lib\site-packages (from spyder) (1.4.2)
Requirement already satisfied: jedi>=0.9.0 in h:\python\lib\site-packages (from spyder) (0.12.1)
Requirement already satisfied: qtconsole>=4.2.0 in h:\python\lib\site-packages (from spyder) (4.3.1)
Requirement already satisfied: pyzmq in h:\python\lib\site-packages (from spyder) (17.1.0)
Requirement already satisfied: nbconvert in h:\python\lib\site-packages (from spyder) (5.3.1)
Requirement already satisfied: pylint in h:\python\lib\site-packages (from spyder) (2.0.1)
Requirement already satisfied: pyflakes in h:\python\lib\site-packages (from spyder) (2.0.0)
Requirement already satisfied: pygments>=2.0 in h:\python\lib\site-packages (from spyder) (2.2.0)
Requirement already satisfied: rope>=0.10.5 in h:\python\lib\site-packages (from spyder) (0.10.7)
Requirement already satisfied: six in h:\python\lib\site-packages (from qtawesome>=0.4.1->spyder) (1.11.0)
Requirement already satisfied: ipykernel in h:\python\lib\site-packages (from spyder-kernels<1.0->spyder) (4.8.2)
Requirement already satisfied: entrypoints in h:\python\lib\site-packages (from keyring->spyder) (0.2.3)
Requirement already satisfied: pywin32-ctypes!=0.1.0,!=0.1.1; sys_platform == "win32" in h:\python\lib\site-packages (from keyring->spyder) (0.1.2)
Requirement already satisfied: sip<4.20,>=4.19.4 in h:\python\lib\site-packages (from pyqt5<5.10; python_version >= "3"->spyder) (4.19.8)
Requirement already satisfied: Jinja2>=2.3 in h:\python\lib\site-packages (from numpydoc->spyder) (2.10)
Requirement already satisfied: packaging in h:\python\lib\site-packages (from sphinx->spyder) (17.1)
Requirement already satisfied: sphinxcontrib-websupport in h:\python\lib\site-packages (from sphinx->spyder) (1.1.0)
Requirement already satisfied: babel!=2.0,>=1.3 in h:\python\lib\site-packages (from sphinx->spyder) (2.6.0)
Requirement already satisfied: colorama>=0.3.5; sys_platform == "win32" in h:\python\lib\site-packages (from sphinx->spyder) (0.3.9)
Requirement already satisfied: setuptools in h:\python\lib\site-packages (from sphinx->spyder) (39.0.1)
Requirement already satisfied: requests>=2.0.0 in h:\python\lib\site-packages (from sphinx->spyder) (2.19.1)
Requirement already satisfied: snowballstemmer>=1.1 in h:\python\lib\site-packages (from sphinx->spyder) (1.2.1)
Requirement already satisfied: imagesize in h:\python\lib\site-packages (from sphinx->spyder) (1.0.0)
```

图 2-15　pip 成功安装 Spyder

此时打开“运行”对话框输入 spyder3，单击“确定”按钮即可运行 Spyder，如图 2-16 所示。

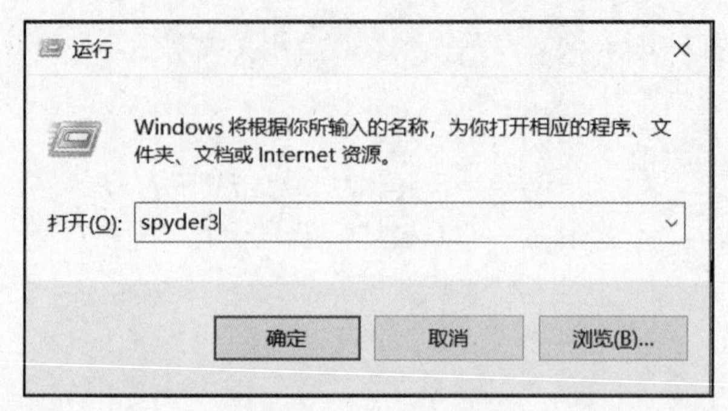

图 2-16　运行 Spyder

打开后的 Spyder 界面如图 2-17 所示。至此，Spyder 的安装工作结束，接下来就可以使用 Spyder 来编写 Python 程序了。

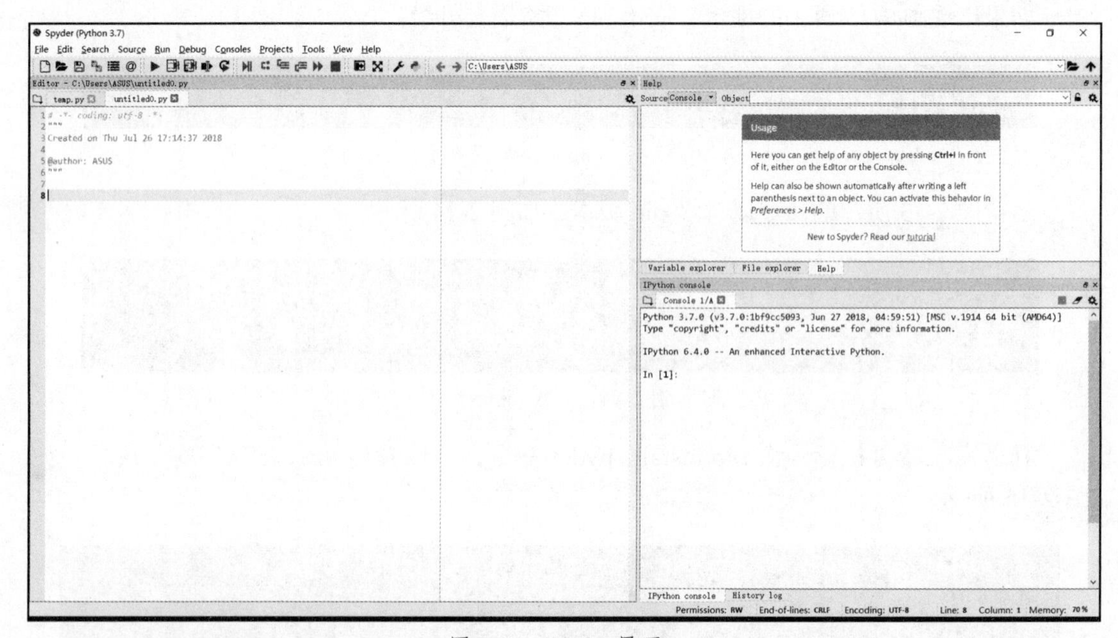

图 2-17　Spyder 界面

2.2.3　Spyder 使用简介

与其他的 Python 开发环境相比，Spyder 最大的优点就是模仿了 MATLAB 中的“工作空间”，在 Spyder 中称之为变量管理器。通过变量管理器可以很方便地观察和修改内存中变量的值。

Spyder 界面由许多窗格构成，用户可以根据自己的喜好调整它们的位置和大小。当多个窗格出现在一个区域时，将以标签页的形式显示。在“View”菜单中可以设置是否显示这些窗格。

1. Spyder 界面介绍

如图 2-18 所示，Spyder 界面可被分为四大部分。

第 1 部分是 Spyder 的菜单栏以及工具栏，使用菜单栏可实现所有的 Spyder 功能，工具栏中放置了实现 Spyder 功能的快捷方式。

第 2 部分是 Spyder 的工作区，用来编辑 Python 代码。

第 3 部分是查看栏，用来查看文件以及显示调试时的监视变量。

第 4 部分是终端栏，用于显示 Python 的标准输出，并且可以直接在其中输入 Python 语句。

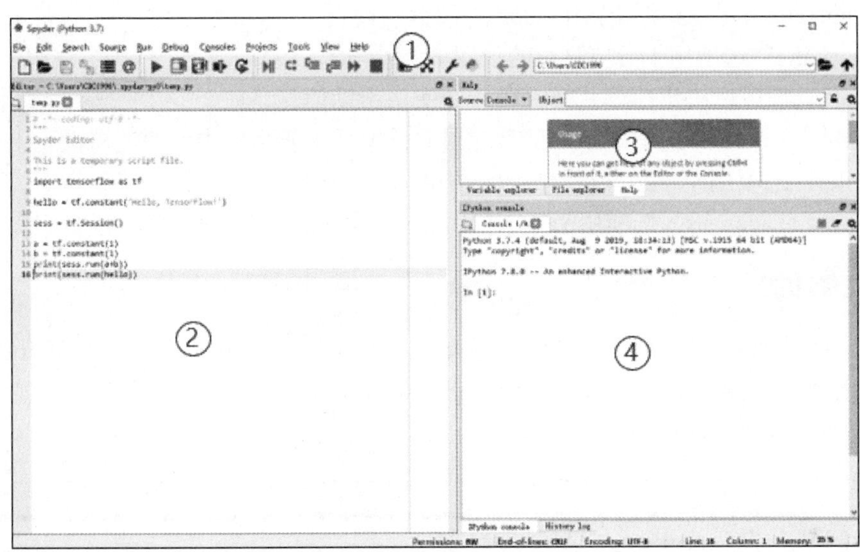

图 2-18　Spyder 界面介绍

2. Spyder 的配置

Spyder 的配置可以通过单击“Tools”→“Preferences”，在打开的“Preferences”选项卡中进行，如图 2-19 所示。

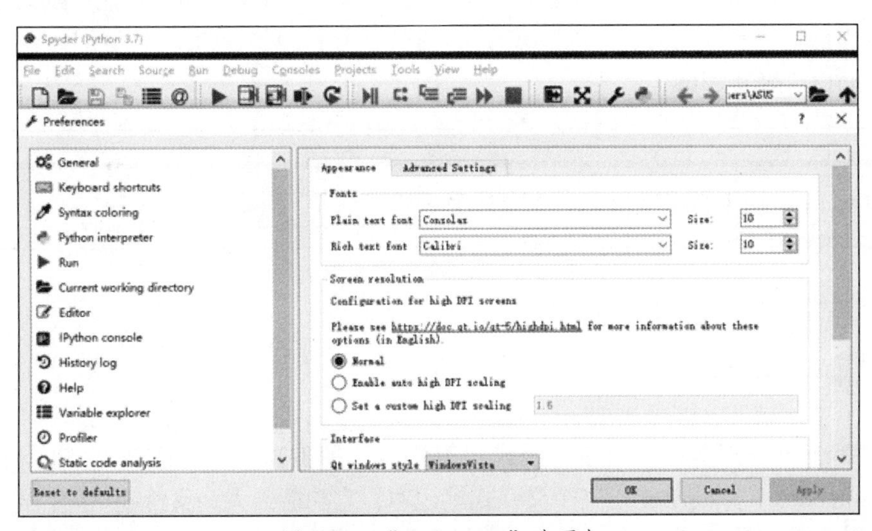

图 2-19　“Preferences”选项卡

"General"选项用于设置外观和 Spyder 的语言版本等。

"Keyboard shortcuts"选项用于查看和自定义键盘快捷键。

"Syntax coloring"选项用于管理编辑器和其他所有 Spyder 插件的颜色方案。

"Python interpreter"选项用于设置 Python 解释器和定义模块重载方案。

"Run"选项用于文件运行时的控制台和工作目录等的设置。

"Current working directory"选项用于定义 IPython 控制台的工作目录和文件资源管理器的当前目录。

"Editor"选项用于进行脚本编辑器的设置。

"IPython console"选项用于 IPython 控制台的设置。

"History log"选项用于历史日志的设置。

"Help"选项可以决定在哪些插件链接中使用帮助信息。

"Variable explorer"选项用于变量管理器的设置，主要是其中的滤波器设置。

"Profiler"选项用于显示分析器插件结果的存储目录。

"Static code analysis"选项用于静态代码分析的设置。

3. 注释功能

注释功能是编写代码的常用功能。这里单击"View"→"Toolbars"，勾选"Edit toolbar"，工具栏会出现图 2-20 所示方框处的 3 个按钮，第 1 个按钮用于实现注释功能，第 2 和第 3 个按钮用于实现代码缩进功能。

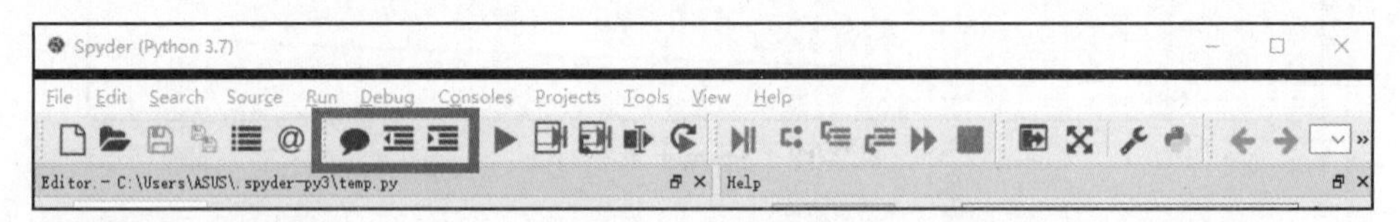

图 2-20 注释和缩进功能

4. 调试功能

在运行中可以通过设置断点来进行调试。图 2-21 中的 6 个按钮的功能分别为：调试文件、运行当前行、步入当前行的函数或方法、执行到当前函数或方法后返回、继续运行直到下一个断点、终止调试。

图 2-21 Spyder 运行及调试

2.3 Jupyter

如果每个数据科学家都应该使用或必须使用一种工具，它可能就是 Jupyter（也称 Jupyter Notebook）。Jupyter 是一个交互式笔记本，它功能强大，支持 40 多种程序设计语言，支持共享，并可提供在同一环境中构建可视化应用的服务。

数据科学家可以在 Jupyter 中创建和共享自己的文档，从实现代码到全面报告。Jupyter 大大简化了开发者的工作流程，可帮助他们实现更高的生产力和更简单的多人协作。也正是因为如此，它一直以来都是数据科学家们最喜欢的工具之一。

2.3.1　Jupyter 简介

Jupyter 这个名字是它所支持的 3 种核心程序设计语言的缩写：Julia、Python 和 R，同时受到木星的英文单词 Jupiter 的启发。Jupyter 提供了一个 IDE，用户可以在该环境里写代码、运行代码、查看结果，并在其中可视化数据。鉴于上述优点，Jupyter 成了数据科学家眼中一款人见人爱的工具。它能够帮助数据科学家们便捷地执行各种端到端的任务，比如数据清洗、统计建模、构建/训练机器学习模型等。而对于初学者而言，Jupyter 也是非常好的一款工具。它的一个特色是允许把代码写入独立的单元（cell）中，然后单独执行。这意味着用户可以在测试项目时单独测试特定代码块，无须从头开始执行代码。虽然其他的集成开发环境（如 RStudio）也提供了这种功能，但就个人使用情况来看，Jupyter 的单元结构是设计得最好的。

2.3.2　Jupyter 安装及配置

Jupyter Notebook 原来也叫 IPython Notebook，顾名思义，它和 Python 关系紧密。如果要在 PC（personal computer，个人计算机）上安装它，要确保已经安装了 Python 开发环境，这是必备条件。在 2.2.2 小节中已经介绍了如何使用 pip 命令安装 Spyder，本小节将继续介绍如何使用 pip 命令进行 Jupyter 的安装。首先，按快捷键 Win+R 打开“运行”对话框，输入 CMD 并单击“确定”按钮进入命令提示符窗口，然后输入 pip install jupyter，如图 2-22 所示。

```
C:\Users\ASUS>pip install jupyter
Collecting jupyter
  Using cached https://files.pythonhosted.org/packages/83/df/0f5dd132200728a86190397e1ea87cd76244e42d39ec5e88efd25b2abd7e/jupyter-1.0.0-py2.py3-none-any.whl
Requirement already satisfied: qtconsole in h:\python\lib\site-packages (from jupyter) (4.3.1)
Collecting ipywidgets (from jupyter)
  Downloading https://files.pythonhosted.org/packages/95/0d/0a97f753f1cd070c1dae077b242038e4de0749e7b29789abca75ee881bbe/ipywidgets-7.3.1-py2.py3-none-any.whl (108kB)
    100% |████████████████████████████████| 112kB 100kB/s
Requirement already satisfied: nbconvert in h:\python\lib\site-packages (from jupyter) (5.3.1)
Collecting notebook (from jupyter)
  Using cached https://files.pythonhosted.org/packages/5e/7c/7fd8e9584779d65dfcad9fa2e09d76131a41f999f853a9c7026ed8585586/notebook-5.6.0-py2.py3-none-any.whl
Requirement already satisfied: ipykernel in h:\python\lib\site-packages (from jupyter) (4.8.2)
Collecting jupyter-console (from jupyter)
  Using cached https://files.pythonhosted.org/packages/77/82/6469cd7fccf7958cbe5dce2e623f1e3c5e27f16b1ad36d90519bc2d5d370/jupyter_console-5.2.0-py2.py3-none-any.whl
Requirement already satisfied: traitlets in h:\python\lib\site-packages (from qtconsole->jupyter) (4.3.2)
Requirement already satisfied: jupyter-client>=4.1 in h:\python\lib\site-packages (from qtconsole->jupyter) (5.2.3)
Requirement already satisfied: ipython-genutils in h:\python\lib\site-packages (from qtconsole->jupyter) (0.2.0)
Requirement already satisfied: pygments in h:\python\lib\site-packages (from qtconsole->jupyter) (2.2.0)
Requirement already satisfied: jupyter-core in h:\python\lib\site-packages (from qtconsole->jupyter) (4.4.0)
Requirement already satisfied: nbformat>=4.2.0 in h:\python\lib\site-packages (from ipywidgets->jupyter) (4.4.0)
Requirement already satisfied: ipython>=4.0.0; python_version >= "3.3" in h:\python\lib\site-packages (from ipywidgets->jupyter) (6.4.0)
Collecting widgetsnbextension~=3.3.0 (from ipywidgets->jupyter)
  Downloading https://files.pythonhosted.org/packages/1e/dd/847f6e5cb98caf819e2dca50109611cc0e43b54e0f0d740ee8586a954b18/widgetsnbextension-3.3.1-py2.py3-none-any.whl (2.2MB)
    100% |████████████████████████████████| 2.2MB 3.3MB/s
```

图 2-22　使用 pip 命令安装 Jupyter

看到图 2-23 所示的提示信息，就表示已经完成 Jupyter 的安装工作。

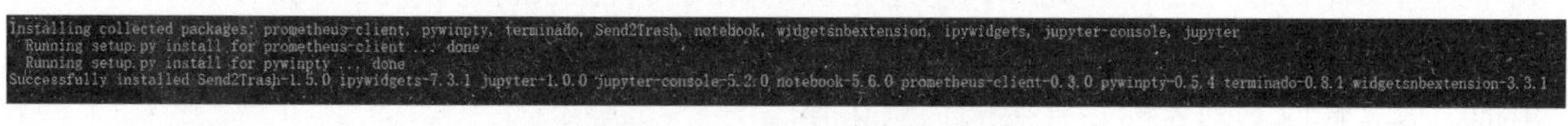

图 2-23　Jupyter 成功安装提示

此时可以在“运行”对话框中输入 jupyter notebook 并单击“确定”按钮来启动它，如图 2-24 所示。在命令提示符窗口中输入 jupyter-notebook - generate-config 并按 Enter 键可以查看 Jupyter 的配置信息。

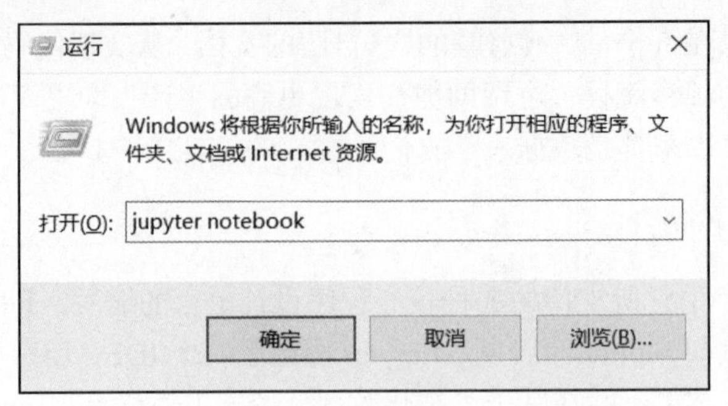

图 2-24 启动 Jupyter

启动后会在浏览器中打开 Jupyter。如果浏览器没有自动跳出 Jupyter，也可以在浏览器地址栏中输入 localhost:8888/tree 并打开，如图 2-25 所示。

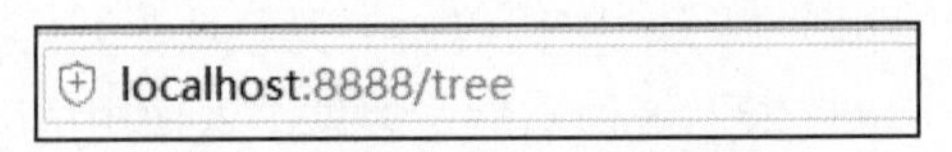

图 2-25 Jupyter 启动后的地址栏

打开之后就可以看到图 2-26 所示的 Jupyter 主界面了。

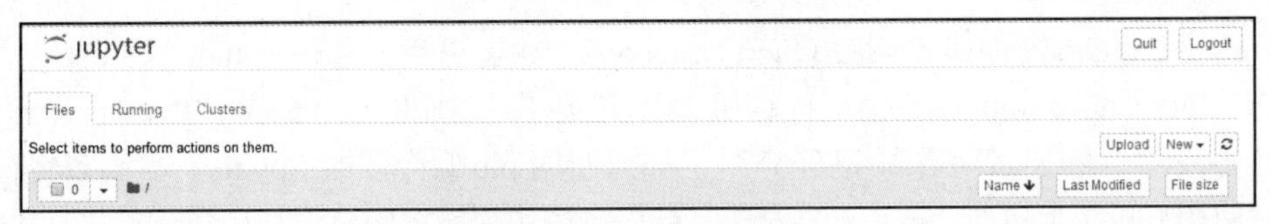

图 2-26 Jupyter 主界面

2.3.3 Jupyter 工具使用

当 Jupyter 打开后，它的顶部有 Files、Running 和 Clusters 这 3 个选项。其中 Files 中列出了所有文件，Running 显示已经打开的终端和笔记本（notebook），Clusters 则是 IPython parallel 提供的。如果想新建一个 notebook，单击面板右侧的“New”，会出现如下 4 个选项。

① Python 3；

② Text File；

③ Folder；

④ Terminal。

选择 Text File 后，会出现一个空白的页面。它相当于一个文本编辑器（类似于 Ubuntu 上的应用程序），可以在上面输入任何字母和数字。所以选择好程序设计语言后，可以在其中进行脚本的编写工作。此外，它还提供了查找和替换文件中的单词的功能。

选择 Folder 后，其实是在编辑文件夹列表。可以创建一个新文件夹，把所需文件放在里面，或者修改它的名称、直接把它删除等。

Terminal 的工作方式和 macOS、Linux 操作系统计算机上的 Terminal 一样，都是在 Web 浏览器中创建终端支持。只需在终端输入 Python，一个 Python 脚本就编写好了。

这里介绍使用 notebook 来编写 Python 脚本。选择“Python 3”，新建完成的界面如图 2-27 所示。

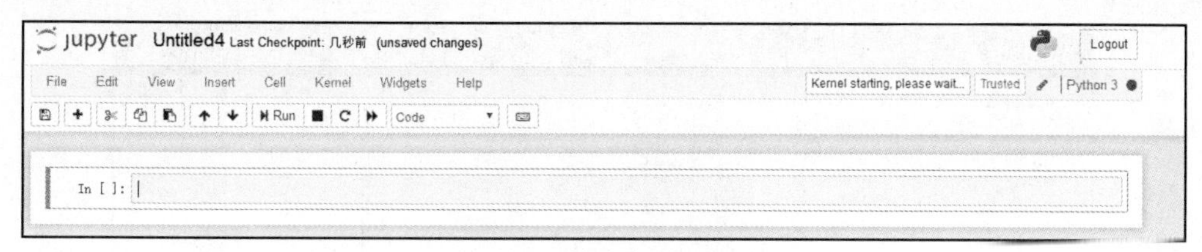

图 2-27　新建完成的界面

可以看到 notebook 从上到下由以下 4 个部分组成。

① 标题栏：显示文件名以及文件的保存状态。

② 菜单栏：显示编辑器菜单，包括文件、编辑和视图等。

③ 工具栏：显示编辑器常用的工具按钮，它们依次表示保存、添加、剪切、复制、粘贴、向上移动 cell、向下移动 cell、运行代码、停止运行和撤销等。

④ 单元格：notebook 的主要组成部分，即 notebook 编辑区

"Code"下拉列表提供了 4 个选项，如图 2-28 所示，功能如下所示。

① Code：用于编写代码。

② Markdown：用于为代码添加注释和结论。

③ Raw NBConvert：用于转化 notebook 格式。

④ Heading：用于添加标题，用两个#表示。

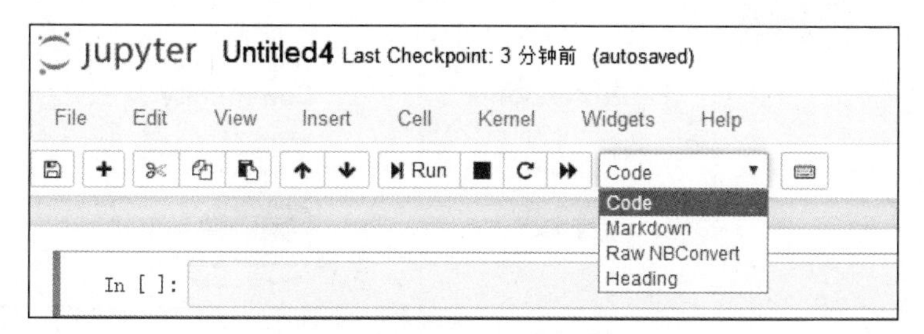

图 2-28　"Code"下拉列表

2.4 PyCharm

PyCharm 是由 JetBrains 打造的一款 Python IDE，同时支持 Google App Engine、IronPython。其功能在先进代码分析程序的支持下，使 PyCharm 成为 Python 专业开发人员和刚起步人员使用的有力工具之一。

2.4.1　PyCharm 简介

PyCharm 拥有一整套可以帮助用户在使用 Python 语言进行开发时提高其效率的工具，比如调试、语法高亮、项目管理、代码跳转、智能提示、自动完成、单元测试、版本控制等。此外，PyCharm 还提供了一些高级功能，用于支持 Django 框架下的专业 Web 开发。

2.4.2　PyCharm 安装

首先进入 PyCharm 官网，如图 2-29 所示，单击"DOWNLOAD NOW"选择需要下载的版本。社区版（Community）已经免费，推荐使用社区版，如图 2-30 所示。

图 2-29　PyCharm 官网

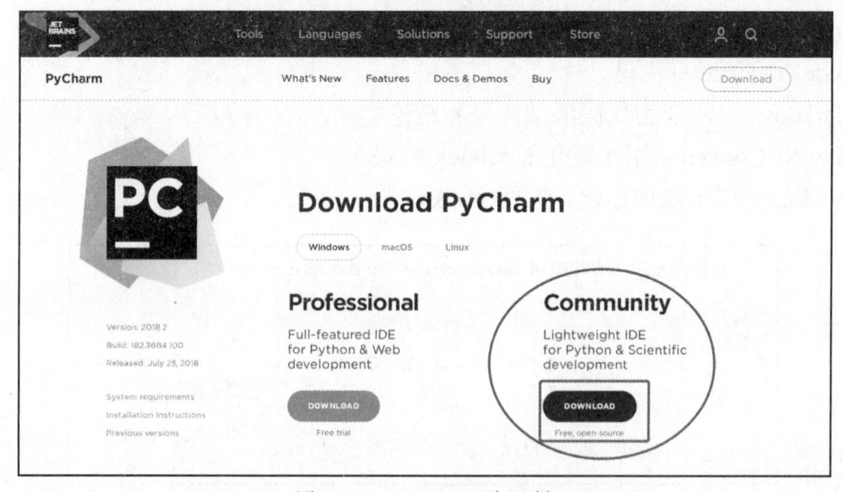

图 2-30　PyCharm 社区版

PyCharm 的安装比较简单，依次单击"Next"即可。需要注意的是，应选择与自己计算机位数相同的版本，如图 2-31 所示。

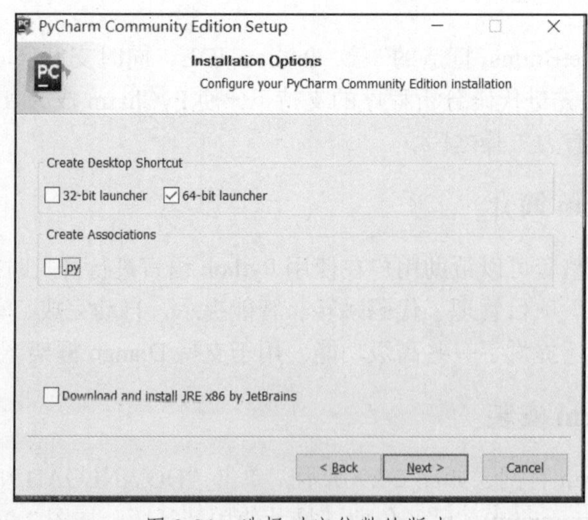

图 2-31　选择对应位数的版本

2.4.3 PyCharm 配置

首先需要配置 Python 解释器。依次选择“File”→“Settings”→“Project:hello”→“Project Interpreter”，确定 Python 的运行环境，如图 2-32 所示。一旦添加了 Python 解释器，PyCharm 就会扫描出已经安装的 Python 扩展包以及这些扩展包的最新版本。在 PyCharm 中，可以定义几个 Python 解释器，它们只包含你计算机上可用的解释器列表。其中，可以选择要在项目中使用的那个。需要告诉 PyCharm 使用哪个 Python 解释器，因为它可以为每个项目使用不同的解释器。

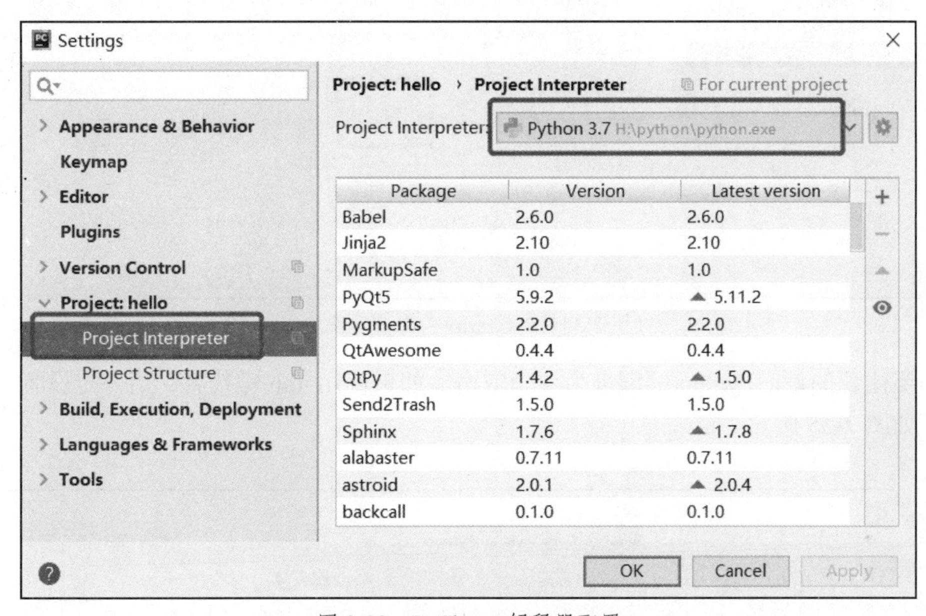

图 2-32　PyCharm 解释器配置

接下来，可以根据个人喜好依次选择“File”→“Settings”→“Editor”→“Color Scheme/Font”来确定主题和字体大小等，如图 2-33 所示。

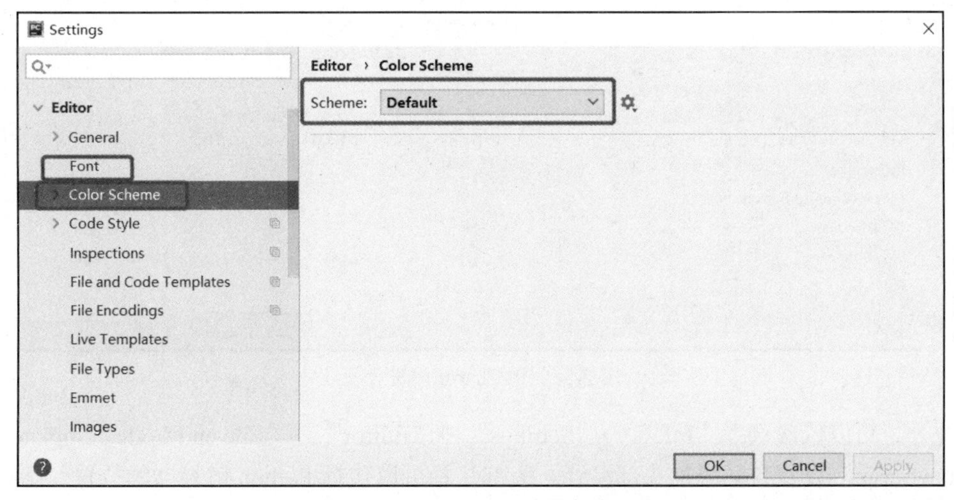

图 2-33　PyCharm 主题和字体设置

其中，统一字符编码设置为 UTF-8，如图 2-34 所示。

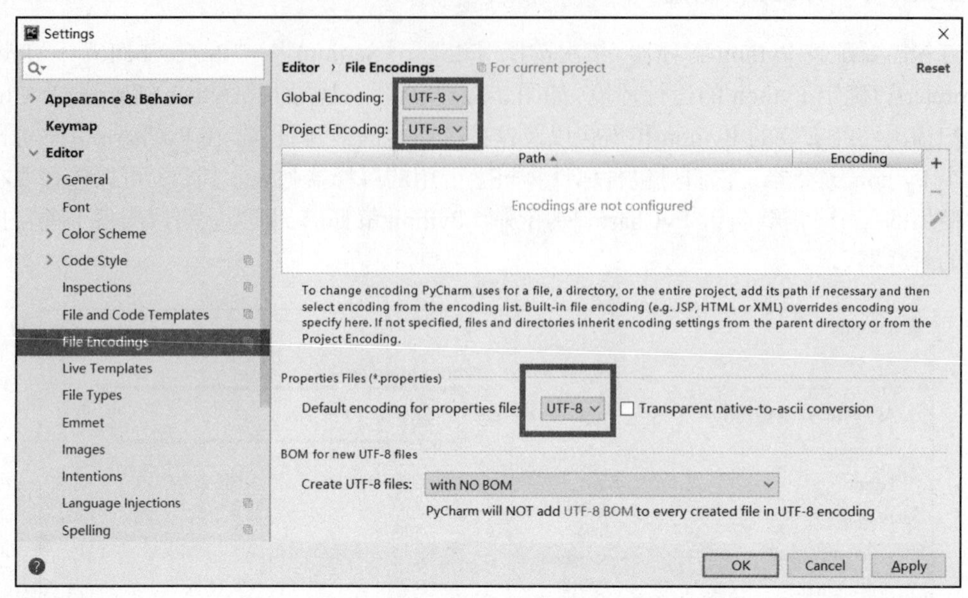

图 2-34　PyCharm 字符编码设置

需要注意的是，Python 的缩进为 4 个空格。如果使用 Tab 键代替，请一定设置为 4 个空格，如图 2-35 所示。

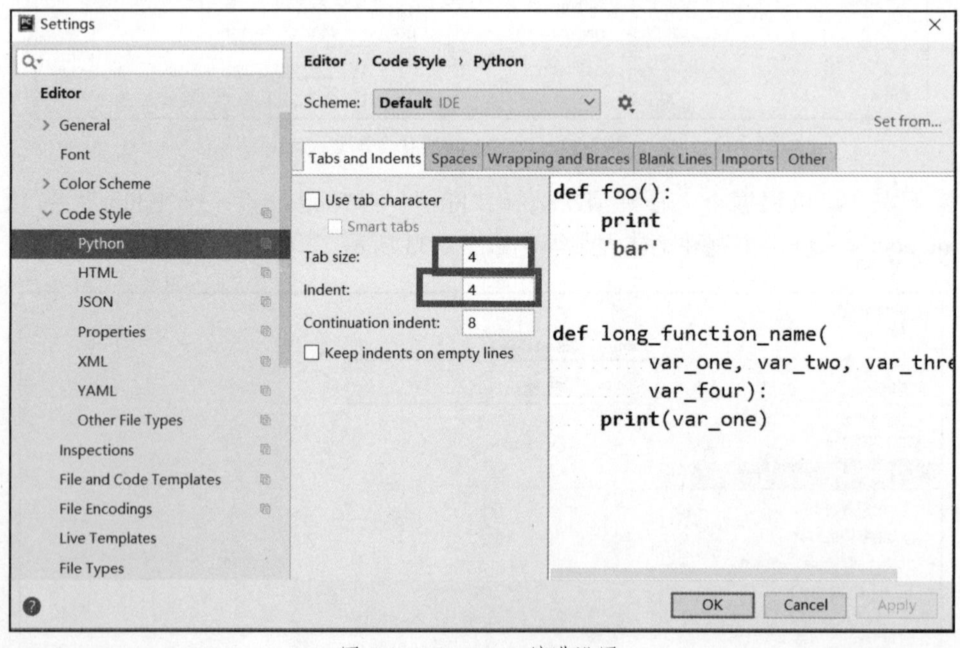

图 2-35　PyCharm 缩进设置

此外，可以依次选择“File”→“Settings”→“Editor”→“File and Code Templates”→“Python Script”设置自动添加头部注释。头部注释可以包括 Python 解释器的位置、字符集、作者信息、创建脚本的时间等，如图 2-36 所示。

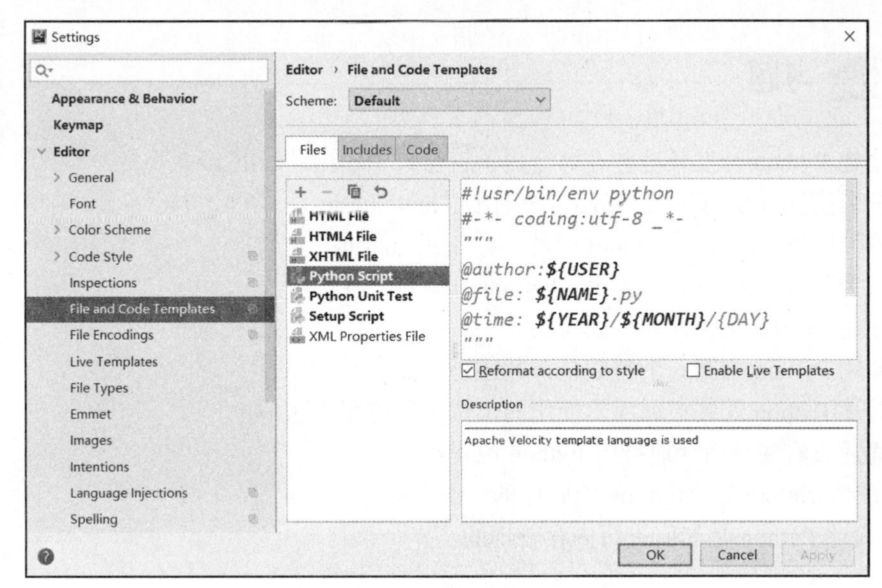

图 2-36　PyCharm 头部注释设置

还可以依次选择“File”→“Settings”→“Keymap”→“Editor Actions”查看和自定义快捷键，如图 2-37 所示。

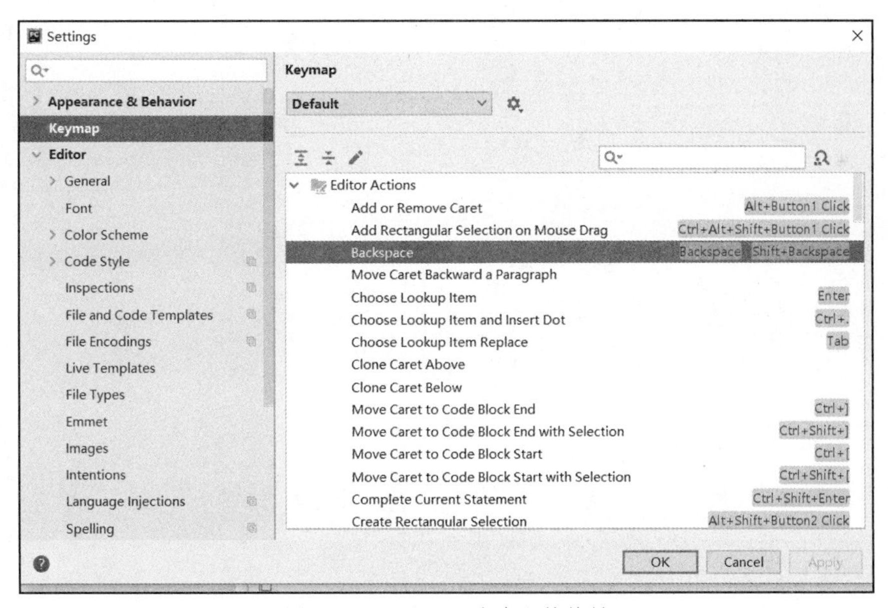

图 2-37　PyCharm 自定义快捷键

2.5 本章小结

“工欲善其事，必先利其器”。本章带领读者完成了 Python 开发环境的搭建，并且介绍了现在流行的 3 种 IDE 以及它们的安装、配置过程。读者可自行选择喜欢的 IDE 来进行 Python 编程。不用担心，这 3 种 Python IDE 均可满足后续章节的学习需要。接下来，就让我们开始激动人心的 Python 高级程序设计之旅吧！

2.6 习题

1. 搭建 Python 开发环境并在命令提示符窗口中输出“hello,uestc”。
2. 安装配置 Spyder 并在 Spyder 中输出“hello,uestc”。
3. 安装配置 Jupyter Notebook 并输出“hello,uestc”。
4. 安装配置 PyCharm 并输出“hello,uestc”。
5. 使用 Python 输出九九乘法口诀。
6. 使用 Python 判断一个整数是奇数还是偶数。
7. 简述 Python 安装扩展库常使用的工具及其使用方法。
8. 简述查看变量内存地址的 Python 内置函数。
9. 简述 print 调用了 Python 中底层的什么方法。
10. 简述 Python 是如何进行内存管理的。

第3章 语言概述

本章主要介绍 Python 的主要内置类型，并解析 Python 的控制流程及模块，最后探究相关的编程案例。通过对以上内容的学习，读者应能掌握 Python 的控制流程、模块的相关技术，从而更好地掌握 Python 的主要内置类型。

本章的重点是掌握 Python 的控制流程及模块的使用方法，理解对应的编程案例的实现过程；难点是理解 Python 的控制流程及模块的相关使用。第 4 章将着重介绍 Python 的数据结构等内容。

3.1 内置类型

Python 定义了丰富的内置类型，主要的内置类型包括数值、序列、集合、映射、文件、布尔值、可调用对象、上下文管理器、装饰器等。

其中，数值类型主要包括 int（整数）、float（浮点数）、complex（复数）。

序列类型主要包括 string（普通字符串）、unicode（Unicode 字符串）、tuple（元组）、list（列表）、bytearray（二进制数组）、xrange（生成器）。

集合类型主要包括 set（集合）、fronzeset（不可变的集合）。

映射类型主要包括 dictionary（字典）。

文件类型主要包括 file（文件）。

布尔值类型主要包括 True、False 和 bool( )函数，其中 bool()函数用于将一个值转变成布尔值 True 或 False。

可调用对象通常指的是可以使用 x( )调用的对象 x，x 可以是类型、函数、类型中定义了__call__( )方法的实例等。需要注意的是，Python 在解释器启动的时候，会用 None 类型生成一个 None 对象。None 表示空值，全局只有一个。memoryview 是 Python 中的对象，允许 Python 代码访问一个支持缓冲协议（buffer protocol）对象的内部数据，然后将其转变为字节字符串或字符对应的 ASCII（American standard code for information interchange，美国信息交换标准代码）值的列表等。在 Python 中，模块、类型、函数、实例等都是对象，可谓一切皆对象。此外，Python 中还有 code 对象（表示编译的可执行代码或字节码）和 Type 对象（表示一个对象所属的类型）。有些操作受多种对象类型的支持。特别地，实际上所有对象都可以被比较、检测逻辑值以及转换为字符串（使用 repr( )函数或略有差异的 str( )函数，后一个函数是在对象由 print( )函数输出时被隐式调用的）。

上下文管理器用在 with 语句中。上下文管理协议（context management protocol）包含 contextmanager.__enter__( )和 contextmanager.__exit__(exc_type, exc_val, exc_tb) 两个方法。

装饰器实际上就是高阶函数，属于函数式编程的范畴。因为 Python 中“一切皆对象”这一思想，所以装饰器接收函数对象作为参数，返回的则是一个修改后的函数对象。

3.1.1 逻辑值检测

任何对象都可以进行逻辑值检测，以便在 if 或 while 语句中作为条件或作为布尔运算的操作数来使用。

一个对象在默认情况下均被视为真值，除非当该对象被调用时其所属类定义了__bool__( )方法且返回 False 或定义了__len__( )方法且返回 0。下面列出了常见的被视为假值的内置对象。

① 被定义为假值的常量：None 和 False。

② 任何数值类型的零：0、0.0、0j、Decimal(0)、Fraction(0,1)。

③ 空的序列和多项集：''、( )、[]、{}、set( )、range(0)。

④ 产生布尔值结果的运算和内置函数总是返回 0 或 False（作为假值）、1 或 True（作为真值），除非另行说明（重要例外：布尔运算 or 和 and 总是返回其中一个操作数）。

3.1.2 比较运算符

Python 语言中包含 8 种比较运算符，它们的优先级相同（比布尔运算的优先级高）。比较运算可以任意串联。例如，x<y<=z 等价于 x<y and y<=z，两者的不同之处在于前者的 y 只被求值一次。但在这两种情况下，当 x<y 的结果为假值时，z 都不会被求值。

表 3-1 列出了 8 种常用的比较运算符及其含义。

表 3-1 常用的比较运算符及其含义

运算符	含义
<	严格小于
<=	小于或等于
>	严格大于
>=	大于或等于
==	等于
!=	不等于
is	对象标志
is not	否定的对象标志

除了不同类型的数值以外，不同类型的对象进行比较时绝对不会相等。而且，某些类型的对象（例如函数对象）仅支持简化比较形式，即任何两个该种类型的对象必定不相等。<、<=、>和>=运算符在以下情况下会引发 TypeError 异常：当比较复数与另一个内置类型的数据时，当两个对象具有无法被比较的不同类型时，或在未定义次序的其他情况时。

具有不同标志的类的实例的比较结果通常为不相等，除非该类定义了__eq__( )方法。

一个类的实例不能与相同类、其他实例或其他类型的对象进行排序，除非该类定义了足够多的方法，包括__lt__( )、__le__( )、__gt__( )以及__ge__( )。如果想实现常规意义上的比较操作，通常需要__lt__( )和__eq__( )。

is 和 is not 运算符无法自定义，并且它们可以被应用于任意两个对象而不会引发异常。

此外，还有两种具有相同语法优先级的运算符，即 in 和 not in，它们被 iterable 或实现了__contains__( )方法的类型所支持。

3.1.3 数值类型

Python 语言主要包含 3 种不同的基本数值类型：整数、浮点数和复数。整数具有无限的精度。浮点数通常使用 C 语言中的 double 来实现。程序运行所在计算机上浮点数的精度和内部表示法均可在 sys.float_info 中查看。复数包含实部和虚部，分别以一个浮点数表示。如果要从一个复数 z 中提取这两个部分，可使用 z.real 和 z.imag 实现。标准库中包含附加的数值类型，如表示有理数的 fractions 以及以用户定制精度表示浮点数的 decimal。

数值是由数字字面值或内置函数与运算符的运算结果来创建的。不带修饰的整数字面值（包括十六进制、八进制和二进制数）会生成整数。包含小数点或幂运算符的数字字面值会生成浮点数。在数字字面值末尾加上“j”或“J”会生成纯虚数，可以将其与整数或浮点数相加来得到具有实部和虚部的复数。

Python 完全支持混合运算。当一个二元运算符用于不同数值类型的操作数时，具有“较窄”类型的操作数会被扩展为另一个操作数的类型，整数比浮点数“更窄”，浮点数又比复数“更窄”。混合类型数值之间的比较也使用相同的规则。

所有数值类型（复数除外）都支持表 3-2 所示的运算，这些运算是按优先级升序排序的，所有数值运算的优先级都高于比较运算的优先级。

表 3-2 数值类型间的运算

运算	结果
x + y	x 和 y 的合计
x - y	x 和 y 的差异
x * y	x 和 y 的乘积
x / y	x 和 y 的商
x // y	x 和 y 的商数
x % y	x/y 的余数
- x	x 取反
+ x	x 不变
abs(x)	x 的绝对值或大小
int(x)	将 x 转换为整数
float(x)	将 x 转换为浮点数
complex(re, im)	一个带有实部 re 和虚部 im 的复数，im 默认为 0
c.conjugate( )	复数 c 的共轭
divmod(x, y)	一个包含商数和余数的元组(x // y, x % y)
pow(x, y)	x 的 y 次幂
x ** y	x 的 y 次幂

3.1.4 迭代器类型

Python 支持在容器中进行迭代，使用两个单独方法来实现。这两种方法允许用户自定义类对迭代进行支持。

容器对象要提供迭代支持，必须定义一个方法：

```
container.__iter__()
```

该方法返回的是一个迭代器对象，该对象需要支持迭代器协议。如果容器支持不同的迭代器类型，则可以提供额外的方法来专门请求不同迭代器类型的迭代器。（支持多种迭代形式的对象的例子有同时支持广度优先和深度优先遍历的树结构。）此方法对应于 Python/C API（application program interface，应用程序接口）中 Python 对象类型结构体的 tp_iter 槽位。

迭代器对象自身需要支持以下两个方法，它们共同组成迭代器协议。

```
iterator.__iter__()
```

此方法返回的是迭代器对象本身，是同时允许容器和迭代器配合 for 和 in 语句使用所必需的。此方法对应于 Python/C API 中 Python 对象类型结构体的 tp_iter 槽位。

```
iterator.__next__()
```

此方法从容器中返回下一项。如果已经没有项可返回，则会引发 StopIteration 异常。此方法对应于 Python/C API 中 Python 对象类型结构体的 tp_iternext 槽位。

接下来通过实例来定义一个可迭代类。以斐波那契（Fibonacci）数列为例，代码如下：

```
class Fibo(maxstep): #maxstep是最大迭代次数
    def __init__(self,step):
        self.step=maxstep
        # 初始化数列值，count 用于循环计数，m 和 n 则为数列初始值
       self.count,self.m,self.n=0,0,1
    def __iter__(self):
        return self
    def __next__(self):
        if self.count<self.step:
             self.m,self.n=self.n,self.m+self.n
             self.count=self.count+1
            return self.m
        raise StopIteration()#当循环次数大于最大迭代次数时，停止迭代
for i in Fibo(5):
    print(i)
```

作为 Fibo 类的一个实例对象，Fibo(5)出现在 for 循环中，for 循环会通过__iter__()方法将 Fibo 类标志为一个可迭代类，然后调用__next__()方法进行迭代。

Python 定义了几种迭代器对象，以支持对一般和特定序列、字典及其他更特别类型的迭代。除了迭代器协议的实现，类型的其他性质对迭代操作来说都不重要。

一旦迭代器的__next__()方法引发了 StopIteration 异常，它必须一直对后续调用引发同样的异常。不遵循此行为特性的实现将无法正常使用。

3.2 控制流程

本节将介绍 Python 的基础控制流程，包括 if 条件语句、while 循环语句、for 循环语句以及 continue 和 break 的用法等。其基本用法与 C 语言和 Java 语言类似，无 switch 语句。

Python 条件语句通过一条或多条语句的执行结果（True 或者 False）来决定执行的代码块。控制流程的 3 种结构分别为顺序结构、选择结构、循环结构。其中顺序结构表示 Python 代码的执行过程是由上到下的；选择结构表示代码执行到某一个位置时根据条件进行判断，来决定如何继续执行 Python 代码，if 语句是常见的选择结构；循环结构则表示代码顺序执行到某一个位置的时候进行条件判断，当满足条件时执行循环体中的内容，直到不满足条件为止，跳出循环，继续执行后面的代码，for 语句和 while 语句是常见的两种循环结构。

3.2.1 if 语句

1. if 语句的一般形式

Python 中 if 语句的一般形式如下：

```
if condition_1:
   statement_block_1
elif condition_2:
   statement_block_2
else:
   statement_block_3
```

- 如果 condition_1 为 True，将执行 statement_block_1 代码块。
- 如果 condition_1 为 False，将判断 condition_2。
- 如果 condition_2 为 True，将执行 statement_block_2 代码块。
- 如果 condition_2 为 False，将执行 statement_block_3 代码块。

需要注意的是，Python 中用 elif 代替了 else if，所以 if 语句的关键字为 if、elif、else；每个条件后面要使用冒号“:”，表示接下来是满足条件后要执行的代码块；使用缩进来划分代码块，相同缩进的语句在一起组成一个代码块。

下面给出一个简单的 if 语句实例：

```
var1 = 0
if var1:
   print ("1 - if 表达式条件为 True")
   print (var1)
var2 = 1
if var2:
   print ("2 - if 表达式条件为 True")
   print (var2)
print ("this is a simple exam of if")
```

代码运行的结果如下：

```
2 - if 表达式条件为 True
1
this is a simple exam of if
```

从结果中可以看出：由于变量 var1 的值为 0，因此其对应的 if 代码块没有执行；而变量 var2 的值为 1，判断为 True，执行了对应的 if 代码块。

接下来看一个关于期末考试考核评价的 if 语句实例：

```
score = int(input("请输入期末考试的成绩： "))
```

```
    print("")
    if score < 0 or score>100:
        print("请输入正确的值")
    elif score < 60:
        print("本次考试未通过")
    elif score < 80:
        print("本次考试您的考核评价是：良好")
    elif score <= 100:
        print("本次考试您的考核评价是：优秀")
```

代码运行的结果如下：

```
请输入期末考试的成绩： 79
本次考试您的考核评价是：良好
```

需要强调的是，if 语句中常用的操作运算符有<（小于）、<=（小于或等于）、>（大于）、>=（大于或等于）、==（等于，用于比较两个值是否相等）、!=（不等于）。

接下来举例说明如何使用 if 语句来实现一个数字猜谜游戏：

```
number = 7
guess = -1
print("数字猜谜游戏!")
while guess != number:
    guess = int(input("请输入你猜的数字："))
    if guess == number:
        print("恭喜，你猜对了！")
    elif guess < number:
        print("猜的数字小了……")
    elif guess > number:
        print("猜的数字大了……")
```

代码运行的结果如下：

```
数字猜谜游戏!
请输入你猜的数字：10
猜的数字大了……
请输入你猜的数字：5
猜的数字小了……
请输入你猜的数字：7
恭喜，你猜对了!
```

2. if 语句的嵌套

在嵌套 if 语句中，可以把 if…elif…else 结构放在另外一个 if…elif…else 结构中，其语法格式如下：

```
if condition_1:
    statement_block
    if condition_2:
        statement_block
    elif condition_3:
```

```
        statement_block
    else:
        statement_block
elif condition_4:
    statement_block
else:
    statement_block
```

接下来举例说明如何使用 if 语句的嵌套来简单判断一个数能否被 3 和 5 整除：

```
num=int(input("输入一个数字："))
if num%3==0:
    if num%5==0:
        print ("你输入的数字可以被 3 和 5 整除")
    else:
        print ("你输入的数字可以被 3 整除，但不能被 5 整除")
else:
    if num%5==0:
        print ("你输入的数字可以被 5 整除，但不能被 3 整除")
    else:
        print  ("你输入的数字不能被 3 和 5 整除")
```

代码运行的结果如下：

```
输入一个数字：3344
你输入的数字不能被 3 和 5 整除
输入一个数字：6000
你输入的数字可以被 3 和 5 整除
输入一个数字：1000
你输入的数字可以被 5 整除，但不能被 3 整除
```

3.2.2 while 语句

Python 中 while 语句的一般形式如下：

```
while condition:
    statement_block
```

while 语句同样需要注意冒号和缩进。另外，在 Python 中没有 do…while 循环。

以下实例使用了 while 语句来计算一个数的阶乘：

```
n = 10
product = 1
counter = 1
while counter <= n:
    product = product * counter
    counter += 1
print("%d 的阶乘为：%d" % (n,product))
```

代码运行的结果如下：

```
10 的阶乘为：3628800
```

在 while 循环中也可以使用 else 语句，程序会在 while 语句为 False 时执行 else 对应

的代码块。例如如下代码：

```
count = 0
while count < 5:
  print (count, " 小于 5")
  count = count + 1
else:
  print (count, " 大于或等于 5")
```

代码运行的结果如下：

```
0  小于 5
1  小于 5
2  小于 5
3  小于 5
4  小于 5
5  大于或等于 5
```

3.2.3 for 语句

Python 的 for 循环可以遍历任何序列，如列表或者字符串。for 循环的一般形式如下：

```
for <variable> in <sequence>:
   <statements>
else:
   <statements>
name = ["Tom", "Jerry", "Bob", "Mike"]
for x in name:
   print (x)
```

代码运行的结果如下：

```
Tom
Jerry
Bob
Mike
```

以下关于 for 循环的实例中使用了 break 语句，break 语句用于跳出当前循环体：

```
sites = ["Tom", "Jerry","Bob","Mike"]
for site in sites:
   if site == "Bob":
      print("找到 Bob 了!")
      break
   print("已经找到了 " + site)
else:
   print("没有找到!")
print("完成循环!")
```

代码运行的结果如下：

```
已经找到了 Tom
已经找到了 Jerry
找到 Bob 了!
```

```
完成循环!
```

接下来举例说明 continue 语句的使用方法。continue 语句用来结束本次循环，紧接着执行下一次的循环，代码如下：

```
for i in range(10):
    if i<4:
        continue #不往下走了，直接进入下一次循环
    print("loop:", i )
```

代码运行的结果如下：

```
loop: 4
loop: 5
loop: 6
loop: 7
loop: 8
loop: 9
```

3.3 模块

前面章节中的脚本是用 Python 解释器来实现的。如果从 Python 解释器退出后再进入，那么其定义的所有函数和变量都会消失。

为了解决上述问题，Python 提供了一个办法，把这些定义的函数和变量存放在文件中，供一些脚本或者交互式的解释器实例使用，这个文件被称为模块。

模块是一个包含所有定义的函数和变量的文件，其扩展名是 .py。模块可以被其他程序导入，用来使用该模块中的函数等。这同样也是使用 Python 标准库的方法。

接下来举例说明如何使用 Python 标准库中的模块，代码如下：

```
import sys
print('命令行参数如下:')
for i in sys.argv:
   print(i)
print('\n\nPython 路径为: ', sys.path, '\n')
```

其中 import sys 导入了 Python 标准库中的 sys.py 模块，这是导入某一模块的方法；sys.argv 是一个包含命令行参数的列表；sys.path 包含 Python 解释器自动查找所需模块的路径的列表。

代码运行的结果如下：

```
命令行参数如下:
h:\python\lib\site-packages\ipykernel_launcher.py -f
C:\Users\ASUS\AppData\Roaming\jupyter\runtime\kernel-c47a8dca-a4d4-412a-b578-337b4d516e37.json
Python 路径为: ['', 'C:\\Users\\ASUS', 'h:\\python\\python37.zip', 'h:\\python\\DLLs', 'h:\\python\\lib', 'h:\\python', 'h:\\python\\lib\\site-packages', 'h:\\python\\lib\\site-packages\\IPython\\extensions', 'C:\\Users\\ASUS\\.ipython']
```

如果想要使用 Python 源文件，在另一个源文件里执行 import 语句即可。当解释器遇到 import 语句时，如果模块在当前的搜索路径，就会被导入。搜索路径是一个解释器会先进

行搜索的所有目录的列表。如果想要导入模块 support，则需要把命令放在脚本的顶端。一个模块只会被导入一次，而不管执行了多少次 import 语句，这样可以防止模块被重复导入。当使用 import 语句的时候，Python 解释器如果要想找到对应的文件，需要用到 Python 的搜索路径。搜索路径是由一系列目录名组成的，Python 解释器依次从这些目录名中去寻找所导入的模块。这与环境变量比较类似，也可以通过定义环境变量的方式来确定搜索路径。搜索路径是在 Python 编译或安装的时候确定的，它在安装新的库时会被修改。搜索路径被存储在 sys 模块的 path 变量中。

接下来介绍一个简单实例。在交互式解释器中，输入以下代码：

```
import sys
sys.path
```

代码运行的结果如下：

```
['',
'C:\\Users\\ASUS',
'h:\\python\\python37.zip',
'h:\\python\\DLLs',
'h:\\python\\lib',
'h:\\python',
'h:\\python\\lib\\site-packages',
'h:\\python\\lib\\site-packages\\IPython\\extensions',
'C:\\Users\\ASUS\\.ipython']
```

sys.path 输出的是一个列表，其中第一项是空串'，代表当前目录（若从一个脚本中输出，可以更清楚地看出是哪个目录），亦即执行 Python 解释器的目录（对于脚本，就是运行的脚本所在的目录）。

因此，如果在当前目录下存在与要导入模块同名的文件，就会把要导入的模块屏蔽掉。了解搜索路径的概念后，就可以在脚本中修改 sys.path 来导入一些不在搜索路径中的模块。

接下来介绍在解释器的当前目录或者 sys.path 中的一个目录中来创建一个名为 fibo.py 的文件，代码如下：

```
#斐波那契数列模块
def fib(n): #定义到 n 的斐波那契数列
    a, b = 0,1
while b < n :
print(b,end=')
a, b = b, a+b
print()

def fib2(n): #返回到 n 的斐波那契数列
result =[]
a,b = 0,1
while b<n :
result.append(b)
a, b = b, a+b
return result
```

然后进入 Python 解释器，使用下面的命令导入斐波那契数列模块 fibo：

```
import fibo
```

这样做并没有把直接定义在 fibo 中的函数名称写入当前符号表里，只是把模块 fibo 的名字写到了符号表中。

可以使用模块名称来访问函数：

```
fibo.fib(8888)
```

程序运行的结果如下：

```
1 1 2 3 5 8 13 21 34 55 89 144 233 377 610 987 1597 2584 4181 6765
```

如果需要经常使用某一个函数，可以给它赋予一个本地的名称：

```
fib = fibo.fib
fib(888)
```

代码运行的结果如下：

```
1 1 2 3 5 8 13 21 34 55 89 144 233 377 610
```

模块中除了方法定义，还可以包括可执行的代码。这些代码一般用来初始化该模块，只有在模块第一次被导入时才会被执行。每个模块都有各自独立的符号表，在模块内部会被所有的函数当作全局符号表来使用。

此外，当确定需要什么函数后，也可以通过 modname.itemname 这样的表示法来访问模块内的函数。模块是可以导入其他模块的。可以在一个模块（也可以是脚本或者其他位置）的最前面使用 import 语句来导入一个模块，当然这只是一个惯例，而不是强制的。被导入模块的名称将被放入当前操作的模块的符号表中。还有一种导入的方法，即可以使用 import 语句直接把模块内函数、变量的名称导入当前操作模块，代码如下：

```
from fibo import fib,fib2
fib(500)
```

代码运行的结果如下：

```
1 1 2 3 5 8 13 21 34 55 89 144 233 377
```

这种导入的方法不会把被导入模块的名称放入当前的符号表中（所以在这个例子中，fibo 这个名称是没有定义的）。

此外，还有一种方法，即可以一次性地把模块中所有函数、变量的名称都导入当前模块的符号表中，代码如下：

```
from fibo import *
fib(500)
```

代码运行的结果如下：

```
1 1 2 3 5 8 13 21 34 55 89 144 233 377
```

这将就把所有的名称都导入进来了，但是那些由单一下画线开头的名称不在此列。大多数情况下，我们不使用这种方法，因为导入的其他来源的名称很可能会覆盖已有的名称。

Python 本身带有一些标准的模块库。有些模块直接被构建在解释器里，这虽然不是语言内置功能的体现，但是它能促进模块被高效地应用，甚至支持系统级调用。这些模块会根据不同的操作系统进行不同形式的配置，比如 winreg 模块就只会提供给 Windows 操作系统。

包是一种管理 Python 模块命名空间的形式，采用“点模块名称”。比如一个模块的名称是 A.B，那么它表示一个包 A 中的子模块 B。与使用模块的时候，不用担心不同模块之间的全局变量相互影响一样，采用点模块名称这种形式也不用担心不同库之间的模块重名的情况出现。这样不同的作者都可以提供 NumPy 模块或者 Python 图形库。不妨假设设计一套统一处理音频文件和数据的模块（或者称之为“包”）。现存很多种不同的音频文件格式（基本上都是通过扩展名区分的，例如 .wav、.aiff、.au 等），所以需要有一组不断更新的模块，用来在不同的格式之间进行转换。

3.4 本章小结

通过本章的学习，相信读者对 Python 的语法结构已经有了具体的认识，这是深入学习 Python 的基础。接下来，我们要学习 Python 常用的几种数据结构，它们具有非常强大且实际的功能，是今后我们在 Python 编程中的“利器”。

3.5 习题

1. 列举 Python 常见的内置类型。

2. Python 程序设计中常用的控制流程的结构有哪些？

3. 编程实现：有 4 个数字 1、2、3、4，它们能组成多少个互不相同且无重复数字的三位数？分别是多少？

4. 编程实现：暂停 1s 输出（提示：使用模块的内置函数）。

5. 编程实现：一个数如果恰好等于它的因子之和，这个数就称为“完数”。例如 6=1+2+3，6 就为完数。找出 1000 以内的所有完数。

6. 编程实现：将一个数组逆序输出。

7. 编程实现：实现两个随机数相加。

8. 编程实现：有 n 个整数，将其前面各数顺序向后移 m 个位置，使最后 m 个数变成最前面的 m 个数。

9. 简述数组、链表、队列、堆栈的区别。

10. 在代码中修改不可变数据会出现什么问题？抛出什么异常？

第4章 数据结构

本章主要介绍 Python 常用的数据结构，重点说明 Python 的元组、列表、集合等数据结构，最后通过编程案例详细说明上述数据结构的具体使用方法。通过对以上内容的学习，读者应能够掌握 Python 数据结构的相关技术，理解元组、列表、集合等数据结构的相关使用方法，了解推导式等。第 5 章将主要围绕 Python 的编程范型等内容展开。

4.1 元组

元组是一系列不可变的 Python 对象。元组是一种序列，类似于 C 语言中的数组，但其中的元素不可修改。元组可使用圆括号( )创建。

创建空元组的代码如下：

```
tup1 = ( );
```

元组中只包含 1 个元素时，需要在元素后面添加逗号，否则括号会被当作运算符使用。例如如下代码：

```
tup1 = (50)
type(tup1)  # 不加逗号，类型为整数类型
```

代码运行的结果如下：

```
<class 'int'>
```

加上逗号后代码如下：

```
tup1 = (50,)
type(tup1)  # 加逗号，类型为元组
```

代码运行的结果如下：

```
<class 'tuple'>
```

元组与字符串类似，索引从 0 开始，−1 表示从末尾开始。其实可以把字符串看成一种特殊的元组，可对其执行截取、组合等操作。注意：对元组执行这些操作不是对初始元组的修改，而是创建新的元组并将其作为操作结果返回。

我们可以使用索引来访问元组中的元素值，实例如下：

```
tup1 = ('UESTC', 'Python', 1956, 1991)
tup2 = (1, 2, 3, 4, 5, 6, 7 )
```

```
print ("tup1[0]: ", tup1[0])
print ("tup2[1:5]: ", tup2[1:5])
```

代码运行的结果如下：

```
tup1[0]:  UESTC
tup2[1:5]:  (2, 3, 4, 5)
```

我们不能直接修改元组中的元素值，如果直接修改将会引起运行错误，实例如下：

```
tup =(1,2,3,4,5,6)
tup[0] = 11 # 修改元组元素的操作是非法的
```

代码运行的结果如下：

```
TypeError    Traceback (most recent call last)
<ipython-input-1-30b720865d58> in <module>
      1 tup =(1,2,3,4,5,6)
----> 2 tup[0] = 11         #修改元组元素的操作是非法的
TypeError: 'tuple' object does not support item assignment
```

这里发现元组的元素不能被改变。虽然元组的元素不可改变，但它可以包含可变的对象，比如列表。字符串、列表和元组都属于序列。

元组中的元素类型也可以不相同，实例如下：

```
tup0 = ('chengdu',123,11.16,'UESTC',10.17)
tup1 = (777,'UESTC')
print (tup0)                 #输出完整元组
print (tup0[0])              #输出元组的第 1 个元素
print (tup0[1:3])            #输出元组的第 2 ~ 4 个元素
print (tup0[2:])             #输出元组从第 3 个元素开始的全部元素
print (tup0*2)               #输出两次元组
print (tup0 + tup1)          #连接元组
```

代码运行的结果如下：

```
('chengdu', 123, 11.16, 'UESTC', 10.17)
chengdu
(123, 11.16)
(11.16, 'UESTC', 10.17)
('chengdu', 123, 11.16, 'UESTC', 10.17, 'chengdu', 123, 11.16, 'UESTC', 10.17)
('chengdu', 123, 11.16, 'UESTC', 10.17, 777, 'UESTC')
```

元组中的元素是不允许修改的，但可以对元组进行连接组合，实例如下：

```
tup1 = (12, 34.56)
tup2 = ('abc', 'xyz')

#以下修改元组元素的操作是非法的
#tup1[0] = 100

#创建一个新的元组
tup3 = tup1 + tup2;
print (tup3)
```

代码运行的结果如下：

```
(12, 34.56, 'abc', 'xyz')
```

元组中的元素是不允许删除的，但可以使用 del 语句来删除整个元组，实例如下：

```
tup = ('UESTC', 'Python', 1956, 1991)

print (tup)
dol tup;
print ("删除后的元组 tup : ")
print (tup)
```

以上实例中的元组被删除后，输出中会有异常信息，输出如下：

```
('UESTC', 'Python', 1956, 1991)
删除后的元组 tup :
---------------------------------------------------------------------------
NameError   Traceback (most recent call last)
<ipython-input-10-52216a7c3386> in <module>()
      4 del tup;
      5 print ("删除后的元组 tup : ")
----> 6 print (tup)
NameError: name 'tup' is not defined
```

与字符串一样，元组之间可以使用+和*进行运算。元组的运算如表 4-1 所示。这就意味着它们可以连接组合和复制，运算后会生成一个新的元组。

表 4-1　元组的运算

Python 表达式	结果	说明
len((1, 2, 3))	3	计算元素个数
(1, 2, 3) + (4, 5, 6)	(1, 2, 3, 4, 5, 6)	连接组合
('Hi!',) * 4	('Hi!', 'Hi!', 'Hi!', 'Hi!')	复制
3 in (1, 2, 3)	True	元素是否存在
for x in (1, 2, 3): print (x,)	1 2 3	迭代

Python 中的元组包含表 4-2 所示的内置函数。

表 4-2　元组的内置函数

内置函数	说明
len(tuple)	计算元组中的元素个数
max(tuple)	返回元组中元素的最大值
min(tuple)	返回元组中元素的最小值
tuple(seq)	将列表转换为元组

注意构造包含 0 或 1 个元素的元组的特殊语法规则；元组也可以使用+进行连接。

元组元素的不可修改特性可能会让元组变得非常不灵活，因为元组作为容器对象，很多时候需要对容器中的元素进行修改。元组可以说是列表的一种补充，数据的不可修改特性在程序设计中是非常重要的。例如，当需要将数据作为参数传递给 API 但不希望 API 修改参数时，就可以传递一个元组类型。再如，当需要定义一组键时，也可以采用元组类型。因此可以说元组和列表是互为补充的数据结构。

4.2 列表

列表是一种序列，就像元组一样。列表和元组之间的主要区别是：列表中的元素可以进行任意修改，就好比是用铅笔在纸上写的字，写错了还可以用橡皮擦掉重写；而元组中的元素无法修改，除非将元组整体替换掉，就好比是用圆珠笔写的字，写了用橡皮就擦不掉了，除非换一张纸。列表使用方括号[ ]，而元组使用圆括号( )。

列表是 Python 内置的可变序列类型，是 Python 中使用最频繁的数据类型之一。列表可以实现大多数集合类的数据结构。列表中元素的类型可以不相同，它支持数值、字符串，甚至是列表（所谓嵌套）。列表将元素写在方括号[ ]之间，用逗号分隔开。和字符串一样，列表可以被索引和截取，列表被截取后返回一个包含所需元素的新列表。列表截取的语法格式为：变量[头索引:尾索引]。索引以 0 为开始，-1 表示从末尾开始。

可以在列表上执行各种类型的操作，包括索引、切片、添加、乘法和检查成员身份等。此外，Python 还具有内置函数，可用于查看列表的长度和查找其最大和最小的元素。

创建一个列表，只要把用逗号分隔的不同元素使用方括号括起来即可。例如如下代码：

```
list1 = ['UESTC', 'Python', 1956, 1991];
list2 = [1, 2, 3, 4, 5 ];
list3 = ["a", "b", "c", "d"];
```

下面是列表的一个操作实例：

```
\list0 = ('chengdu',123,11.16,'UESTC',10.17)
list1 = (777,'UESTC')
print (list0)              #输出完整列表
print (list0[0])           #输出列表的第 1 个元素
print (list0[1:3])         #输出列表的第 2 ~ 4 个元素
print (list0[2:])          #输出列表从第 3 个元素开始的全部元素
print (list0*2)            #输出两次列表
print (list0 + list1)      #连接列表
```

代码运行的结果如下：

```
('chengdu', 123, 11.16, 'UESTC', 10.17)
chengdu
(123, 11.16)
(11.16, 'UESTC', 10.17)
('chengdu', 123, 11.16, 'UESTC', 10.17, 'chengdu', 123, 11.16, 'UESTC', 10.17)
('chengdu', 123, 11.16, 'UESTC', 10.17, 777, 'UESTC')
```

与 4.1 节所介绍的元组不一样的是，列表中的元素是可以改变的。例如如下代码：

```
a = [1,2,3,4,5,6,7]
print (a)
a[0] = 0                   #将列表第 1 个元素替换为 0
print (a)
a[1:3]=[10,11,12]          #将列表第 2 ~ 4 个元素替换为 10、11、12
print (a)
a[2:] = [ ]
```

```
print (a)            #将列表第 3 个以后的元素设置为[]
```

代码运行的结果如下：

```
[1, 2, 3, 4, 5, 6, 7]
[0, 2, 3, 4, 5, 6, 7]
[0, 10, 11, 12, 4, 5, 6, 7]
[0, 10]
```

可以使用 del 语句来删除列表中的元素：

```
list = ['UESTC', 'Python', 1956, 1991]
print (list)
del list[2]
print ("删除第 3 个元素 : ", list)
```

代码运行的结果如下：

```
['UESTC', 'Python', 1956, 1991]
删除第 3 个元素 : ['UESTC', 'Python', 1991]
```

由于列表是一种序列，因此其索引和切片的工作方式与元组一样。例如如下代码：

```
L = ['C++', 'Java', 'Python']
print (L[2])        #偏移量从 0 开始
print (L[-2])       #负数从右到左
print (L[1:])       #切片提取部分
```

代码运行的结果如下：

```
Python
Java
['Java', 'Python']
```

Python 包括表 4-3 所示的列表内置函数。

表 4-3　列表内置函数

函数	说明
cmp(list1, list2)	在 Python 3 中不再可用
len(list)	给出列表的总长度
max(list)	从列表中返回最大值的元素
min(list)	从列表中返回最小值的元素
list(seq)	将元组转换为列表

Python 包括表 4-4 所示的列表方法。

表 4-4　列表方法

方法	说明
lst.append(x)	将元素 x 添加至列表 lst 尾部
lst.extend(L)	将列表 L 中的所有元素添加至列表 lst 尾部
lst.insert(index, x)	在列表 lst 指定位置 index 处添加元素 x，该位置后面的所有元素后移一个位置
lst.remove(x)	在列表 lst 中删除首次出现的指定元素，该元素之后的所有元素前移一个位置

续表

方法	说明
lst.pop([index])	删除并返回列表 lst 中索引为 index（默认为-1）的元素
lst.clear( )	删除列表 lst 中的所有元素，但保留列表对象
lst.index(x)	返回列表 lst 中第一个值为 x 的元素的索引。若不存在值为 x 的元素则抛出异常
lst.count(x)	返回指定元素 x 在列表 lst 中的出现次数
lst.reverse( )	对列表 lst 中所有元素进行逆序
lst.sort(key=None, reverse=False)	对列表 lst 中的元素进行排序，key 用来指定排序依据，reverse 用来决定升序（False）还是降序（True）
lst.copy( )	返回列表 lst 的浅复制

关于列表的学习需要注意几点：如果列表中嵌套有列表，那么若修改的运算是列表的第一层，则只会修改第一层列表；若修改的是嵌套里的列表内容，则两个列表的内容都会被修改。

4.3 集合

集合是由一个或数个形态各异的事物或对象构成的，构成集合的事物或对象称作元素或成员。集合的基本功能是进行成员关系测试和删除重复元素。可以使用花括号或者 set( ) 函数创建集合。注意：创建一个空集合必须用 set( )而不是花括号，因为花括号是用来创建空字典的。下面是集合的使用实例：

```
student = {'Tom', 'Jerry', 'Lily', 'Lily', 'Jack', 'Annie'}
print(student)   # 输出集合，重复的元素被自动去掉

# 成员测试
if ' Annie ' in student :
    print(' Annie 在集合中')
else :
    print(' Annie 不在集合中')

# 集合可以进行运算
a = set('acdgdskadkwl')
b = set('fsdscadfllaw')
print(a)
print(a - b)     # a 和 b 的差集
print(a | b)     # a 和 b 的并集
print(a & b)     # a 和 b 的交集
print(a ^ b)     # a 和 b 中不同时存在的元素
```

代码运行的结果如下：

```
{'Jack', 'Jerry', 'Annie', 'Tom', 'Lily'}

Annie 在集合中
{'g', 'a', 's', 'c', 'w', 'd', 'l', 'k'}
{'k', 'g'}
```

```
{'g', 'f', 'a', 's', 'c', 'w', 'd', 'l', 'k'}
{'a', 's', 'c', 'w', 'd', 'l'}
{'g', 'f', 'k'}
```

可以看到，输出集合时重复的元素会被自动去掉。集合中的元素可以用于条件控制，同时不同的集合能直接进行运算。

集合用于包含一组无序的对象。与列表和元组不同，集合是无序的，也无法通过数字进行索引。此外，集合中的元素不能重复。集合和字典一样，只是没有值，其相当于字典的键集合。由于字典的键是不重复的，且键是不可变对象，因此集合也有如下特性：

① 不重复（互异性），也就是说集合是天生去重的；

② 元素为不可变对象（确定性，元素必须可散列）；

③ 集合中的元素没有先后之分（无序性）。

Python 3 中集合的内置函数有 17 个，如表 4-5 所示。

表 4-5　集合的内置函数

函数	说明
add(self, *args, **kwargs)	把要传入的元素作为一个整体添加到集合中，self 为被添加的集合，*args 为待添加的集合
clear(self, *args, **kwargs)	清空 self 集合中的所有元素
copy(self, *args, **kwargs)	复制 slef 集合中的所有元素，返回一个浅复制
difference(self, *args, **kwargs)	在 self 集合中删除传入的*args 集合中的不同元素，又称差
difference_update(self, *args, **kwargs)	返回一个新集合，该集合是由 self 集合删除*args 集合中包含的所有元素后形成的
discard(self, *args, **kwargs)	在 self 集合中删除存在于*args 集合中的元素
intersection(self, *args, **kwargs)	在 self 集合中只保留和*args 集合中相同的元素，又称交
intersection_update(self, *args, **kwargs)	返回一个新集合，该集合是由 self 集合中同*args 集合中相同的所有元素形成的
isdisjoint(self, *args, **kwargs)	判断 self 集合和*args 集合是否不相交，并返回相应的 bool 值
issubset(self, *args, **kwargs)	判断 self 集合中的所有元素是否都包含在*args 集合中，并返回相应的 bool 值
issuperset(self, *args, **kwargs)	判断*args 集合中的所有元素是否都包含在 self 集合中，并返回相应的 bool 值
pop(self, *args, **kwargs)	删除并且返回 self 集合中一个不确定的元素。如果 self 集合为空，则引发 KeyError
remove(self, *args, **kwargs)	从 self 集合中删除元素。如果 self 集合为空，则引发 KeyError
symmetric_difference(self, *args, **kwargs)	返回 self 集合和*args 集合所组成的新集合，但会删除两个集合中的重复元素
symmetric_difference_update(self, *args, **kwargs)	在 self 集合中删除与*args 集合相重复的元素，并将不重复的元素插入 self 集合中
union(self, *args, **kwargs)	把 self 集合和*args 集合连接起来，又称并
update(self, *args, **kwargs)	合并*args 集合到 self 集合，且重复元素只会出现一次

表 4-5 中所有函数的参数列表均相同，self 代表调用函数的对象本身，*args 为可变参数，**kwargs 为关键字参数。可变参数在函数调用时会自动组装为一个元组。而关键字参数则允许传入 0 个或任意多个含参数名的参数，且这些关键字参数在函数内部会自动组装为一个字典。

定义集合如下：

```
nums = [1,2,3,4,5,6,7]
```

```
num_set = set(nums)
print(num_set)
```

代码运行的结果如下：

```
{1, 2, 3, 4, 5, 6, 7}
```

集合中元素的增加和更新使用 set.add( )和 set.update([])，代码如下：

```
nums = {1,2,3,4,5,6,7}
#set.add()只能增加一个值，不能增加多个值
nums.add(8)
print(nums)
#set.update()既可以增加一个字符串，又可以增加多个值
nums.update([8])
print(nums)
nums.update('8')
print(nums)
nums.update([8,9,10])
print(nums)
```

代码运行的结果如下：

```
{1, 2, 3, 4, 5, 6, 7, 8}
{1, 2, 3, 4, 5, 6, 7, 8}
{1, 2, 3, 4, 5, 6, 7, 8, '8'}
{1, 2, 3, 4, 5, 6, 7, 8, 9, 10, '8'}
```

集合中元素的删除使用 set.remove( )，代码如下：

```
nums = {1,2,3,4,5,6,7}
nums.remove(6)
print(nums)
nums.remove(3)
print(nums)
```

代码运行的结果如下：

```
{1, 2, 3, 4, 5, 7}
{1, 2, 4, 5, 7}
```

由于集合的无序性和确定性，因此集合不能通过索引进行查询，也无法修改集合中的元素。

集合可以通过如下两种方式求交集：

```
nums1 ={1, 2, 3, 4, 5, 6}
nums2 ={1, 2, 3, 4, 5, 6,7,8,9}
#交的方式一：&
a = nums1&nums2
print(a)
#交的方式二：intersection()
b = nums1.intersection(nums2)
print(b)
```

代码运行的结果如下：

```
{1, 2, 3, 4, 5, 6}
{1, 2, 3, 4, 5, 6}
```

同样，集合可以使用两种方式求并集：

```
nums1 ={1, 2, 3, 4, 5, 6}
nums2 ={4, 5, 6,7,8,9,10}
#并的方式一：|
a = nums1|nums2
print(a)
#并的方式二：union()
b = nums1.union(nums2)
print(b)
```

代码运行的结果如下：

```
{1, 2, 3, 4, 5, 6, 7, 8, 9, 10}
{1, 2, 3, 4, 5, 6, 7, 8, 9, 10}
```

下面展示使用两种方式求集合的差集：

```
nums1 ={1, 2, 3, 4, 5, 6}
nums2 ={1, 2, 3, 4, 5, 7, 8, 9}
#差的方式一：-
a1 = nums1-nums2
print(a1)
a2 = nums2-nums1
print(a2)
#差的方式二：difference()
b1 = nums1.difference(nums2)
print(b1)
b2 = nums2.difference(nums1)
print(b2)
```

代码运行的结果如下：

```
{6}
{8, 9, 7}
{6}
{8, 9, 7}
```

4.4 字典

字典是另一种可变容器模型，且可存储任意类型的对象。在字典中，每个键值对中的键和值用冒号分隔，每个键值对之间用逗号分隔，整个字典包括在花括号中，格式如下：

```
d = {key1 : value1, key2 : value2 }
```

键必须是唯一的、不可变的，如字符串、数值或元组；而值则不唯一，且可以是任何数据类型。如果在定义时出现重复键，则以最后被定义的重复键值对的值为该键对应键值对的值。例如如下代码：

```
dict = {'a': 1, 'b': 2, 'b': '3'}
print (dict['b'])

print (dict)
```

代码运行的结果如下：

```
3
{'a': 1, 'b': '3'}
```

怎样访问字典里的值呢？通过把相应的键放入方括号中实现：

```
dict = {"name":"麦克雷", "age":20, "gender":"male", "job":"公务员"}
print("dict['name']:", dict["name"])
print("dict['age']:",dict["age"])
```

代码运行的结果如下：

```
dict['name']: 麦克雷
dict['age']: 20
```

如果用字典里没有的键访问数据，会输出如下错误：

```
dict = {"name":"麦克雷","age":20,"gender":"male","job":"公务员"}
print("dict['name']:",dict["NAME"])

---------------------------------------------------------------------------
KeyError                  Traceback (most recent call last)
<ipython-input-54-2d13c4f21812> in <module>()
      1 dict = {"name":"麦克雷","age":20,"gender":"male","job":"公务员"}
----> 2 print ("dict['name']:",dict["NAME"])

KeyError: 'NAME'
```

向字典中添加新内容的方法是增加新的键值对，也可以通过修改或删除已有键值对来改变字典中的内容：

```
dict = {"name":"麦克雷","age":20,"gender":"male","job":"公务员"}

dict["name"] = "安娜";#更新 name
dict["age"] = 28;#更新 age

print ("dict['name']:",dict["name"])
print ("dict['age']:",dict["age"])
```

代码运行的结果如下：

```
dict['name']: 安娜
dict['age']: 28
```

删除字典中的键使用 del dict["键名"]，清空字典使用 dict.clear()，代码如下：

```
dict = {"name":"麦克雷","age":20,"gender":"male","job":"公务员"}
print (dict)
del dict["gender"]
print (dict)
dict.clear()
print (dict)
```

代码运行的结果如下：

```
{'name': '麦克雷', 'age': 20, 'gender': 'male', 'job': '公务员'}
```

```
{'name': '麦克雷', 'age': 20, 'job': '公务员'}
{}
```

也可以直接使用 del dict 删除整个字典。

Python 包含如表 4-6 所示的字典内置函数。

表 4-6　字典内置函数

函数	说明
len(dict)	计算字典中元素的个数，即键的总数
str(dict)	输出字典，以可输出的字符串表示
type(variable)	返回输入的变量类型。如果变量是字典就返回字典类型

dict.keys( )用来获取字典中所有的键：

```
dict = {"name":"麦克雷","age":20,"gender":"male","job":"公务员"}
for key in dict.keys():
    print(key)
```

代码运行的结果如下：

```
name
age
gender
job
```

dict.values()用来获取字典中所有的值，代码如下：

```
dict = {"name":"麦克雷","age":20,"gender":"male","job":"公务员"}
for value in dict.values():
    print(value)
```

代码运行的结果如下：

```
麦克雷
20
male
公务员
```

dict.items()用来获取字典中的每个键值对，并以元组形式返回，代码如下：

```
dict = {"name":"麦克雷","age":20,"gender":"male","job":"公务员"}
for item in dict.items():
    print(item)
```

代码运行的结果如下：

```
('name', '麦克雷')
('age', 20)
('gender', 'male')
('job', '公务员')
```

4.5 推导式

推导式（comprehensions）又称解析式，是 Python 独有的。推导式可以是由一个数据序列构建另一个新的数据序列的结构体。

总结起来，Python 语言常用的推导式共有 3 种：列表推导式、字典推导式、集合推导式。它们在 Python 2 和 Python 3 中都获得了良好的支持。接下来分别详细介绍这 3 种推导式。首先约定以下定义。

① expr：列表生成元素表达式，可以是有返回值的函数。

② for value in collection：迭代 collection，将 value 传入 expr 表达式中。

③ if condition：过滤条件语句，可以过滤列表中不符合条件的值。

1. 列表推导式

列表推导式的基本结构是在一个方括号里首先包含一个表达式，紧接着是一个 for 语句，然后是 0 个或多个 for 语句或者 if 语句。此处的表达式可以是任意的，即可以在列表中放入任意类型的对象。

列表推导式的返回结果是一个新的列表，其结果在以 if 语句和 for 语句为上下文的表达式运行完成之后产生。其基本格式如下：

```
[expr for value in collection if condition]
```

此处的过滤条件可有可无，完全取决于实际的应用情况。如果只留下表达式，相当于下面这段 for 循环：

```
result = [ ]
for value in collection:
   if condition:
   result.append(expr)
```

接下来通过一个实例来演示如何通过列表推导式过滤掉长度小于或等于 3 的字符串列表，并将剩下的小写字母转换成大写字母。代码如下：

```
names = ['Bob','Tom','Alice','Jerry','Wendy','Smith']
name1=[name.upper( ) for name in names if len(name)>3]
print(name1)
```

代码运行的结果如下：

```
['ALICE', 'JERRY', 'WENDY', 'SMITH']
```

2. 字典推导式

字典推导式和集合推导式是列表推导式思想的延续，它们的语法类似，只不过字典推导式和集合推导式产生的是字典和集合。其基本格式如下：

```
{ key_expr: value_expr for value in collection if condition }
```

其中，key 为字典键；valve 为字典值。

接下来通过实例演示如何使用字典推导式根据字符串及其长度建立字典，代码如下：

```
strings = ['import','is','with','if','file','exception']
D = {key: val for val,key in enumerate(strings)}
print(D)
```

代码运行的结果如下：

```
{'import': 0, 'is': 1, 'with': 2, 'if': 3, 'file': 4, 'exception': 5}
```

3. 集合推导式

集合推导式与列表推导式非常相似，唯一区别在于集合推导式用{ }代替[ ]。其基本格式如下：

```
{ expr for value in collection if condition }
```

接下来通过实例说明如何使用集合推导式建立字符串长度的集合，其代码如下：

```
strings = ['a','is','with','if','file','exception']
{len(s) for s in strings}     #有相同长度的字符串只会留一个，这在实际情况中也非常有用
set([1, 2, 4, 9])
```

代码运行的结果如下：

```
{1, 2, 4, 9}
```

4.6 本章小结

本章主要介绍了 Python 中常用的一种不可变数据结构和 3 种可变数据结构，并讲解了推导式的语法和基本格式。在学习中，我们要注意区分元组、列表、集合、字典之间的概念以及使用上的不同。对于数据结构和推导式相应的操作以及高级方法，请读者一定要结合实际的编程进行练习，以加深理解，获得更好的学习效果。

4.7 习题

1. 详细描述元组的特点，并将其应用到一个实际例子中。
2. 详细描述列表的特点，并将其应用到一个实际例子中。
3. 详细描述集合的特点，并将其应用到一个实际例子中。
4. 详细描述字典的特点，并将其应用到一个实际例子中。
5. 详细描述推导式的特点，并将其应用到一个实际例子中。
6. 编程实现：有值集合{11,22,33,44,55,66,77,88,99,111}，将所有大于 66 的值保存至字典的第一个键中，将小于 66 的值保存至第二个键中。
7. 编程实现：将字符串 s = "UESTC"转换为列表。
8. 编程实现：将字符串 s = "UESTC"转换为元组。
9. 编程实现：将列表 li = ["chengdu","UESTC"]转换为列表。
10. 编程实现：将元组 tu = ("chengdu","UESTC")转换为列表。
11. 编程实现：有列表 nums = [2, 7, 11, 15, 1, 8]，请找到列表中任意相加等于 9 的元素集合，如{4, 5}。
12. 查找列表元素，移除每个元素的空格，并查找以 a 或 A 开头且以 c 结尾的所有元素。

第5章 编程范型

编程范型也被称为编程范式，有时候还被称为编程模型。该术语描述的是一类典型的编程风格，特别是软件设计开发的典型风格。例如，结构化编程、面向过程编程、面向对象编程、函数式编程等均属于不同的编程范型。

本书前面的内容已经介绍了 Python 面向过程和结构化的编程范型。本章主要介绍 Python 如何支持面向对象、函数式及元编程等编程范型。

本章的重点是面向对象编程和函数式编程这两个编程范型。其中面向对象编程和常用的面向过程编程具有较大的区别，它们是从不同的角度进行程序设计的；而函数式编程具有灵活多样的特点，它既可以把函数本身作为参数传入另一个函数，又允许函数返回一个函数。本章的难点是需要站在不同的角度来进行程序设计，涉及类和对象的构建、封装和消息传递，以及把运算过程写成一系列嵌套的函数调用。本章最后部分的元编程主要用于介绍如何在程序运行中生成程序本身，内容比较难以理解，故本章也只是进行入门介绍。通过本章的学习，读者可以学到用面向对象编程和函数式编程等不同的编程范型来构造程序和系统的方法，了解元编程可以在程序运行中构造程序本身。这些知识可以为构建大型类库打下基础。第 6 章将介绍几个常用库，这些库本身的设计用到了本章介绍的知识。

5.1 面向对象编程

如前文所述，和 C++、Java 一样，Python 是支持面向对象程序设计的语言。虽然在 Python 常规的快速开发中，很少进行面向对象的程序设计，但如果是开发大型项目，采用基于面向对象的特征进行设计与开发，可以更好地完成开发工作。

在面向对象编程中，类提供了将数据和功能封装在一起的机制。创建新类会创建一种新类型的对象，从而允许创建该类型的实例。每个类的实例都可以通过增加属性来反映其状态，还可以通过修改其属性来改变其状态。

和其他程序设计语言相比，Python 类的机制只增加了少量的语法元素，是 C++和 Modula-3 中的类机制的混合体。Python 类提供了面向对象编程的所有标准功能，允许对多个基类进行多继承，并且派生类可以覆盖其基类的任何方法。派生类的方法也可以调用具有相同名称的基类的方法。类依赖于 Python 的动态特性：在运行时创建，并且可以在创建后进一步修改。

Python 类本身也是对象，为导入和重命名提供了语义支持。与 C ++和 Modula-3 不同，Python 内置类型可以用作用户扩展的基类。此外，与 C ++一样，大多数具有特殊语法（如算术运算符、索引等）的内置运算符都可被重新定义为类实例，简单来说就是支持运算符的重载。

5.1.1 Python 的范围与命名空间

在用 Python 进行面向对象编程之前，需要理解 Python 命名空间的机制。程序员只有知道 Python 的范围和命名空间的工作方式才能正确理解程序运行的方式。

简单来说，命名空间是名称到对象的映射。该机制提供了避免名称冲突的一种方法。各个命名空间是独立的，故一个命名空间中不能有重名，但不同的命名空间中是可以有重名的。Python 的命名空间和 Java 的包有点类似，但其更接近于 C++的命名空间。

Python 程序一般有 3 个命名空间。

① 内置命名空间：例如内置的 abs 等函数和内置异常名等。

② 全局命名空间：模块中定义的变量、函数名等。

③ 本地命名空间：函数中定义的局部变量等。

注意：这 3 个命名空间不是并列关系，其中内置命名空间包含全局命名空间，而全局命名空间包含本地命名空间。

不同命名空间中的名称之间是没有关系的，不会相互混淆。例如，两个不同的模块都可以定义函数 Max( )而不会混淆。其原因是模块的用户必须在其前面加上模块名：modname.funcname。

在这种情况下，同一个模块的属性和模块中定义的全局名称之间有一个直接的映射，即它们共享相同的命名空间。

不同的命名空间具有不同的生命周期。包含所有内置名称的命名空间在 Python 解释器启动时创建，并且在解释器退出前永远有效。读入模块定义时会创建模块的全局命名空间，通常模块的命名空间也会持续到解释器退出。

函数的本地命名空间在调用函数时创建，并在函数返回或引发函数内未处理的异常时删除。当然，函数递归调用时每个调用都有各自的本地命名空间。

尽管命名空间的范围是静态的、确定的，但它们的使用是动态的。在执行期间的任何时刻，至少有 3 个嵌套的命名空间作用域可以直接访问其命名空间，其使用时对名称的搜索顺序如下。

① 首先搜索最里面的本地命名空间，主要是最里层函数的内部本地名称。

② 其次是全局命名空间，也就是任何包含该函数的非本地名称。

③ 最后是内置命名空间。

假设程序要使用变量 x，则 Python 解释器的查找顺序为：先是本地命名空间，然后是全局命名空间，最后是内置命名空间。如果找不到变量 x，则会抛出一个 NameError 异常。

需要特别注意的是，类的定义在本地范围内设立了另一个命名空间。

global 语句可以指明某变量是全局的，而 nonlocal 语句则可以指明某个变量位于包含定义该变量的命名空间中。

有如下名为 scope.py 的示例代码，该程序主要说明变量的作用范围：

```
def scope_test():
    def do_local():
        spam = "local spam"
```

```
    def do_nonlocal():
        nonlocal spam  #这里的变量spam是非本地的
        spam = "nonlocal spam"

    def do_global():
        global spam   #这里的变量spam是全局的
        spam = "global spam"

    spam = "test spam"
    do_local()
    print("After local assignment:", spam)
    do_nonlocal()
    print("After nonlocal assignment:", spam)
    do_global()
    print("After global assignment:", spam)

scope_test()
print("In global scope:", spam)
```

代码运行的结果如下：

```
After local assignment: test spam
After nonlocal assignment: nonlocal spam
After global assignment: nonlocal spam
In global scope: global spam
```

do_local( )中修改的是该函数内部的 spam 变量，故离开该函数后输出的不是该函数内部的值；do_nonlocal( )中修改的是非本地变量，即包含该函数外围模块（scope_test( )函数）中的 spam；do_global( )中修改的是全局变量；do_nonlocal( )和 do_global( )调用后紧跟的打印语句打印的都是 scope_test( )函数中的 spam，而 scope_test( )调用后紧跟的打印语句打印的是全局 spam。

5.1.2 类的定义

1. 类的定义

Python 中类的定义类似于函数的定义，其语法如下：

```
class ClassName:
    <statement-1>
...
    <statement-N>
```

类的定义语句和函数的定义语句类似，应该在类使用之前执行该定义语句定义类。Python 中类的定义位置多变，可以放在程序的很多位置中，甚至可以放在 if 语句的分支中，或者放在函数内部。

定义类时会创建一个新的命名空间，并将其用作本地范围。因此，对局部变量的所有赋值都位于此新命名空间中。

在上面的语句中，创建了一个名为 ClassName 的类对象。

2. 类的实例化与引用

类对象支持两种操作：属性引用和实例化。属性引用使用 Python 中所有属性引用的标准语法：obj.name。有效的属性名称是创建类对象时类的命名空间中的所有名称。以如下类对象定义的代码 myclass.py 为例：

```
class MyClass:
    i = 12345

    def f(self):
        return 'hello world'

print(MyClass.i)
m = MyClass()
print(m.f())
```

代码运行的结果如下：

```
12345
hello world
```

MyClass.i 和 m.f( )是对属性 i 和方法 f( )的引用，将分别得到一个整数和一个函数对象。可以对类的属性进行赋值，因此可以通过赋值更改 MyClass.i 的值。类的实例化使用函数调用的方式来实现。针对上述比较简单的类的定义，该调用返回一个新建的类实例。例如：

```
m = MyClass()
```

该语句实现了 MyClass 类对象的一个实例，并引用到变量 m。上述的实例化操作创建的是一个空对象，实际中经常需要创建具有针对特定初始状态定制的实例的对象。因此，类可以定义一个名为__init __( )的特殊方法，对属性进行初始化，代码如下：

```
def __init__(self):
self.data = []
```

当类定义__init __( )方法时，类实例化会自动为新创建的类实例调用该初始化方法。如果读者学过 C++或者 Java，可以很容易地联想到__init __( )方法和 C++或 Java 的构造函数（方法）类似。同理，__init __( )方法也可以有参数。有如下 student.py 代码，Student 类有含参数的初始化方法：

```
# -*- coding: UTF-8 -*-
class Student:
    stuNum=0
    def __init__(self,name,age):
        self.name=name
        self.age=age
        Student.stuNum += 1
    def printStudent(self):
        print("Name : ", self.name, ", age: ", self.age)
    def displayCount():
        print("Total Student %d" % Student.stuNum)
stu1=Student('张三',21);
stu2=Student('李四',27);
```

```
stu1.printStudent()
stu2.printStudent()
Student.displayCount()
```

代码运行的结果如下：

```
Name:  张三 , age:  21
Name:  李四 , age:  27
Total Student 2
```

3. 实例成员与类成员

从上面的类定义的两个例子中，读者应该注意到了参数 self，它和 C++及 Java 的 this 类似，表示的是类的当前实例。

如果在类定义的方法定义中，第一个参数是 self，则表示该方法是实例方法，必须通过类的实例调用，如前例中的 stu1.printStudent( )。注意：在调用此类方法时，不需要传入 self 参数。

而如果在类定义的方法定义中，第一个参数不是 self，则该方法为类方法。该方法不和任何实例有关，而只和类有关。如前例中的 displayCount( )方法，调用的时候应通过类名调用，而不能通过实例调用。

类似地，如果某个属性在定义时用 self 作为前导，则该属性为实例属性，如前例的 self.name 和 self.age。而直接定义的 stuNum 则属于类的属性。可以理解为，类方法只能访问类属性，而不能访问实例属性。

同理，如果一个属性在实例方法中用 self 引入，例如：

```
    def func(self)
        self.data=0
```

则 data 为实例属性；而如果是在所有实例方法外声明的属性，则为类属性。

如下示例代码 classtype.py 中，sc 为类属性，sm 为成员属性，printCls( )为类方法：

```
# -*- coding: UTF-8 -*-
class C:
    sc="类属性"
    def __init__(self):
        self.sm="成员属性"+self.__str__()
        C.sc+=self.__str__()
    def printCls():
        print(C.sc)
a= C()
print(a.sm)
print(a.sc)
b=C()
print(a.sm)
print(a.sc)
print(b.sm)
print(b.sc)
C.printCls()
```

可以看出，其他实例对类属性的修改在使用其他实例引用时有所体现。

代码运行的结果如下：

```
成员属性<__main__.C object at 0x1016fc1d0>
类属性<__main__.C object at 0x1016fc1d0>
成员属性<__main__.C object at 0x1016fc1d0>
类属性<__main__.C object at 0x1016fc1d0><__main__.C object at 0x1016fc198>
成员属性<__main__.C object at 0x1016fc198>
类属性<__main__.C object at 0x1016fc1d0><__main__.C object at 0x1016fc198>
类属性<__main__.C object at 0x1016fc1d0><__main__.C object at 0x1016fc198>
```

4. 私有属性和方法

Python 类的属性和方法的访问控制没有 C++和 Java 复杂，但仍然有私有属性和方法，现简单介绍如下。

（1）类的私有属性

__private_attrs：以两个下画线开头，声明该属性为私有，不能在类的外部被使用或直接访问。在类内部的方法中使用时，用如下方法：self.__private_attrs。

（2）类的私有方法

__private_method：以两个下画线开头，声明该方法为私有方法，只能在类的内部调用，不能在类的外部调用。调用方法如下：

```
self.__private_method(参数…)
```

有如下示例代码 privattr.py，对如何访问私有属性和方法进行了演示：

```
#  -*- coding: UTF-8 -*-
class C:
    def __init__(self):
        self.__data = []                #私有属性
    def add(self, adata):
        self.__data.append(adata)
    def __priPrintData(self):           #私有方法
        print(self.__data)
    def printData(self):
        self.__priPrintData()

a = C()
a.add('hello')
a.add('python')
a.printData()
a._C__priPrintData()
print(a._C__data)
```

上述代码声明了名为__data 的私有属性和名为__priPrintData( )的私有方法。私有属性和私有方法只能在类中使用，本代码的运行结果为：

```
['hello', 'python']
['hello', 'python']
['hello', 'python']
```

如果在类的外部直接调用私有方法和私有属性，编译器会报错。但是请注意，该示例程序的最后两行：

```
a._C__priPrintData()
print(a._C__data)
```

演示了通过类名来访问私有属性的方法。程序中不能直接访问__data 的原因是当前 Python 解释器把__data 变量改成了_C__data，同样把__priPrintData( )改成了_C__priPrintData( )。所以可以在类的外部通过增加类名的方式绕过限制进行访问。也就是说，Python 没有真正意义上的私有属性和私有方法。但不建议用上述方法进行访问，因为新版的 Python 可能会改变这种改名方式。

5．静态方法和类方法

Python 的类还可以声明静态方法和类方法，我们在前面已经介绍过类方法，正常的做法是在方法声明前使用@staticmethod 声明静态方法，使用@classmethod 声明类方法。这两种方法可以不需要对类进行实例化，而直接通过“类名.方法名( )”来进行调用。这便于进行代码组织，把某些应该属于某个类的函数不再作为全局函数，而是放到该类中，有利于命名空间的整洁。二者在使用上比较相似，但也有区别。下面用一个简单示例程序 staticclass.py 进行说明，代码如下：

```
class A():
    a = 'a'
    @staticmethod
    def foo1(name):
        print ('hello', name)
    def foo2(self, name):
        print ('hello', name)
    @classmethod
    def foo3(cls, name):
        print ('hello', name)


a = A()
a.foo1('xuyi')
A.foo1('xuyi')

a.foo2('xuyi')

a.foo3('xuyi')
A.foo3('xuyi')
```

其中 foo1( )是静态方法，foo2( )是实例方法，foo3( )是类方法。静态方法和类方法既可以既通过实例名也可以通过类名进行访问，而实例方法则只能通过实例名进行访问。那么静态方法和类方法又有什么区别呢？类方法的第一个参数是 cls，而静态方法没有该参数。类比，self 表示当前实例，cls 表示当前类本身。在类方法中访问其他静态方法或者类方法时，可以只提供方法名；而静态方法没有 cls 参数，所以在静态方法中访问其他静态方法或者类方法时，必须用“类名.方法名( )”的形式进行访问，略显累赘。

5.1.3 类的继承

面向对象语言的特征之一就是支持继承，Python 支持单继承和多继承。这里谈论单继承（即只有一个基类的继承）的情况。

1．单继承

单继承的语法如下：

```
class DerivedClassName(BaseClassName):
    <statement-1>
    …
    <statement-N>
```

注意：基类 BaseClassName 必须在包含派生类定义的作用域中，否则可能需要加上该类所属的模块名。例如如下代码：

```
class DerivedClassName(moduleName.BaseClassName):
```

派生类的执行方式与基类的执行方式相同。如果针对属性或者方法的访问请求在当前类中找不到定义，会继续查找基类。如果基类本身是从其他类派生的，则会递归地进行查找。

派生类的实例化没有什么特别之处：DerivedClassName( )创建了一个新的类的实例。方法引用解析如下：首先搜索相应类的方法对象，如果搜索不到，则在基类链下继续搜索；如果搜索到该方法对象，则该方法引用有效。

派生类可以覆盖其基类的方法。派生类中的重写方法实际上是扩展基类方法的功能，而不仅仅是简单地替换与基类同名的方法。在派生类方法中直接调用与基类同名的方法十分简单，可以用 super( )方法实现。

Python 有两个内置函数可用于处理继承遇到的问题。

一是使用 isinstance( )检查实例的类型。例如 isinstance(obj,int)仅在 obj 是 int 或是从 int 派生的某个类时为 True。

二是使用 issubclass( )检查类继承。例如 issubclass(bool,int)为 True，因为 bool 是 int 的子类。但是，issubclass(float,int)为 False，因为 float 不是 int 的子类。

下面通过如下 animal.py 代码，演示如何继承的层次性：

```
#  -*- coding: UTF-8 -*-
class Animal:
    def run(self):
        print('动物在跑…')
class Dog(Animal):
    def run(self):
        print('狗在跑…')
class Cat(Animal):
    def run(self):
        print('猫在跑…')
    def run2(self):
        super().run()
```

```
def run_twice(animal):
    animal.run()
    animal.run()

a = Animal()
d = Dog()
c = Cat()
print('a 是动物吗?', isinstance(a, Animal))
print('a 是猫吗?', isinstance(a, Cat))
print('d 是动物吗?', isinstance(d, Animal))
print('d 是狗吗?', isinstance(d, Dog))
print('狗是动物的子类吗?', issubclass(Dog, Animal))
run_twice(d)
c.run2()
super(Cat,c).run()
Animal.run(c)
```

代码运行的结果如下：

```
a 是动物吗? True
a 是猫吗? False
d 是动物吗? True
d 是狗吗? True
狗是动物的子类吗? True
狗在跑…
狗在跑…
动物在跑…
动物在跑…
动物在跑…
```

注意：该程序演示了方法覆盖、super( )方法以及通过基类名调用基类的方法。

2. 多继承

不像 Java 只支持单继承，Python 支持多继承。所谓多继承，也就是一个类同时有两个及以上的基类。具有多个基类的类定义如下：

```
class DerivedClassName(Base1, Base2, Base3,…):
<statement-1>
...
<statement-N>
```

在多继承中，子类会继承所有基类的属性和方法。这就导致我们面临确定通过子类实例引用的属性和方法来自哪个基类甚至是基类的基类的问题。

在大多数及最简单的情况下，可以将从基类继承的属性或者方法的搜索视为深度优先的，从左到右进行。

因此，如果在 DerivedClassName 中搜索不到，则在 Base1 中搜索，然后（递归地）在 Base1 的基类中搜索。如果搜索不到，则在 Base2 中搜索，以此类推。

事实上，真实的实现更复杂一些。针对方法解析顺序，可以通过动态变化来支持采用

super( )对超类成员进行调用。具体讨论超出了本书的范围，这里不再深入。下面给出一个多继承的示例 multiher.py：

```
# -*- coding: UTF-8 -*-
class Base1:
    def __init__(self):
        self.bs = 'Base1'
        self.bs1 = 'Base1'
    def Pr1(self):
        print(self.bs1)
class Base2:
    def __init__(self):
        self.bs = 'Base2'
        self.bs2 = 'Base2'
    def Pr2(self):
        print(self.bs2)
class SubClass(Base1, Base2):
    def __init__(self):
        Base1.__init__(self)
        Base2.__init__(self)
        self.bs = 'SubClass'

    def Pr(self):
        print(self.bs)
b = SubClass()
b.Pr()
b.Pr1()
b.Pr2()
print(b.bs)
```

代码运行的结果如下：

```
SubClass
Base1
Base2
SubClass
```

该示例演示了属性的查找以及基类构造方法的调用。因多继承在实际中用得不多，故不再深入讨论。

5.1.4 运算符重载

和 C++类似，Python 支持运算符重载。Python 语言中现有的运算符都可以通过定义类的方法修改其默认功能。Python 运算符重载有以下 5 点需要注意。

① 运算符重载是指通过类来修改常规的 Python 运算。

② 类可以重载所有 Python 表达式的运算符。

③ 类也可重载函数调用、属性点号运算等内置运算。

④ 重载是类实例的行为，和内置类型的行为类似。

⑤ 重载是通过提供特殊名称的类方法来实现的。

简单来说，Python 通过对类的特定方法进行覆盖，从而实现运算符重载的功能。

重载方法与运算符/运算描述的对应关系如表 5-1 所示。

表 5-1　重载方法与运算符/运算描述的对应关系

重载方法	运算符/运算描述	调用方式
__init__( )	构造	X 对象建立：X = Class(args)
__del__( )	析构	X 对象收回
__add__( )	运算符+	X+Y，X+=Y（如果没有定义__iadd__）
__sub__( )	运算符−	X−Y
_radd__( )	右侧加法	Other+X
__iadd__( )	增强加法	X += Y
_lt__( ),__gt__( )	比较	X < Y，X > Y
__le__( ),__ge__( )	比较	X<=Y，X >= Y
__eq__( ),__ne__( )	比较	X == Y，X != Y
__or__( )	运算符|(按位或)	如果没有_ior_，X|Y,X|=Y
__repr__( ),__str__( )	输出、转换	Print(X)，repr(X)，str(X)
__call__( )	函数调用	X(*args,**kargs)
__getattr__( )	点号运算	X.undefined
__setattr__( )	属性赋值	X.any = value
__delattr__( )	属性删除	del X.any
__getattribute__( )	属性获取	X.any
__getitem__( )	索引运算	X[key]，X[i:j]，没有__iter__( )时的 for 循环和其他迭代器
__setitem__( )	索引赋值	X[key] = value，X[i:j] = sequence
__delitem__( )	索引和分片删除	del X[key]，del X[i:j]
__iter__( ),__next__( )	迭代环境	I = iter(X)，next(I)
__contains__( )	测试成员关系	item in X（任何可迭代的）
__index__( )	获取整数值	hex(X)，bin(X)，oct(X)，O[X]，O[X:]
__enter__( ),__exit__( )	管理环境	with obj as var:
__get__( ),__set__( )	获取/设置描述符属性	X.attr,X.attr = value,del X.attr
__new__( )	创建对象	在__init__( )之前创建对象

下面以示例代码 operover.py 进行说明：

```
#  -*- coding: UTF-8 -*-
class Number:
   def __init__(self, other):
      self.data = other
   def __sub__(self,other):
      return Number(self.data-other+1)
   def __lt__(self,other):
```

```
        return self.data>=other
    def __del__(self):
        print("删除实例")

a= Number (20)
b= a-5
print(b.data)
print(b<20)
```

代码运行的结果如下：

```
16
False
删除实例
删除实例
```

其中“a= Number (20) ”用整数 20 构造了实例 a，然后下一行做减法。但由于代码前部通过改写 __sub__方法重载了运算符“-”，将其定义为常规减法后再加 1，因此输出的是 20-5+1 即 16 。然后输出 16<20 的结果，是 True。但代码重新定义了小于为“大于或等于”，所以输出的是 False。最后由于重载了删除实例的操作，系统在终止运行的时候，删除了实例 a 和 b，因此输出了两行“删除实例”。

从上面的例子可以看出，Python 通过对预先定义好的特殊方法进行重写来改变其对应的运算符的行为，是一种受限的重载，不能凭空创造出新的运算符。

一般来说，普通的编程不会用到运算符重载，只有在构建类库等时才需要进行运算符重载。如果需要改变运算符默认的行为，则应该查询手册明确其对应的方法，然后通过对方法进行重载来实现。

5.2 函数式编程

函数式编程又称为函数程序设计、泛函编程等，是一种编程范型。其思想是将计算机运算视为函数运算，并且避免使用程序状态以及易变对象等。

函数式编程注重结果而非执行的过程，倡导利用若干简单的执行单元让计算结果渐进、逐层地推导出复杂的运算，而不是设计一个复杂的执行过程。

函数式编程中较古老的例子是 1958 年诞生的 Lisp 语言，Python 也支持函数式编程。

5.2.1 函数对象

Python 是面向对象的语言，在 Python 中一切都是对象，同样函数也是对象。例如如下 funcobj.py 代码：

```
# -*- coding: UTF-8 -*-
def func():
    print("这是一个函数对象")
func()
a=func
a()
```

上述代码在第 2 行定义了一个名为 func 的简单函数。当代码执行遇到 def 以后，会生成一个函数对象，这个函数对象的名字就是函数名 func。当调用函数时要指定函数的名字，只有通过函数名才能找到这个函数。在第五行通过 func 调用了该函数。函数的代码段在定义时不会执行，只有当这个函数被调用时，函数的代码段才会被执行。函数调用结束时，这个函数内部生成的所有数据都会被销毁。

函数可以作为对象赋值给一个变量，可以作为元素添加到集合对象中，可以作为参数值传递给其他函数，还可以作为函数的返回值被返回引用。在上述代码中，第 5 行将函数赋值给变量 a，然后在第 6 行通过 a( )调用了该函数。代码的运行结果如下：

```
这是一个函数对象
这是一个函数对象
```

在这个示例中，func( )和 a( )调用的都是同一个函数，输出相同的内容。

1．函数对象作为参数传递

函数对象可以作为参数传递给其他函数。下面的代码演示了如何将函数对象作为参数进行传递：

```
def func():
    print("这是一个函数对象")

def wrap(w):
    print("接收一个函数对象作为参数")
    w()
  a=wrap
a(func)
```

上述代码定义的函数 wrap( )接收 func 函数对象作为参数。

代码的运行结果如下：

```
接收一个函数对象作为参数
这是一个函数对象
```

2．函数返回函数对象

函数对象可以作为参数传递给其他函数。同理，一个函数也可以返回自己定义的函数对象。例如如下 returnfunc.py 代码：

```
def lazy_sum(*args):
    def sum():
        ax = 0
        for n in args:
            ax = ax + n
        return ax
    return sum

a = lazy_sum(1, 2, 3, 4, 5)
print(a())
```

在这个例子中，lazy_sum( )返回的是计算传入列表的元素的和的函数 sum( )。第 9 行通过 a( )调用该函数计算 1～5 的和。该计算只有在需要的时候才进行。注意：返回的函数对象在其定义内部引用了局部变量 args。所以，当一个新函数返回了一个函数对象后，其内部的局部变量将被新函数引用。这种将函数及其局部变量视为一体的行为也称为闭包。

5.2.2 匿名函数

对于一些需要函数对象作为参数的情况，传入的函数对象很简单，但如果进行完整的函数定义则比较麻烦。对比较简单的函数定义可以使用 lambda 表达式形式的匿名函数，定义如下：

```
lambda x: x ** 2
```

这相当于定义了一个如下简单函数：

```
def func(x)
    return x ** 2
```

不过下面这个简单函数有名字 func，而 lambda 定义的匿名函数没有名字。

关键字 lambda 表示定义匿名函数，冒号前面的 x 表示函数参数。匿名函数只能有一个表达式，不用 return 语句，而返回值就是该唯一表达式的结果。

匿名函数没有名字，因此不必担心函数名冲突。此外，匿名函数也是一个函数对象，也可以把匿名函数赋值给一个变量，再利用变量来调用该函数。例如如下代码：

```
f = lambda x : x ** 2
print(f(20))
```

代码运行的结果如下：

```
400
```

可以在一些比较复杂的情况下，即所谓高阶函数中直接使用匿名函数实现不同的功能。例如：

```
print(list(map(lambda x: x * x, [1, 2, 3, 4, 5, 6, 7, 8, 9])))
```

代码运行的结果如下：

```
[1, 4, 9, 16, 25, 36, 49, 64, 81]
```

即将匿名函数作为函数对象输入 map( )函数，并对输入列表求解。

也可以将匿名函数对象作为参数返回，例如如下 returnlambda.py 代码：

```
def func(x, y):
   return lambda: x * x + y * y

print(func(3,4)())
```

代码运行的结果如下：

```
25
```

以上函数相当于 lambda x, y : x * x + y * y，只不过多了个函数名。

5.2.3 装饰器

在 5.2.1 小节我们已经讨论过函数也是对象，可以进行赋值并通过新的变量调用，并且所有函数都有一个属性__name__，该属性即函数名。例如如下 name.py 代码：

```
def func():
    print("这是一个函数对象")

a=func
print(a.__name__)
a=lambda x: x * x
print(a.__name__)
```

代码的运行结果如下：

```
func
<lambda>
```

其中“print(a.__name__)”输出了函数名 func，而后面的 print( )函数输出的是匿名函数，故输出<lambda>而不是函数名。

如果要增加现有函数的功能，比如在函数调用前自动输出调用信息，但又不希望修改函数的定义本身，这种在代码运行期间动态增加功能的方式，称为装饰器(decorator)。

装饰器本质上是一个 Python 函数，它可以让其他函数在不需要做任何代码变动的前提下增加额外功能。装饰器的返回值也是一个函数对象。

本质上，装饰器就是一个返回函数对象的高阶函数。所以，要定义一个能输出调用信息的装饰器，其代码如下：

```
#  -*- coding: UTF-8 -*-
def prfunc(func):
    def wrapper(*args, **kw):
        print('调用函数为 %s():' % func.__name__)
        return func(*args, **kw)
    return wrapper

@prfunc
def pr():
    print("这是一个函数对象")

pr()
```

代码运行的结果如下：

```
调用函数为 pr():
这是一个函数对象
```

上面的 prfunc( )是一个装饰器，接收一个函数对象作为参数，并返回一个函数对象。使用 Python 的@语句“@prfunc”，在第 8 行把该装饰器置于使用该装饰器的函数的定义处，其结果就是会在调用函数 pr( )前输出调用信息。

把@prfunc 放到 pr( )函数的定义处，相当于执行了语句：

```
pr= prfunc (pr)
```

由于 prfunc ( )是一个装饰器，返回的是一个函数，因此原来的 pr( )函数仍然存在，只是现在同名的 pr 变量指向了新的函数，因此调用函数 pr( )将执行新函数，即在 pr( )函数中返回 wrapper( )函数。

而 wrapper( )函数的参数定义是(*args, **kw)，因此，wrapper( )函数可以接收任意参数的调用。在 wrapper( )函数内，首先输出调用信息，紧接着调用原始函数。如果装饰器本身需要传入参数，那就需要编写一个返回装饰器的高阶函数，编写出来会更复杂。这里就不再展开，读者可以自行查询手册。

5.3 元编程初步

就像元数据是描述数据的数据一样，元编程就是编写用于操纵程序的程序，元程序就是指生成其他程序的程序。可以认为，编写存在自我读取、分析、转换或修改的程序都属于元编程的范围。元编程又称为超编程，是指某类计算机程序的编写。这类计算机程序在运行时可编写其他程序或者操纵其他程序甚至修改程序自身，或者在运行时完成部分本应在编译时完成的工作。

例如，定义类以后，就可以创建这个类的实例。5.1 节介绍的常规做法是先定义类，然后创建实例。但是如果想在程序运行时创建类，这是否可行呢？这是可行的，但必须根据元类（metaclass）创建类。也就是先定义元类，然后创建类。合起来就是：先定义元类，再创建类，最后创建实例。

元类允许在程序运行时创建或者修改类，即可以把类看成元类创建出来的“实例”。

5.3.1 类的类型

为了更好地理解元编程，我们首先需要理解类型的概念。观察一下 Python 各种对象是什么类型的。对于如下示例代码 type.py，其作用是演示类、对象的类型：

```
class ObjectClass(object):
    pass

a=ObjectClass()
print(a)
print(type(a))
print(ObjectClass)
print(type(ObjectClass))
```

代码运行的结果如下：

```
<__main__.ObjectClass object at 0x10c928208>
<class '__main__.ObjectClass'>
<class '__main__.ObjectClass'>
<class 'type'>
```

第 1 行输出表示以 a 为对象，第 2 行输出表示 a 的类型（type）是类__main__.ObjectClass，第 3 行输出表示 ObjectClass 是类__main__.ObjectClass，而第 4 行输出表示 ObjectClass 的类型为 type。

因此可以认为，实例的类型是类，而类的类型是 type，也有人称其为元类。那么，可以在程序运行时用类来创建实例，那么是否可以用元类来创建类呢？答案是可以的。

5.3.2 类的动态创建

在常规编程中，程序员可以很容易地在程序运行时创建类的实例，但是很少编写动态创建类的程序。元编程可以实现动态地创建类，这在类库的编制和扩展中很有用。其主要方法是利用 type( )函数，该函数有很多功能，在 5.3.1 小节我们使用该函数返回对象类型。该函数还可以创建类，其函数形式如下：

```
type(类名, 父类的元组, 包含属性的字典)
```

其中第 2 个参数表示该元组针对继承的情况，所有父类放入该元组，可以为空。第 3 个参数是键值对，可以为空。例如如下代码：

```
foo = type('Foo', (), {'bar':True,"name":"xuyi"})
a=foo()
print(type(a))
print(type(foo))
print(a.bar)
print(a.name)
```

代码运行的结果如下：

```
<class '__main__.Foo'>
<class 'type'>
True
xuyi
```

注意：第 1 行创建了类 Foo，并放入 foo 中，在创建的时候表明其没有父类，并用字典添加了两个属性和值。第 2 行创建了 Foo 的实例 a，其中第 1 个 print( )函数的输出结果说明 a 的类型是类 Foo，而不是 foo；第 2 个 print( )函数说明 foo 的类型是 type；而第 3 个、第 4 个 print( )函数输出了 a 的两个属性的值。

还可以用如下语句创建 Foo 的子类：

```
FooChild = type('FooChild', (Foo,),{})
```

如下语句运行后：

```
print(FooChild)
```

结果为：

```
    <class '__main__.FooChild'>
```

表明创建了 FooChild 类。

除了可以动态创建类及其属性，元编程还可以在类中动态添加方法。例如如下代码 dynamic.py：

```
def func(self, name='world'):
    print('Hello, %s.' % name)

Hello = type('Hello', (object,), {"hello":func,"name":"xuyi"})
  h=Hello()
h.hello(h.name)
```

第 1 行先建立函数 func( )，注意其第一个参数 self，说明这是一个方法。在 type 语句创建类 Hello 的 type( )函数的第 3 个参数中，将 hello 方法名与函数 func( )建立关联，并增加了一个 name 属性。接下来建立 Hello 内的一个实例 h，然后调用添加的方法 hello( )，也就是第 1 行定义的 func( )函数。代码的运行结果如下：

```
Hello, xuyi.
```

注意：type( )函数的第 3 个参数声明的属性都是类属性。如果要生成成员属性该怎么办呢？读者可以思考一下。

5.3.3 基于元类创建类

5.3.2 小节讨论了如何使用 type( )函数在程序中动态生成类及其属性和方法。那么是否可以从预定义的类中生成其他类呢？答案也是可以的。生成其他类的类被称为元类。在面向对象程序设计中，元类是一种实例是类的类。普通的类定义的是特定对象的行为，元类定义的则是特定的类及其对象的行为。

不是所有面向对象的程序设计语言都支持元类。如果类也是对象，就可以比较方便地实现了。此时的元类就是一种用来构建类的对象。而 Python 中所有的一切都是对象。那么 Python 中什么样的类才能称为元类呢？其实，Python 并没有特别声明元类的语法，而是在构造新类时可以指定某一个现存类为构造该新类的元类。来看如下一个简单的示例 meta_class.py：

```
class Person(type):
    def __new__(cls, name, bases, attrs):
        print("in new")
        return type.__new__(cls, name, bases, attrs)

class Student(metaclass=Person):
    pass

s = Student()
print(s)
```

代码的运行结果如下：

```
in new
<__main__.Student object at 0x102f07320>
```

该程序首先声明了类 Person 并重载了_new_( )方法，在其中输出信息；在声明类 Student 时，采用“metaclass=Person”指明 Student 类根据元类 Person 创建；在输出中创建 Student 类的 s 实例时，使用 Person 重载了构造方法，输出了“in new”。

下面，再来看一个通过元类给类增加方法的示例 add_method.py：

```
class AddMetaClass(type):
    def __new__(cls,name,bases,attrs):
        attrs['add'] = lambda self,value:self.append(value)
        return type.__new__(cls,name,bases,attrs)

class MyList(list, metaclass=AddMetaClass):
    pass

L = MyList()
```

```
L.add(1)
L.add(2)
print(L)
```

代码的运行结果如下：

```
[1, 2]
```

第 3 行 attrs['add'] = lambda self, value: self.append(value)增加了一个方法 add( )（注意其函数主体其实是一个匿名函数），第 6 行采用 AddMetaClass 为元类构造了 Mylist 类，并在第 10 行和第 11 行调用了 add( )方法。

5.3.4 基于元类创建抽象类

所谓抽象类，是指那些有方法却没有给出具体实现且不能实例化的类。那些没有给出具体实现的方法也称为抽象方法，而继承抽象类的普通类必须覆盖这些抽象方法。也就是说，要给出这些方法的具体实现。这种类的作用是定义一种协议，要求其子孙类必须给出实现。

和 Java 等语言不同，interface 不是 Python 的关键字。在 Python 中如果要定义抽象类，必须利用导入的 abc 模块，使用该模块抽象类的元类 ABCMeta，以及常用的抽象方法装饰器@abstractmethod 来声明抽象方法。这也是在 5.1 节没有介绍抽象类的原因。因为涉及的知识点比较晦涩，所以这里只通过一个示例进行简单介绍。在如下示例 abstract_class.py 中，声明抽象类的代码如下：

```
from abc import ABCMeta, abstractmethod

class Abst(metaclass=ABCMeta):
    @abstractmethod
    def add(self, data):
        pass

    @abstractmethod
    def subtract(self, data):
        pass
```

首先导入了 abc 模块的 ABCMeta 和 abstractmethod，接下来用 ABCMeta 作为元类声明了一个简单的类 Abst，然后用装饰器@abstractmethod 声明了两个抽象方法 add( )和 subtract( )。Abst 为抽象类，不能实例化，如果用下列语句对其进行实例化：

```
a=Abst()
```

则编译器会给出如下错误信息：

```
TypeError: Can't instantiate abstract class Abst with abstract methods add, subtract
```

有了抽象基类，就可以派生出新的子类，并给出抽象方法的具体实现。例如，可在前面的代码部分后增加如下代码：

```
class Real(Abst):
    def __init__(self,data):
        self._data=data

    def add(self, data):
```

```
        self._data+=data

    def subtract(self, data):
        self._data-=data

    def prdata(self):
        print(self._data)

a=Real(20)
a.add(10)
a.subtract(15)
a.prdata()
```

上述代码中继承了抽象基类 Abst，并给出了两个抽象方法的具体实现；然后将派生类实例化，并运行了相关代码。运行后将得到正确的计算结果 15。

5.4 本章小结

本章首先介绍了编程范型的概念；接着讨论了面向对象的编程范型，包括如何在 Python 中进行面向对象的编程，同时讨论了其他语言中较为少见的函数式编程范型，提供了另外一个角度来看程序和算法之间的关系，具有一定的灵活性；最后简要介绍了元编程，该编程范型提供了一种在程序中生成程序的机制。程序员可能很少用到这种机制，但是它提供了最大的灵活性，为程序在运行时动态构造源代码提供了可能。

5.5 习题

1. 构造一个 Student 类，要求有姓名、学号及班级信息等属性，要求设计方法输出各种属性的值，注意构造函数的实现。输入数据构造不同的学生实例，并输出其属性。

2. 以题 1 的 Student 类为基类，构造 Postgraduated 类，要求增加研究方向等属性和相应的输出方法，注意构造函数的实现。输入数据构造不同的研究生实例，并输出其属性。

3. 采用装饰器修改题 1 的某个输出方法，增加部分行为。

4. 采用函数式编程，任写 3 个简单函数，将其组合为一个略复杂的算法。

5. 采用元编程动态构造题 1 的 Student 类。

第6章 库

Python 有许多功能丰富的库，以提供给开发者进行各种数据处理和数学运算。本章的主要内容为针对 Python 高级编程中常用的库进行讲解。

本章重点介绍几个高级编程中的常用库。其中，NumPy 库允许进行高级的数据操作和数学运算，主要用于对多维数组执行运算；SciPy 库包含数学、科学及工程计算中常用的众多函数；pandas 库是建立在 NumPy 库的基础上的，旨在与许多其他第三方库共同集成科学计算环境，使用户能够轻松直观地处理带标签数据和关系数据。本章的难点是这些库都比较庞大且功能众多，但由于篇幅原因，我们只能做一些入门和实际应用方面的介绍。读者如果需要深入理解相关内容，则可查阅更多的资料。第 7 章将要介绍的内容为数据分析，该章会用到本章介绍的相应库的知识。

6.1 NumPy

本节将介绍 NumPy 的基础知识，主要是如何利用 NumPy 对数组、向量和矩阵进行操作，以及 NumPy 提供的常用数学函数的基本使用方法。

NumPy 是一个功能强大的 Python 库，对于执行各种数学任务非常有用，如数值积分、微分、内插、外推等。因此，当涉及数学任务时，可以基于具有 NumPy 库的 Python，实现传统 MATLAB 等软件的相似功能。在 Linux 中，可以在命令行中通过输入如下命令安装 NumPy 库：

```
pip install numpy
```

而在其他操作系统如 Windows 中，可以下载安装包到本地来安装 NumPy 库。

6.1.1 NumPy 数组

NumPy 数组是一个值矩阵，所有类型都相同，并由非负整数索引。NumPy 数组具有 shape 属性，该属性是一个整数元组，给出了每个维度的数组大小。可以从嵌套的 Python 列表初始化 NumPy 数组，并使用方括号加索引来访问元素，示例如下：

```
import numpy as np

a = np.array([1, 2, 3])
print(type(a))                          # 输出 "<class 'numpy.ndarray'>"
print(a.shape)                          # 输出 "(3,)"
print(a[0], a[1], a[2])                 # 输出 "1 2 3"
a[0] = 5
```

```
print(a)                                    # 输出 "[5, 2, 3]"

b = np.array([[1,2,3],[4,5,6]])
print(b.shape)                              # 输出"(2, 3)"
print(b[0, 0], b[0, 1], b[1, 0])            # 输出"1 2 4"
```

注意：要在 Python 程序中使用 NumPy 库必须先导入 NumPy 库。上面程序第一行就是导入该库。该程序比较简单，因此直接在输出语句后用注释给出了对应语句的输出。

NumPy 还提供了多种创建数组的方法，代码如下：

```
import numpy as np

a = np.zeros((2,2))
print(a)                                    # 输出"[[ 0.  0.]
                                            #       [ 0.  0.]]"

b = np.ones((1,2))
print(b)                                    # 输出"[[ 1.  1.]]"

c = np.full((2,2), 7)
print(c)                                    # 输出"[[ 7.  7.]
                                            #       [ 7.  7.]]"

d = np.eye(2)
print(d)                                    # 输出"[[ 1.  0.]
                                            #       [ 0.  1.]]"

e = np.random.random((2,2))
print(e)                                    # 可能输出 "[[ 0.91940167  0.08143941]
                                            #           [ 0.68744134  0.87236687]]"
```

上述代码中分别创建了全 0、全 1、指定值、对角矩阵和随机值数组。

NumPy 提供了如下几种索引数组的方法。

1. 切片

与 Python 列表类似，可以对 NumPy 数组进行切片（slicing）。由于数组可能是多维的，因此必须为数组的每个维度指定一个切片。示例代码如下：

```
import numpy as np

# 创建下列数组
# [[ 1  2  3  4]
#  [ 5  6  7  8]
#  [ 9 10 11 12]]
a = np.array([[1,2,3,4], [5,6,7,8], [9,10,11,12]])
# 切片为下列数组
# [[2 3]
#  [6 7]]
b = a[:2, 1:3]

print(a[0, 1])                              # 输出 "2"
```

```
b[0, 0] = 77
print(a[0, 1])                    # 输出 "77"
```

该示例代码演示了切片的方法，也表明了切片并非创建新的矩阵，而只是在原矩阵中划出一块并给予新的名称。所以，对 b 的改变也就是对 a 的改变。

还可以将整数索引与切片索引混合使用。但是，这样做会产生比原始数组更低级别的数组。这与 MATLAB 处理数组切片的方式完全不同，例如如下代码：

```
import numpy as np

#创建下列数组
# [[ 1  2  3  4]
#  [ 5  6  7  8]
#  [ 9 10 11 12]]
a = np.array([[1,2,3,4], [5,6,7,8], [9,10,11,12]])

row_r1 = a[1, :]
row_r2 = a[1:2, :]
print(row_r1, row_r1.shape)  # 输出 "[5 6 7 8] (4,)"
print(row_r2, row_r2.shape)  # 输出 "[[5 6 7 8]] (1, 4)"
col_r1 = a[:, 1]
col_r2 = a[:, 1:2]
print(col_r1, col_r1.shape)  # 输出 "[ 2  6 10] (3,)"
print(col_r2, col_r2.shape)  # 输出  "[[2]
                             #         [6]
                             #         [10]] (3, 1) "
```

2. 整数数组索引

使用切片索引 NumPy 数组时，生成的数组始终是原始数组的子数组。整数数组索引允许使用另一个数组中的数据构造任意数组。示例代码如下：

```
import numpy as np

a = np.array([[1,2], [3, 4], [5, 6]])

print(a[[0, 1, 2], [0, 1, 0]])                     # 输出 "[1 4 5]"
print(np.array([a[0, 0], a[1, 1], a[2, 0]]))       # 输出 "[1 4 5]"
print(a[[0, 0], [1, 1]])                           # 输出 "[2 2]"
# 下式与上式效果相同
print(np.array([a[0, 1], a[0, 1]]))                # 输出 "[2 2]"
```

每个 NumPy 数组都是相同类型元素的矩阵。NumPy 提供了一组可用于构造数组的数据类型。NumPy 在创建数组时会尝试推断数据类型，但构造数组的函数通常还包含一个可选参数来显式指定数据类型。示例代码如下：

```
import numpy as np

x = np.array([1, 2])
print(x.dtype)                                     # 输出 "int64"
```

```
x = np.array([1.0, 2.0])
print(x.dtype)                          # 输出 "float64"

x = np.array([1, 2], dtype=np.int64)
print(x.dtype)                          # 输出 "int64"
```

6.1.2 NumPy 数学函数

基本数学函数在数组上以元素为单位执行，既可以作为运算符重载，也可以作为NumPy模块中的函数。例如如下代码：

```
import numpy as np

x = np.array([[1,2],[3,4]], dtype=np.float64)
y = np.array([[5,6],[7,8]], dtype=np.float64)

# 将 x 与 y 相加
# [[ 6.0  8.0]
#  [10.0 12.0]]
print(x + y)
print(np.add(x, y))

# 做减法
# [[-4.0 -4.0]
#  [-4.0 -4.0]]
print(x - y)
print(np.subtract(x, y))

# 矩阵乘法，请注意，是元素乘法
# [[ 5.0 12.0]
#  [21.0 32.0]]
print(x * y)
print(np.multiply(x, y))

# 矩阵除法
# [[ 0.2         0.33333333]
#  [ 0.42857143  0.5       ]]
print(x / y)
print(np.divide(x, y))

# 矩阵平方
# [[ 1.          1.41421356]
#  [ 1.73205081  2.        ]]
print(np.sqrt(x))
```

与MATLAB不同，*表示元素乘法，而不是矩阵乘法。可以使用dot( )函数来计算向量的内积。dot( )既可以作为NumPy模块中的函数，也可以作为数组对象的实例方法。示例代码如下：

```
import numpy as np

x = np.array([[1,2],[3,4]])
y = np.array([[5,6],[7,8]])
```

```
v = np.array([9,10])
w = np.array([11, 12])

# 计算内积，结果为 219
print(v.dot(w))
print(np.dot(v, w))

# 矩阵和向量的乘积，结果为[29 67]
print(x.dot(v))
print(np.dot(x, v))

# 矩阵乘矩阵
# [[19 22]
#  [43 50]]
print(x.dot(y))
print(np.dot(x, y))
```

NumPy 为在数组上执行计算提供了许多有用的函数，其中最有用的函数之一是 sum( )，示例代码如下：

```
import numpy as np

x = np.array([[1,2],[3,4]])

print(np.sum(x))           # 输出 "10"
print(np.sum(x, axis=0))  # 输出 " [4 6] "
print(np.sum(x, axis=1))  # 输出 "[3 7]"
```

关于其他更多的函数，请参考 NumPy 官方中文文档。

6.1.3　NumPy 矩阵和向量

1．矩阵和向量的构造方法

NumPy 的 ndarray 类用于表示矩阵和向量。要在 NumPy 中构造矩阵，可以在列表中列出矩阵的行，并将该列表传递给 NumPy 数组构造函数。

例如，要构造与矩阵对应的 NumPy 数组：

$$\begin{bmatrix} 3 & -1 & 2 \\ 3 & 2 & 0 \end{bmatrix}$$

构造的方法为：

```
A = np.array([[3,-1,2],[3,2,0]])
```

向量是具有单列的数组。例如，要构造向量：

$$\begin{bmatrix} 2 \\ 1 \\ 3 \end{bmatrix}$$

构造的方法为：

```
v = np.array([[2],[1],[3]])
```

更方便的方法是转置相应的行向量。例如，为了得到上面的向量，可以将其改为转置行向量：

$$\begin{bmatrix}2 & 1 & 3\end{bmatrix}$$

构造的方法为：

```
v = np.transpose(np.array([[2,1,3]]))
```

NumPy 会重载数组索引和切片符号，以访问矩阵的各个部分。例如，要输出矩阵 $\boldsymbol{A}$ 中的右下方条目，可以这样做：

```
print(A[1,2])
```

其中"1"代表第 2 行，"2"代表第 3 行（行和列的编号从 0 开始）。要切出矩阵 $\boldsymbol{A}$ 中的第 2 列，可以这样做：

```
col = A[:,1:2]
```

第 1 个切片选择 $\boldsymbol{A}$ 中的所有行，而第 2 个切片仅选择每行中的第 2 列到第 3 列，且不包含第 3 列。

要进行矩阵乘法或矩阵和向量乘法，可以使用 np.dot( )方法，代码如下：

```
w = np.dot(A,v)
```

线性代数中比较常见的问题之一是求解矩阵向量方程。例如，要寻找如下方程的解向量 $\boldsymbol{x}$：

$$\boldsymbol{Ax} = \boldsymbol{b}$$

$$\boldsymbol{A} = \begin{bmatrix}2 & 1 & -2\\3 & 0 & 1\\1 & 1 & -1\end{bmatrix}$$

$$\boldsymbol{b} = \begin{bmatrix}-3\\5\\-2\end{bmatrix}$$

矩阵构造方法为：

```
A = np.array([[2,1,-2],[3,0,1],[1,1,-1]])
b = np.transpose(np.array([[-3,5,-2]])
```

求解表达式为：

```
x = np.linalg.solve(A,b)
```

2. 多元线性回归

下面，应用 NumPy 来实现多元线性回归。

多元线性回归问题是指寻找一种能够将输入数据映射到结果的函数。每个输入数据是特征向量(x_1，x_2，…，x_m），由两个或多个表示输入的各种特征的数据组成。为了表示所有输入数据以及输出值的向量，设置输入矩阵 $\boldsymbol{X}$ 和输出向量 $\boldsymbol{y}$ 为：

$$X=\begin{bmatrix}1 & 2\cdots & x_{1,m}\\ 2 & 3\cdots & x_{2,m}\\ \vdots & \vdots & \vdots\\ x_{n,1} & x_{n,2}\cdots & x_{n,m}\end{bmatrix}$$

$$y=\begin{bmatrix}y_1\\ y_2\\ \vdots\\ y_n\end{bmatrix}$$

在简单的最小二乘线性回归模型中，寻找向量 $\boldsymbol{\beta}$，使乘积 $\boldsymbol{X}\cdot\boldsymbol{\beta}$ 最接近结果向量 $\boldsymbol{y}$。

一旦构建了 $\boldsymbol{\beta}$ 向量，就可以使用它将输入数据映射到预测结果。给定输入向量：

$$\boldsymbol{x}=[1\ x_1\ x_2\cdots x_m]$$

可以计算预测结果：

$$\hat{\boldsymbol{y}}=\boldsymbol{x}\cdot\boldsymbol{\beta}=\beta_0+\beta_1x_1+\beta_2x_2+\cdots+\beta_mx_m$$

计算 $\boldsymbol{\beta}$ 向量的公式是：

$$\boldsymbol{\beta}=(\boldsymbol{X}^{\mathrm{T}}\boldsymbol{X})^{-1}\boldsymbol{X}^{\mathrm{T}}\boldsymbol{y}$$

在下一个示例程序中，我们将使用 NumPy 构造适当的矩阵和向量并求解 $\boldsymbol{\beta}$ 向量。一旦求出了 $\boldsymbol{\beta}$，就可以使用它来预测最初从输入数据集中遗漏的一些测试数据点。

假设在 NumPy 中构造了输入矩阵 $\boldsymbol{X}$ 和结果向量 $\boldsymbol{y}$，计算 $\boldsymbol{\beta}$ 向量的代码如下：

```
Xt = np.transpose(X)
XtX = np.dot(Xt,X)
Xty = np.dot(Xt,y)
beta = np.linalg.solve(XtX,Xty)
```

最后一行使用 np.linalg.solve( )计算 $\boldsymbol{\beta}$，等式是：

$$\boldsymbol{\beta}=(\boldsymbol{X}^{\mathrm{T}}\boldsymbol{X})^{-1}\boldsymbol{X}^{\mathrm{T}}\boldsymbol{y}$$

它在数学上等价于：

$$(\boldsymbol{X}^{\mathrm{T}}\boldsymbol{X})\boldsymbol{\beta}=\boldsymbol{X}^{\mathrm{T}}\boldsymbol{y}$$

下面，将 Windsor 房价数据集用于本次示例。该数据集包含加拿大安大略省温莎市区房屋销售的信息。输入变量涵盖了可能对房价产生影响的一系列因素。示例代码如下：

```
import csv
import numpy as np

def readData():
    X = []
    y = []
    with open('Housing.csv') as f:
        rdr = csv.reader(f)
        # 跳过头部行
        next(rdr)
        # 读取 X 和 y
```

```
        for line in rdr:
            xline = [1.0]
            for s in line[:-1]:
                xline.append(float(s))
            X.append(xline)
            y.append(float(line[-1]))
    return (X,y)

X0,y0 = readData()
# 排除最后 10 个数据条目
d = len(X0)-10
X = np.array(X0[:d])
y = np.transpose(np.array([y0[:d]]))

# 计算 beta
Xt = np.transpose(X)
XtX = np.dot(Xt,X)
Xty = np.dot(Xt,y)
beta = np.linalg.solve(XtX,Xty)
print(beta)

# 预测最后 10 个输入值
for data,actual in zip(X0[d:],y0[d:]):
    x = np.array([data])
    prediction = np.dot(x,beta)
    print('prediction = '+str(prediction[0,0])+' actual = '+str(actual))
```

原始数据集包含 500 多个数据条目。为了测试线性回归模型所做预测的准确性，使用除最后 10 个数据条目之外的所有数据条目来构建线性回归模型并计算 $\boldsymbol{\beta}$。得出 $\boldsymbol{\beta}$ 向量之后，就用它来预测最后 10 个输入值，然后将预测的房价与数据集中的实际房价进行比较。

以下是预测结果：

```
 [  -4.14106096e+03]
 [  3.55197583e+00]
 [  1.66328263e+03]
 [  1.45465644e+04]
 [  6.77755381e+03]
 [  6.58750520e+03]
 [  4.44683380e+03]
 [  5.60834856e+03]
 [  1.27979572e+04]
 [  1.24091640e+04]
 [  4.19931185e+03]
 [  9.42215457e+03]]
prediction = 73458.2949381 actual = 105000.0
```

从预测结果可以看出，预测值与实际值具有一定的偏差，这是由最小二乘法的拟合能力有限所导致的。

6.2 SciPy

SciPy 库在 NumPy 库的基础上增加了数学、科学及工程计算中常用的众多函数。本节会以几个例子为导向，对 SciPy 的知识和使用方法进行介绍。同时也会讲解如何用 SciPy 进行常见的数据处理算法的设计，以及进行常见的数学计算。

6.2.1 最小二乘拟合

假设有一组实验数据(x_i, y_i)和函数 $y = f(x)$，要求根据这些已知信息确定函数中的一些参数项。例如，如果 f 是一个线型函数 $f(x) = kx+b$，那么参数 k 和 b 就是需要确定的项。如果将这些参数用 $\boldsymbol{P}$ 表示的话，那么就是要找到一组 $\boldsymbol{P}$ 值，使如下公式中的 S 函数最小：

$$S(\boldsymbol{P}) = \sum_{i=1}^{m}\left[y_i - f(x_i, \boldsymbol{P})\right]^2$$

其中，i 表示实验数据的组数编号；m 表示最大组数。

上述算法被称为最小二乘拟合。SciPy 中的子函数库 optimize 提供了实现最小二乘拟合算法的函数 leastsq( )，示例代码如下：

```
import numpy as np
from scipy.optimize import leastsq
import pylab as pl
def func(x, p):
    """
    数据拟合所用的函数: A*sin(2*pi*k*x + θ)
    """
    A, k, θ = p
    return A*np.sin(2*np.pi*k*x+θ)
def residuals(p, y, x):
    """
    实验数据 x、y 和拟合函数之间的差，p 为拟合需要找到的参数
    """
    return y - func(x, p)

x = np.linspace(0, -2*np.pi, 100)
A, k, θ = 10, 0.34, np.pi/6                # 真实数据的函数参数
y0 = func(x, [A, k, θ])                    # 真实数据
y1 = y0 + 2 * np.random.randn(len(x))      # 加入噪声之后的实验数据
p0 = [7, 0.2, 0]                           # 第一次猜测的函数拟合参数
# 调用 leastsq()进行数据拟合
# residuals()为计算误差的函数
# p0 为拟合参数的初始值
# args 为需要拟合的实验数据
plsq = leastsq(residuals, p0, args=(y1, x))

pl.rcParams['font.sans-serif']=['SimHei']
pl.rcParams['axes.unicode_minus']=False
print (u"真实参数:", [A, k, θ])
print (u"拟合参数", plsq[0])               # 实验数据拟合后的参数
pl.plot(x, y0, label=u"真实数据")
pl.plot(x, y1, label=u"带噪声的实验数据")
pl.plot(x, func(x, plsq[0]), label=u"拟合数据")
```

```
    pl.legend()
    pl.show()
```

这个例子中要拟合的函数是一个正弦函数，它有 3 个参数 A、k、θ，分别对应振幅、频率、相角。假设试验数据是一组包含噪声的数据 x、y_1。通过 leastsq( )函数对带噪声的试验数据 x、y_1 进行拟合，可以找到与 x 和真实数据 y_0 之间的正弦关系相关的 3 个参数：A、k、θ。图 6-1 和图 6-2 所示为代码的输出结果，分别为拟合的正弦函数和拟合参数。

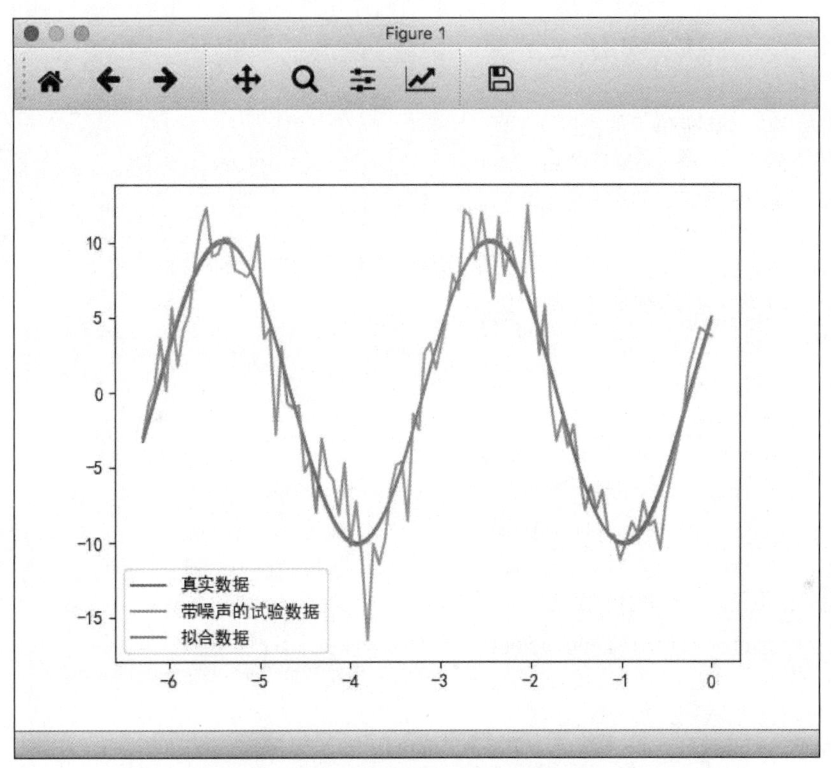

图 6-1　最小二乘法拟合正弦函数

```
真实参数：[10, 0.34, 0.5235987755982988]
拟合参数 [-10.17262365   0.33803464  -2.6607465 ]
```

图 6-2　拟合参数输出

从图 6-2 中可以看到，拟合参数和真实参数完全不同。但由于正弦函数是周期函数，因此实际上拟合参数对应的函数和真实参数对应的函数是相同的。

6.2.2　函数最小值

optimize 库提供了几个求函数最小值的算法：fmin、fmin_powell、fmin_cg、fmin_bfgs。下面的代码通过求解反卷积运算演示 fmin 的功能。

对于一个离散的线性时不变系统，如果它的输入是 x，那么其输出 y 可以用 x 和 h 的卷积表示：

$$y = x * h$$

要解决的问题是：已知系统的输入 x 和输出 y，如何计算系统的传递函数 h；或者如果已知系统的传递函数 h 和系统的输出 y，如何计算系统的输入 x。这种运算被称为反卷积运算。

可以用 fmin 进行反卷积运算，这种算法只能用在很小规模的数列之上。示例代码如下：

```
import scipy.optimize as opt import numpy as np
def test_fmin_convolve(fminfunc, x, h, y, yn, x0):
    """
    x (*) h = y, (*)表示卷积
    yn 为在 y 的基础上添加一些干扰噪声的结果
    x0 为求解 x 的初始值
    """
    def convolve_func(h):
        """
        计算 yn - x (*) h 的 power（频谱分析反卷积运算中的功率）
        fmin 将通过计算使得此 power 最小
        """
        return np.sum((yn - np.convolve(x, h))**2)
    # 调用 fmin 函数，以 x0 为初始值
    h0 = fminfunc(convolve_func, x0)
    print fminfunc.__name__ print "---------------------"
    # 输出 x (*) h0 和 y 之间的相对误差
    print "error of y:", np.sum((np.convolve(x, h0)-y)**2)/np.sum(y**2)
    # 输出 h0 和 h 之间的相对误差
    print "error of h:", np.sum((h0-h)**2)/np.sum(h**2)
def test_n(m, n, nscale):
    """
    随机产生 x、h、y、yn、x0 等数列，调用各种 fmin 函数求解 b，其中 m 为 x 的长度，n 为 h 的长度，nscale
为干扰的强度
    """
    x = np.random.rand(m)
    h = np.random.rand(n)
    y = np.convolve(x, h)
    yn = y + np.random.rand(len(y)) * nscale
    x0 = np.random.rand(n)

    test_fmin_convolve(opt.fmin, x, h, y, yn, x0)
    test_fmin_convolve(opt.fmin_powell, x, h, y, yn, x0)
    test_fmin_convolve(opt.fmin_cg, x, h, y, yn, x0)
    test_fmin_convolve(opt.fmin_bfgs, x, h, y, yn, x0)

if __name__ == "__main__":
    test_n(200, 20, 0.1)
```

代码的输出结果如图 6-3 所示。

```
--------------------
error of y: 0.002162327668709373
error of h: 0.10727087206014413
Warning: Maximum number of function evaluations has been exceeded.
fmin_powell
--------------------
error of y: 8.286326435427971e-05
error of h: 0.00020349186666909427
Optimization terminated successfully.
         Current function value: 0.224958
         Iterations: 22
         Function evaluations: 1012
         Gradient evaluations: 46
fmin_cg
--------------------
error of y: 8.54688327459396e-05
error of h: 0.00018790920335326938
Optimization terminated successfully.
         Current function value: 0.224958
         Iterations: 29
         Function evaluations: 902
         Gradient evaluations: 41
fmin_bfgs
--------------------
error of y: 8.5468827526999e-05
error of h: 0.0001879097650810932
```

图 6-3 代码的输出结果

6.2.3 非线性方程组求解

optimize 库中的 fsolve( )函数可以用来对非线性方程组进行求解，其基本调用形式如下：

```
fsolve(func, x0)
```

func($\boldsymbol{x}$)是计算方程组误差的函数。它的参数 $\boldsymbol{x}$ 是一个矢量，表示方程组的各个未知数的一组可能解；它返回将 $\boldsymbol{x}$ 代入方程组之后得到的误差；$\boldsymbol{x}_0$ 为未知数矢量的初始值。如果要求解下列方程组：

$$\begin{cases} f_1(u_1,u_2,u_3)=0 \\ f_2(u_1,u_2,u_3)=0 \\ f_3(u_1,u_2,u_3)=0 \end{cases}$$

那么 func($\boldsymbol{x}$)可以定义为：

```
def func(x):
    u1,u2,u3 = x
    return [f1(u1,u2,u3), f2(u1,u2,u3), f3(u1,u2,u3)]
```

下面举例加以说明。求下列方程组的解：

$$\begin{cases} 5x_1+3=0 \\ 4x_0^2-2^{\sin(x_1x_2)}=0 \\ x_1x_2-1.5=0 \end{cases}$$

代码如下：

```
from scipy.optimize import fsolve
from math import sin,cos
def f(x):
    x0 = float(x[0])
    x1 = float(x[1])
    x2 = float(x[2])
    return [
        5*x1+3,
        4*x0*x0 - 2*sin(x1*x2),
        x1*x2 - 1.5
    ]
result = fsolve(f, [1,1,1])
print result
print f(result)
```

输出结果如图 6-4 所示。

```
[-0.70622057 -0.6        -2.5       ]
[0.0, -9.126033262418787e-14, 5.329070518200751e-15]
```

图 6-4　求方程组的解输出结果

由于 fsolve( )函数在调用函数 f( )时，传递的参数为数组。因此如果直接使用数组中的元素计算的话，计算速度将有所降低。因此这里先用 float( )函数将数组中的元素转换为 Python 中的标准浮点数，然后调用标准 math 库中的函数进行运算。在对方程组进行求解时，fsolve( )会自动计算方程组的雅可比矩阵。如果方程组中的未知数很多，而与每个方程有关的未知数较少时，即雅可比矩阵比较稀疏时，传递一个计算雅可比矩阵的函数将能大幅度提高运算速度。

6.2.4　B-Spline 样条曲线

interpolate 库提供了许多对数据进行插值运算的函数。下面是使用直线和 B-Spline 样条曲线对正弦函数上的点进行插值的示例代码：

```
import numpy as np
import pylab as pl
from scipy import interpolate
x = np.linspace(0, 2*np.pi+np.pi/4, 10)
y = np.sin(x)
x_new = np.linspace(0, 2*np.pi+np.pi/4, 100)
f_linear = interpolate.interp1d(x, y)
tck = interpolate.splrep(x, y)
y_bspline = interpolate.splev(x_new, tck)
pl.plot(x, y, "o", label=u"原始数据")
pl.plot(x_new, f_linear(x_new), label=u"线性插值")
pl.plot(x_new, y_bspline, label=u"B-Spline 插值")
pl.legend()
pl.show()
```

在这段代码中，通过 interpld( )函数直接得到一个新的线性插值函数。而 B-Spline 插值运算需要先使用 splrep( )函数计算出 B-Spline 样条曲线的参数，然后将参数传递给 splev( )

函数，计算出各个取样点的插值结果，如图 6-5 所示。

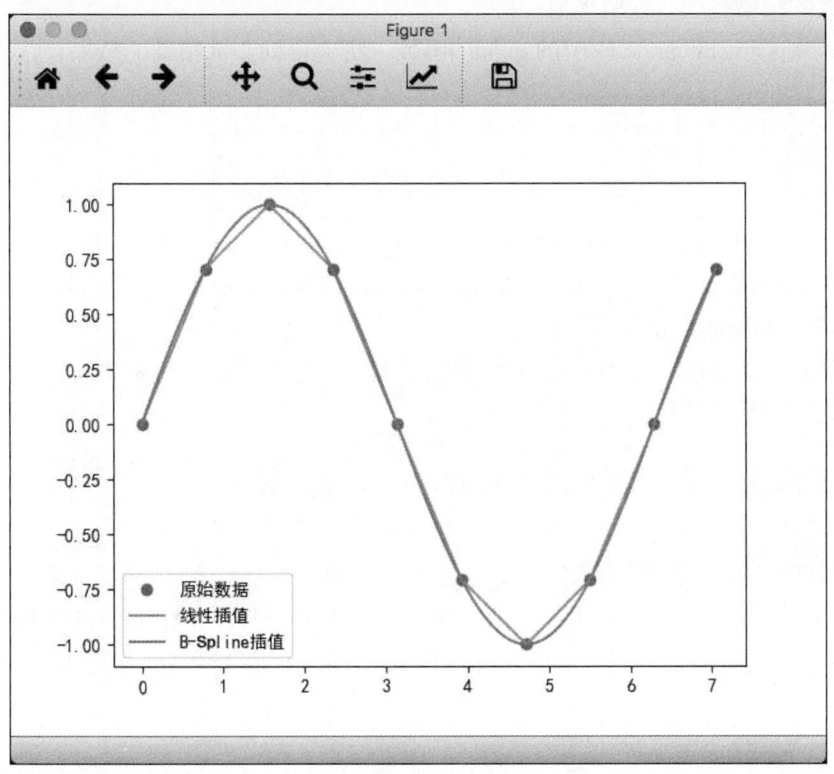

图 6-5　插值结果

6.2.5　数值积分

数值积分是指对定积分的数值进行求解，例如可以利用数值积分计算某个形状的图形面积。下面来考虑如何计算半径为 1 的半圆的面积，根据圆的面积公式，其面积应该等于 $\pi/2$。单位半圆曲线可以用下面的函数表示：

```
def half_circle(x):
return (1-x**2)**0.5
```

下面的代码使用经典的分小矩形计算面积总和的方式，来计算单位半圆的面积：

```
N = 10000
x = np.linspace(-1, 1, N)
dx = 2.0/N
y = half_circle(x)
dx * np.sum(y[:-1] + y[1:]) # 面积的两倍
3.1412751679988937
```

利用上述方式计算出的圆上一系列点的坐标，还可以用 np.trapz( )进行数值积分，代码如下：

```
import numpy as np
np.trapz(y, x) * 2 # 面积的两倍
3.1415893269316042
```

此函数计算的是以(x, y)为顶点坐标的折线与 x 轴所形成的面积。同样的分割点数，trapz( )函数的结果更加接近精确值一些。

如果调用 scipy.integrate 库中的 quad( )函数，将会得到非常精确的结果，代码如下：

```
from scipy import integrate
pi_half, err = integrate.quad(half_circle, -1, 1)
pi_half*2
3.1415926535897984
```

多重定积分的求值可以通过多次调用 quad( )函数实现。为了调用方便，integrate 库提供了 dblquad( )函数进行二重定积分，tplquad( )函数进行三重定积分。下面以计算单位半球体积为例说明 dblquad( )函数的用法。

单位半球上的点(x, y, z)满足如下方程：

$$x^2 + y^2 + z^2 = 1$$

可以定义通过点(x, y)的坐标计算球面上点 z 的值的函数:

```
def half_sphere(x, y):
    return (1-x**2-y**2)**0.5
```

x-y 轴平面与此球体的交线为一个单位圆，因此积分区间为此单位圆。可以考虑为 x 轴坐标从$-1 \sim 1$ 进行积分，而 y 轴从−half_circle(x) ~ half_circle(x)进行积分，故可以调用 dblquad( )函数:

```
integrate.dblquad(half_sphere, -1, 1,
    lambda x:-half_circle(x),
    lambda x:half_circle(x))
(2.0943951023931988, 2.3252456653390915e-14)
np.pi*4/3/2 # 通过球体体积公式计算的半球体积
2.0943951023931953
```

dblquad()函数的调用方式为:

```
dblquad(func2d, a, b, gfun, hfun)
```

对 func2d(x,y)函数进行二重积分，其中 $a \sim b$ 为变量 x 的积分区间，而 gfun(x) ~ hfun(x)为变量 y 的积分区间。

6.2.6 解微分方程组

scipy.integrate 库提供了数值积分和常微分方程组的求解算法 odeint。下面来看看如何用 odeint 算法计算洛伦兹吸引子的轨迹。洛伦兹吸引子由下面的 3 个微分方程定义：

$$\frac{\mathrm{d}x}{\mathrm{d}t} = \sigma(y - x)$$

$$\frac{\mathrm{d}y}{\mathrm{d}t} = x(\rho - z) - y$$

$$\frac{\mathrm{d}y}{\mathrm{d}t} = xy - \beta z$$

这 3 个方程定义了三维空间中各个坐标点上的速度矢量。从某个坐标开始沿着速度矢量进行积分，就可以计算出无质量点在此空间中的运动轨迹。其中 σ、ρ、β 为 3 个常数，不同的参数可以计算出不同的运动轨迹 $x(t)$、$y(t)$、$z(t)$。当参数为某些值时，轨迹出现混沌现象，即微小的初值差别也会显著地影响运动轨迹。下面是洛伦兹吸引子的轨迹计算和绘制代码：

```
from scipy.integrate import odeint
import numpy as np
def lorenz(w, t, p, r, b):
# 给出位置矢量 w 和 3 个参数 p、r、b，计算出
# dx/dt、dy/dt、dz/dt 的值
x, y, z = w
# 直接与洛伦兹的计算公式对应
return np.array([p*(y-x), x*(r-z)-y, x*y-b*z])
t = np.arange(0, 30, 0.01)
# 创建时间点
# 调用 odeint()进行求解，用两个不同的初始值
track1 = odeint(lorenz, (0.0, 1.00, 0.0), t, args=(10.0, 28.0, 3.0))
track2 = odeint(lorenz, (0.0, 1.01, 0.0), t, args=(10.0, 28.0, 3.0))
# 绘图
from mpl_toolkits.mplot3d import Axes3D
import matplotlib.pyplot as plt
fig = plt.figure()
ax = Axes3D(fig)
ax.plot(track1[:,0], track1[:,1], track1[:,2])
ax.plot(track2[:,0], track2[:,1], track2[:,2])
plt.show()
```

洛伦兹吸引子的轨迹如图 6-6 所示。在图 6-6 中可以看到即使初始值只相差 0.01，两条运动轨迹也是完全不同的。

在代码中先定义一个 lorenz( )函数，它的任务是计算出某个位置各个方向的微分值，这个计算直接根据洛伦兹吸引子的计算公式得出；然后调用 odeint( )对微分方程进行求解。odeint( )有许多参数，这里用到的 4 个参数分别如下。

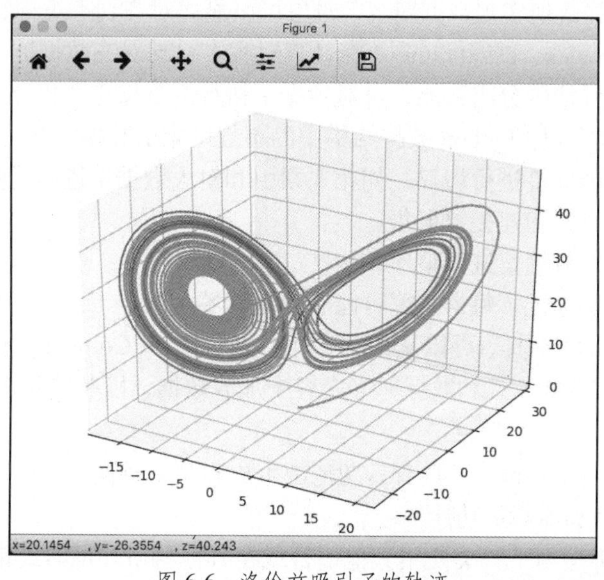

图 6-6 洛伦兹吸引子的轨迹

① lorenz：用于计算某个位移上各个方向的速度（位移的微分）。

② (0.0, 1.0, 0.0)：位移初始值，用于计算常微分方程所需的各个变量的初始值。

③ *t*：表示时间的数组。odeint( )对此数组中的每个时间点进行求解，得出所有时间点的位置。

④ args：参数。直接传递给 lorenz( )函数，因此它们都是常量。

6.3 pandas

pandas 是 Python 中的一个库，提供了大量灵活、快捷处理结构化数据的数据结构和函数，旨在让用户能简单又直观地使用"关系"或"标记"形式的数据，助力 Python 成为强大、灵活而高效的数据分析/操作工具。本节将对 pandas 做基本的讲解。

pandas 适用于许多不同类型的数据，如下。

① 具有异构类型列的表格数据，如 SQL 表或 Excel 电子表格中的数据；

② 有序和无序（不一定是固定频率）的时间序列数据；

③ 具有行和列标签的任意矩阵数据（均匀类型或异构）；

④ 任何其他形式的观察或统计数据集，实际上不需要将数据标记为放置在 pandas 数据结构中。

pandas 主要包含两种数据结构：pandas Series（一维）和 pandas DataFrame（二维）。借助这两种数据结构，用户能够轻松、直观地处理带标签数据和关系数据，可以满足金融、统计、社会科学和许多工程领域中的绝大多数典型用例需求。对于习惯使用 R 的用户而言，DataFrame 能提供 R 提供的所有内容，如 data.frame 等。

pandas 是建立在 NumPy 基础之上的，旨在完美地与许多其他第三方库共同集成在科学计算环境中。pandas 具有以下优点。

① 能够轻松处理浮点数据中的缺失数据（表示为 NaN）以及非浮点数据。

② 具有大小可变性，可以在 DataFrame 和更高维对象中插入和删除列。

③ 能够自动、显式地实现数据对齐。对象可以显式对齐到一组标签，或者用户可以简单地忽略标签，让 Series、DataFrame 等在计算过程中自动对齐数据。

④ 具有强大、灵活的分组功能，可对数据集执行拆分操作，以便聚合和转换数据。

⑤ 能够轻松地将其他 Python 数据结构中的不规则索引数据转换为 DataFrame 对象。

⑥ 能够基于智能标签进行切片，如花式索引和对大数据集进行子集化。

⑦ 能够直观地合并和连接数据集。

⑧ 能够灵活地对数据集进行整形和旋转。

⑨ 具有轴的分层标记（每个刻度可能有多个标签）。

⑩ 具有强大的 I/O 工具，可以从平面文件[如（CSV（Comma-Separated Values，字符分隔值）文件]、XLSX 文件和数据库等内容中加载数据，以及以超快 HDF5 格式保存、加载数据。

⑪ 时间序列（特定功能），具有日期范围生成和频率转换、移动窗口统计、移动窗口线性回归、日期转换和滞后等功能。

其中许多优点都是为了解决使用其他语言或在其他科研环境时经常遇到的问题。处理数据通常分为多个阶段：整理、清洗、分析、建模，然后将分析结果组织成适合绘图或表格显示的形式。pandas 是完成这些任务的理想工具。

此外，pandas 非常快速。然而，与其他任何事物一样，这通常会对性能有所牺牲。因此，如果使用者专注于应用程序的一个功能，可以创建一个更快的专用工具。pandas 是 statsmodels 的依赖，这使其成为 Python 中统计计算生态系统的重要组成部分。

6.3.1 对象创建

pandas 中包括 Series、DataFrame 两种数据结构。Series 是一维标签的均匀型阵列，是像数组一样的一维对象，可以存储很多类型的数据。Series 与 array 之间的主要区别一是可以为 pandas Series 中的每个元素分配索引标签；二是 Series 还可以同时存储不同类型的数据。DataFrame 一般是二维标签的、尺寸可变的表格结构。

在 pandas 中设置多个数据结构主要是因为考虑搭配 pandas 数据结构的最佳方式是将其作为低维数据的灵活容器。例如，DataFrame 是 Series 的容器，Series 是 scalars 的容器。这样就更能够以类似字典的方式在这些容器中插入和删除对象。

此外，考虑到时间序列和横截面数据集的典型方向，可以利用通用 API 函数来合理地进行其他操作。当使用 ndarrays 存储二维和三维数据时，在编写函数时可能会给用户带来负担，如需要考虑数据集的方向，或轴被认为或多或少相等。而在 pandas 中，轴旨在为数据提供更多的语义含义，如对于特定数据集，更可能以“正确”方式来定位数据。因此，使用 pandas 可以减少用户在 Downstream 中编码进行数据转换时所需的脑力活动。

例如，对于表格数据（DataFrame），应该考虑索引（行）和列，而不是考虑轴 0 和轴 1，这会在语义分析上更有帮助。迭代 DataFrame 的列，也能够产生更易读的代码：

```
for col in df . columns :
    series = df [col]
    # do something with series
```

对于数据的可变性和可复制性来说，所有 pandas 数据结构都是值可变的，即它们包含的值可以改变，但并非总是大小可变的。如无法更改 Series 的长度，却可以将列插入 DataFrame 中以改变大小。但是，绝大多数方法都会生成新对象并保持之前输入的数据不变。一般来说，可以在合情合理的情况下支持不变性。

接下来对 pandas 进行一些简要的介绍。由于 pandas 是 Python 的一个第三方库，因此需要提前安装，可以直接考虑使用 pip 命令进行安装，在终端运行 pip install pandas，会自动安装 pandas 及其相关组件。当然，在使用该库之前，需要导入对应模块，如下代码所示：

```
import pandas as pd
```

例如，要创建一个 Series，通过传递值的列表让 pandas 创建一个默认的整数索引，代码如下：

```
s = pd.Series([1, 3, 5, np.nan,6, 8])
```

输出为：

```
0    1.0
1    3.0
```

```
2    5.0
3    NaN
4    6.0
5    8.0
dtype: float64
```

而 DataFrame 则可通过传递带有日期时间索引和标记列的 NumPy 数组来创建，代码如下：

```
dates = pd.date_ range (' 20130101 ', periods=6)
```

输出为：

```
DatetimeIndex(['2013-01-01', '2013-01-02', '2013-01-03', '2013-01-04',
               '2013-01-05', '2013-01-06'],
              dtype='datetime64[ns]', freq='D')
```

以及以下这种方式：

```
df = pd.DataFrame(np.random. randn (6, 4), index=dates, columns=list('ABCD'))
```

输出为：

```
            A          B          C          D
2013-01-01 -0.200884  -0.441867  -0.487174  -0.800656
2013-01-02 1.967716   0.877529    -0.274806  0.525350
2013-01-03 0.250438   -0.920490  -1.480035   0.416716
2013-01-04 -0.983711  0.485999   -1.162111    0.198641
2013-01-05 -0.688705  1.058289   1.002924    -0.873509
2013-01-06 0.230895   -0.560388  1.002524    0.558241
```

DataFrame 还可以通过传递可以转换为相似对象的字典来创建，代码如下：

```
df2 = pd.DataFrame({'A': 1.,
                    'B': pd.Timestamp('20130102'),
                    'C': pd. Series (1, index=list(range(4)), dtype='float32'),
                    'D': np.array([3] * 4, dtype='int32'),
                    'E': pd. Categorical(["test", "train", "test", "train"]),
                    'F': 'foo' })
```

输出的字典为：

```
    A          B    C  D    E     F
0  1.0 2013-01-02  1.0  3   test   foo
1  1.0 2013-01-02  1.0  3   train  foo
2  1.0 2013-01-02  1.0  3   test   foo
3  1.0 2013-01-02  1.0  3   train  foo
```

如果想要查看 Series 或 DataFrame 对象的小样本数据，可以考虑使用 head( )和 tail( )方法。数据输出显示的默认元素数目为 5，但用户可以选择自定义显示数目，代码如下：

```
# 新建一个 Series
# 输入
long_series = pd.Series(np.random.randn(1000))
```

利用 head( )方法输出头部的元素，代码如下：

```
# head( )方法
```

```
long_series.head()
# 输出
0    0.948878
1   -0.381657
2   -0.909673
3   -0.065523
4    0.783564
dtype: float64
```

利用 tail( )方法输出尾部的 3 个元素，代码如下：

```
# tail( )方法
long_series.tail(3)
# 输出
997   -1.385275
998   -1.080274
999   -1.249020
dtype: float64
```

pandas 对象具有许多属性方法，可以考虑使用如下属性方法对元数据进行访问。

① shape：输出对象的轴尺寸，与 ndarray 一致。

② Axis labels：轴标签。

③ Series：index，即仅包含轴的索引。

④ DataFrame：index (rows) and columns，即索引（行）和列。

⑤ Panel：items、major_axis 和 minor_axis。

例如，利用 index( )和 columns( )可以输出 DataFrame 数据类型的索引和列，利用 describe( )可以显示数据集的统计信息，对数据进行转置，以及按轴、值等方式进行排序等操作。

pandas 对象，如 Index、Series、DataFrame 等，可以被看作容器阵列，含有实际数据，并且可以进行实际计算。对于许多类型，底层数组（numpy.ndarray）、pandas 和第三方库可能会扩展 NumPy 的类型，以添加对自定义数组的支持。具体可参阅官方数据类型介绍文档。

如果需要将基础数据表示成 NumPy 数组形式，可以使用 to_numpy( ) 或 numpy.asarray( )方法。但是需要注意的是，对于 DataFrame 类型，情况可能有点儿复杂。当 DataFrame 的所有列只有一个数据类型时，DataFrame.to_numpy( )将返回基础数据，如果 DataFrame 包含同构类型的数据，则 ndarray 可以就地修改，并修改会被反映在数据结构中。但当 DataFrame 拥有不同数据类型的列时，进行这样的操作可能会付出高昂代价。这归结为 pandas 和 NumPy 之间存在的根本差异，NumPy 数组对整个数组只有一个数据类型，而 pandas 的 DataFrame 数据结构则对每列都有一个数据类型。当调用 DataFrame.to_numpy( )时，pandas 会找到可以容纳 DataFrame 中所有数据类型的 NumPy 数据类型，将选择生成的 ndarray 的数据类型，以适应所涉及的所有数据。而这可能让其最终成为一个对象，因此需要将每个值都转换为 Python 对象。

对于 df 来说，DataFrame 的所有浮点值进行 DataFrame.to_numpy( )操作都非常快速，不需要对数据进行复制；而对于 df2 来说，DataFrame 具有多个数据类型，所以进行 DataFrame.to_numpy( )操作付出的代价相对较大。示例代码如下：

```
#输入
df.to_numpy()
#输出
[[-0.75429769 -0.26327238  1.11508956 -2.91243516]
 [ 1.21863709 -0.45923806 -1.10795576  0.50150647]
 [ 0.33412833 -2.0764717   1.08928586 -0.90665398]
 [ 0.64863812  0.2889194   0.42426838  0.4012423 ]
 [ 1.30770295 -0.34268909 -1.09033241 -0.27680927]
 [ 2.10649783  0.70506581  1.07415306  1.70578204]]
```

```
#输入
df2.to_numpy()
#输出
 [[1.0 Timestamp('2019-01-02 00:00:00') 1.0 3 'test' 'foo']
 [1.0 Timestamp('2019-01-02 00:00:00') 1.0 3 'train' 'foo']
 [1.0 Timestamp('2019-01-02 00:00:00') 1.0 3 'test' 'foo']
 [1.0 Timestamp('2019-01-02 00:00:00') 1.0 3 'train' 'foo']]
```

针对数据缺失的情况，pandas 提供 np.nan 来表示缺失的数据。默认情况下，它不包含在计算中。reindex( )方法可以更改、添加或删除指定轴上的索引，然后返回数据副本。也可以选择删除任何缺少数据的行，或选择设置值以填写缺失的数据。代码如下：

```
#删除任何缺少数据的行
df1.dropna(how='any')
#在缺少数据的位置填写值为 5 的数据
df1.fillna(value=5)
```

6.3.2　数据切片

数据切片就是指根据所需来选取当前数据的子集，可采用 pandas 数据访问方法，如 at、iat、loc 和 iloc 等方法进行操作。本小节内容所涉及的数据是 6.3.1 小节中 DataFrame 创建的数据。

通过设置数字索引或标签索引进行切片操作，可以选取前 3 个数据，示例代码如下：

```
# 输入
df[0:3]
# 输出
            A          B          C          D
2019-01-01  -0.490302  0.839514   0.308633   -0.732740
2019-01-02  -0.406161  -0.021612  0.290589   1.581437
2019-01-03  0.780604   1.689974   -0.168321  0.297623
```

或者以更加具体的方式对数据进行切片操作并选择输出，代码如下：

```
# 输入
df['20190102':'20190104']
# 输出
            A          B          C          D
2019-01-01  0.444959   0.979797   0.714428   -0.019517
```

```
2019-01-02   -0.690464    2.194000    0.973113    -0.107214
2019-01-03   -0.875077   -0.053051    0.563341    -0.897600
2019-01-04    0.911871   -1.635476    0.189071     0.371673
2019-01-05   -0.282001   -2.214192    0.298036     1.153161
2019-01-06   -0.736349    0.586473   -0.882297     0.584084
```

对于标签索引来说，可以使用.loc 标签来获取横截面，选择多轴进行展示，选择标签进行切片，设置标签来减小返回对象的尺寸，获取标量值等。

```
# 使用标签获取横截面
df.loc[dates [0]]
# 按标签选择多轴
df.loc[:, ['A', 'B']]
# 显示标签切片
df.loc['20190102' : '20190104', [ 'A', 'B']]
# 减小返回对象的尺寸
df.loc['20190102', ['A', 'B']]
# 获取标量值
df.loc[dates[0], 'A']
```

对于数字索引来说，使用.iloc，通过设置整数也可以进行切片操作、获取值和快速访问标量值等。示例代码如下：

```
#设置整数索引进行切片
df.iloc[3:5, 0:2]
# 仅对行进行切片
df.iloc[1:3, :]
# 仅对列进行切片
df.iloc[:, 1:3]
# 获取某个值
df.iloc[1, 1]
```

对于布尔索引来说，可从满足布尔条件的数据中进行选择及访问。示例代码如下：

```
# 设置单列的值来选择数据
df[df.A > 0]
# 从满足条件的整个 DataFrame 中选择数据
df[df > 0]
```

还可以利用.at 和.iat 来设置相应的值，代码如下：

```
# 按标签索引设置值
df.at[dates[0], 'A'] = 0
# 按位置数字索引设置值
df.iat[0, 1] = 0
```

6.3.3 数据合并

pandas 提供了各种工具，可以轻松地将 Series、DataFrame 和 Panel 对象与各种集合逻辑组合在一起，实现索引和合并类型操作的关系代数功能。

使用 concat( )方法，可以将 pandas 对象合并在一起，示例代码如下：

```
# 随机新建 DataFrame
```

```
df = pd.DataFrame(np.random.randn(10, 4))
# 进行切片操作
pieces = [df[: 3], df[3:7], df[7:]]
# 将其合并
pd.concat(pieces)
```

对类似于 SQL 样式的数据集进行合并，示例代码如下：

```
# 创建值均为 foo、键均为 key 的数据集
left = pd.DataFrame({'key': ['foo', ' foo'], 'lval': [1, 2]})
right = pd.DataFrame({'key': ['foo', ' foo'], 'rval ': [4, 5]})
# 输出 left
   key  lval
0  foo     1
1  foo     2
# 输出 right
   key   rval
0  foo      4
1  foo      5
```

然后尝试使用键 key 对 left 和 right 进行合并，示例代码如下：

```
# 利用键 key 进行合并操作
pd.merge(left, right, on='key' )
#输出
   key  lval  rval
0  foo     1     4
1  foo     2     5
```

还可以使用 append( )方法将新行追加到数据表中。

6.3.4 数据分组

对数据进行分组的步骤主要是：首先根据某些标准将数据拆分为组，然后将分组方法独立应用于每个组，最后将结果组合成对应的数据结构。数据分组主要采用 groupby( )方法，示例代码如下：

```
df = pd. DataFrame({'A' : ['foo', 'bar', 'foo', 'bar', 'foo', 'bar', 'foo', 'foo'] ,
                    'B' : ['one', 'one', 'two', 'three', 'two', 'two', 'one', 'three'] ,
                    'C' : np. random. randn(8) ,
                    'D': np. random. randn(8) })
# 按 A 中的标签进行分组，统计总数
df.groupby('A').sum()
# 输出
B          C         D
one   -1.708134   3.039916
three  1.092543   -1.845988
two   1.340698    -0.299061
```

如在实际应用中，可以使用 groupby( )方法等来对总数或平均数等信息进行统计处理。

6.4 本章小结

本章介绍了 Python 中常用的类库，首先介绍了 NumPy 库，该库主要用于对多维数组执行计算；SciPy 库在 NumPy 库的基础上增加了计算中常用的高级函数功能，接着介绍了 pandas 库，该库基于 NumPy 库的基础而建立。这 3 个库与许多其他第三方库共同集成常用的科学计算环境。

Python 的各种库具有许多功能强大的用法以及相对应的函数，极大地方便了使用者在一些高级计算中进行数据处理，涉及线性代数、常微分方程数值求解、信号处理、图像处理、稀疏矩阵等领域。这些功能强大的库函数是用于科学和工程计算的“利器”。

6.5 习题

1. 创建一个 5×3 的随机矩阵和一个 3×2 的随机矩阵，并求矩阵积。
2. 构造一个 5×5 的矩阵，令其值都为 1，并在最外层加一圈 0。
3. 任意构造一个向量 ***a***，然后按照另一个向量 ***b*** 中的值进行索引，并将向量 ***a*** 中每个元素的值加 1。
4. 构造一个(5，5，3)的数组，如何将其与任一(5，5)的数组相乘？
5. 构造一个正弦函数，输出两个周期的 100 个值，然后对这 100 个值加上振幅不超过 5%的噪声，再用最小二乘法对这些加噪声的数据进行拟合，并输出结果。
6. 任意构造一个 NumPy 矩阵，然后根据该矩阵构造 pandas Series。
7. 构造一个函数，用 pandas 求出其最小值。

第7章 数据分析

本章主要介绍如何使用 Python 操作各种数据文件，对有问题的数据进行清洗，以及分析时间序列数据。首先介绍各种格式数据文件的 I/O 操作，对象的序列化和反序列化方法，以及 SQLite 数据库的存取操作；然后针对数据中存在的各种错误数据，比如缺失值、重复值和各种异常值等，讨论这些数据的清洗操作；最后介绍时间序列数据的分析方法和处理流程。

本章的重点是掌握不同格式数据文件的存取方法，序列化和反序列化的概念和操作流程，以及数据清洗的基本操作；难点是理解不同时间序列数据的特性，掌握时间序列数据分析的基本原理，综合运用各种数据分析方法来解决实际工作中的问题。第 8 章将着重介绍数据可视化技术。读者通过学习和使用各种可视化工具，可进一步加深和巩固对数据分析方法的理解。

7.1 数据存取

Python 语言集成了很多数据处理开源库，通过调用各种操作函数，用户可以很容易地存取各种不同类型的数据文件。常用的数据文件，比如 TXT 文件、CSV 文件、JSON（JavaScript object notation，JS 对象简谱）文件、XLSX 文件等，可以直接读入内存进行处理。另外，还可以通过序列化和反序列的方法存取程序中的对象及数据结构的状态信息。此外，利用第三方模块，Python 语言能够方便地执行数据库存取操作。

7.1.1 I/O 操作

Python 可以将数据直接从文件读取到内存中，生成结构化的数据集合，以方便后续的数据分析操作。

1. 存取 TXT 文件

下面我们介绍文件的基本 I/O 操作。以 TXT 文件为例，首先打开 diabetes.txt 文件，并读取其存储的内容，代码如下：

```
diabetes_file = r'..\..\DataSet\Files\diabetes.txt'
# 打开 TXT 文件
with open(diabetes_file) as file:
    # 读取文件中的数据
    data = file.read()
```

```
    print(data)
```

diabetes_file 变量指定了文件存储的路径和文件名，它是 open( )函数的输入参数。open( )函数打开 diabetes_file 指定的文件，返回一个表示文件的对象 file；随后调用 file 对象的 read( )函数，将 diabetes.txt 文件中的数据读取到 data 变量中。代码运行的结果如下：

```
6    148  72   35   0    33.60.627    50   1
1    85   66   29   0    26.60.351    31   0
8    183  64   0    0    23.30.672    32   1
1    89   66   23   94   28.10.167    21   0
0    137  40   35   168  43.12.288    33   1
5    116  74   0    0    25.60.201    30   0
3    78   50   32   88   31   0.248    26   1
10   115  0    0    0    35.30.134    29   0
…    …    …    …    …    …    …    …    …
```

代码中使用了系统关键字 with，因此 open( )函数返回的文件对象 file 只能在 with 代码块内使用。一旦代码执行到 with 代码块以外，file 对象就会自动关闭。读取 TXT 文件时，Python 将所有文本都解读为字符串。如果 TXT 文件中都是数字，且需要将其作为数值使用，则必须使用 int( )或 float( )等转换函数将字符串转换为整数或浮点数。

除了一次性读取整个文件以外，我们也可以逐行读取文件，代码如下：

```
diabetes_file = r'..\..\DataSet\Files\diabetes.txt'
with open(diabetes_file) as file:
    for line in file:
        print(line)
        # print(line.rstrip())  # 删除多余的换行符
```

因为 TXT 文件的每一行末尾都有一个不可见的换行符，而每一次执行 print 语句也会在行尾加上一个换行符，所以，每一行文本显示的行间距较大。为了优化显示效果，我们可以调用 rstrip( )函数删除多余的换行符。

在文件读/写过程中，文件定位指针会随着读/写不断地移动。使用 tell( )函数可以查看文件定位指针的位置，即当前文件的读/写位置，代码如下：

```
f = open('..\..\DataSet\Files\diabetes.txt')
line = f.readline()
print(f'当前行：{line}')
location = f.tell()
print(f'当前位置：{location}')
```

如果要指定文件的读/写位置，可以使用 seek( )函数将文件定位指针移动到指定的位置。seek(offset, whence)有两个参数，offset 表示移动偏移量；whence 表示从指定位置开始移动文件定位指针，0 表示从文件头开始移动，1 表示从当前位置开始移动，2 表示从文件末尾开始向前移动，默认取值为 0。下面给出用 seek( )函数指定文件定位指针的代码：

```
diabetes_file = r'..\..\DataSet\Files\diabetes.txt'
with open(diabetes_file, 'r+') as file:
    file.seek(31, 0)
    line = file.readline()
    print(line)
```

使用 open( )函数打开文件时，可以指定多种读取模式，常用的模式如下。

① r（只读）：用只读模式打开文件。文件定位指针放在文件头。open( )函数的默认打开模式为只读模式。

② w（写入）：用写入模式打开文件。如果文件已经存在，则从开头开始写入，文件原来的内容会被删除。如果文件不存在，则创建新文件。

③ a（追加）：用追加模式打开文件。如果文件已存在，文件定位指针会放在文件的结尾，新的内容将会被写在已有内容之后。如果文件不存在，则创建新文件。

④ r+（读/写）：用读/写模式打开文件。文件定位指针放在文件的头部。

接下来，我们将字符串写入 TXT 文件。如果要在 TXT 文件中写入数字，需要用 str( )函数将其转换为字符串格式，代码如下：

```
info_file = r'..\..\DataSet\Files\info.txt'
with open(info_file, 'w') as file:
    # 写入数据
    file.write('数据是燃料!\n')
    file.write('算法是引擎!\n')
    file.write(str(100))
```

2. 存取 CSV 文件

CSV 文件以纯文本形式存储表格数据。CSV 文件包含多行记录，每行记录由多个字段组成，字段用逗号或制表符分隔。CSV 文件是文本文件，并不是表格，我们可以直接用记事本等软件打开它。也可以用 Excel（电子表格软件）打开它。以表格的形式显示数据。

标准的 csv 库提供了处理 CSV 文件的各种函数。csv 库的 reader( )函数用于读取 CSV 文件的内容，代码如下：

```
import csv
db = r'..\..\DataSet\Files\pima-indians-diabetes-database.csv'

with open(db, 'rt') as csv_file:
    data = csv.reader(csv_file)
    for row in data:
        print(row)
```

如果要向 CSV 文件写入数据，要用写入模式打开文件，接着调用 writerows( )函数，一次写入多行数据。代码如下：

```
csv_file = r'..\..\DataSet\Files\data.csv'

with open(csv_file, 'w', newline='') as file:
    writer = csv.writer(file)
    # 写入多行数据
    writer.writerows([[6, 3, 9, 0, 4], ['10', '2', '31', '75', '92']])
```

如果要在原有数据上添加新的数据，要用追加模式打开文件。调用 writerow( )函数，可以写入单行数据。代码如下：

```
file_path = r'..\..\DataSet\Files\data.csv'

with open(file_path, 'a') as f:
```

```
    writer = csv.writer(f)
    writer.writerow([24, 17, 89, 63, 25])
```

3. 存取 JSON 文件

数据在网络上传输时，通常需要先把要传输的数据转换为字符串或字节串，同时还要定义统一的数据交换格式，以便接收端能够正确解析并理解所接收数据的含义。早期的数据交换格式常采用 XML（extensible markup language，可扩展标记语言）格式，而现在更常用的是 JSON 格式。相比 XML，JSON 是一种更加轻量级的数据交换格式，易于阅读和编写，同时也方便计算机生成和解析。

JSON 的数据结构类似于 Python 语言的字典结构，它采用完全独立于程序设计语言的文本形式来存储和表示数据。数据格式采用键值对的形式，可以用来表示对象、数字，还可以设置对象的属性和值。JSON 格式的规则如下。

① {}：花括号用来保存对象。

② []：方括号用来保存数组。

③ ""：双引号内是属性或值。

④ :：冒号表示后者是前者的值。

下面给出关于 JSON 格式的示例。方括号中存储多道题目，每一道题目的各项属性记录在花括号中，题目属性由键值对表示。题目的属性包括 id（编号），A、B、C、D（4 个选项），type（题型），difficulty（难度），answer（答案）和 statement（题干），一共 9 个部分，数据格式如下：

```
[{
"id": "78",
"A": "True",
"B": "0",
"C": "1",
"D": "False",
"type": "MultiChoice",
"difficulty": "2",
"answer": "D",
"statement": "下面代码的输出结果是（    ）。print(round(0.2 + 0.5, 2) == 0.4))"
}]
```

处理 JSON 格式数据时，需要用到 Python 的 json 库。json 库主要提供了 4 个函数：dumps( )、dump( )、loads( )和 load( )。dumps( )和 loads( )用于数据类型转换，而 dump( )和 load( )用来读/写文件。下面我们将 JSON 格式数据写入文件，代码如下：

```
import json
# 练习题（字典类型）
quiz = {
    "id": "78",
    "A": "True",
    "B": "0",
    "C": "1",
    "D": "False",
    "type": "MultiChoice",
    "difficulty": "2",
    "answer": "D",
```

```
    "statement": "下面代码的输出结果是（    ）。print(round(0.2 + 0.5, 2) == 0.4))"
}

file = r'..\..\DataSet\Files\quizzes.json'
with open(file, "w", encoding='utf-8') as f:
    # 数据类型转换
    json_quiz = json.dumps(quiz, indent=4)
    f.write(json_quiz)
    # 上面两行代码与下面一行代码都实现相同的功能
    # json.dump(quiz, f)

    print(f'测试题：{json_quiz}')
    print(f'类型：{type(json_quiz)}')
```

首先，用 open( )函数以写入模式打开 JSON 文件（quizzes.json）；然后调用 json 库的 dumps( )函数将已定义好的 JSON 格式数据 quiz（字典类型）转换成 JSON 字符串；最后调用 write( )函数将其写入文件。如果调用 dump( )函数，就不需要调用 write( )函数了，dump( )函数会直接将转换类型后的 quiz 对象写入文件 。

在读取 JSON 格式数据时，用 loads( )函数将文件中的字符串转换成 Python 内置的数据类型，代码如下：

```
import json

file = r'..\..\DataSet\Files\quizzes.json'
json_quiz = open(file).read()
quiz = json.loads(json_quiz)
print(f'测试题：{quiz}')

for i, item in enumerate(quiz):
    print(f'第({i})项：{item}')
```

json.loads( )函数载入 JSON 数据，并将其保存在 quiz 对象中，接着通过 for 循环遍历 quiz 对象中的每一项属性。同样地，如果调用 load( )函数，可直接读取文件中的 JSON 格式字符串，并将其转化成 Python 内置的数据类型。

4．存取 XLSX 文件

存取 XLSX 文件需要用到特定的 Python 库。openpyxl 库能读/写 XLSX 文件，但不能读/写 XLS 文件。使用之前，需要先安装 openpyxl 库。安装命令如下：

```
pip install openpyxl
```

在 XLSX 文件中，每个工作表以行和列的形式来组织。工作表第一行上面是每一列的标题，通常用大写字母（A、B、C 等）表示；工作表第一列的左边是每一行的编号，用数字（1、2、3 等）表示。当前正在操作的工作表称为活动表（active sheet）。

在 openpyxl 库中，与 XLSX 文件中的数据相对应的有 3 个结构：workbook、sheet 和 cell。

① workbook 表示一个 XLSX 文件工作簿。一个 XLSX 文件就是一个工作簿，一个工作簿中包含若干个工作表（sheet）。

② sheet 表示工作簿中的一个表格，称为工作表。每个工作表都有一个标签用来表示表格的名称，默认以 Sheet1、Sheet2、Sheet3 命名。标签也可以重新命名。

③ cell 表示工作表中的一个单元格。

在存取 XLSX 文件时，首先打开或者新建一个 XLSX 文件，用一个 workbook 对象来表示该 XLSX 文件；然后调用 workbook 对象的函数来获取 sheet 对象。如果要处理工作表中的数据，可以通过 sheet 对象获取表格中的 cell 对象，代码如下：

```
from openpyxl import load_workbook

file = r'..\..\DataSet\Files\question_bank.xlsx'
# 载入 XLSX 文件
wb = load_workbook(file)
print(f'工作表名称：{wb.sheetnames}')
# 根据工作表名称获取 sheet 对象
sheet = wb.get_sheet_by_name("填空题")

print(f'第 A 列：{sheet["A"]}')
print(f'第 5 行：{sheet["5"]}')
print(f'第 A 列第 5 行值：{sheet["A5"].value}')
print(f'最大行数：{sheet.max_row}')
print(f'最大列数：{sheet.max_column}')

print('第 B 列中的所有值：')
for i in sheet["B"]:
    print(i.value, end=" ")
```

上面的代码用 load_workbook( )函数载入一个已有的 XLSX 文件，通过名称（填空题）找到 sheet 对象。在 sheet 对象中，通过索引（A、5）访问表格的列和行；而表格的单元格用列和行的组合名称（A5）来访问。

下面创建一个新的 XLSX 文件，文件默认的工作表名称为“Sheet”。如果想改变工作表的名称，需要设置工作表的 title 属性。代码如下：

```
from openpyxl import Workbook

# 创建一个工作表
wb = Workbook()

# 找到活动的工作表
sheet = wb.active
sheet.title = "选择题"

sheet['A1'] = '编号'
for i in range(10):
    # 给单元格赋值
    sheet["A%d" % (i+2)].value = i + 1

sheet["A15"].value = "=SUM(A2:A11)"
```

```
file = r'..\..\DataSet\Files\question_bank_new.xlsx'
wb.save(file)
```

在工作表中写入信息时，可以直接对单元格进行赋值。如果要对单元格进行统计，可以调用 Excel 软件提供的函数来实现，比如用“=SUM(A2:A11)”把 A2 到 A11 中的数值进行累加。最后，调用 save( )方法将新创建的 workbook 保存到 XLSX 文件中。

7.1.2 对象序列化和反序列化

Python 程序运行时，所有变量都保存在内存中，程序可以根据需要随时修改指定的变量。比如，如果我们要定义一个字典类型的 quiz 变量，代码如下：

```
quiz = { '判断题': 'Python 是一种跨平台、开源、免费的高级动态程序设计语言。',
        '答案': 'True' }
```

如果把 quiz 变量的“答案”改成“False”，一旦程序结束，变量所占用的内存就会被操作系统全部回收。因为没有把修改后的答案“False”保存到磁盘上，下次重新载入程序时，quiz 变量的“答案”将再次初始化为“True”。

程序中的对象（具有特定的数据结构和功能）需要保存到永久存储设备中，同时也要从永久存储设备中提取出数据，并将其转换为在内存中可操作的对象。另外，对象通过网络从发送端传送到接收端时，需要将其转换为可传输的形式，而接收端要能够将收到的数据还原为程序对象。将程序中的对象保存到本地文件或数据库以及转换为网络可传输形式的过程，称为对象的序列化；而从文件、数据库或者网络恢复程序对象的过程，称为对象的反序列化。

序列化将对象状态按照一定的格式写入有序字节流，序列化的字节流保存了对象的当前状态以及相关的描述信息。反序列化是用有序字节流来重建对象、恢复对象状态的过程。从存储角度来说，序列化和反序列化的作用是对象状态的保存与重建；从数据传输角度来说，通过序列化可以实现进程间对象的传递。

Python 内置了对象序列化和反序列化模块，如表 7-1 所示。

表 7-1　Python 对象序列化与反序列化模块

模块	说明	API 函数
json	用于 Python 数据类型与 JSON 格式之间的转换	dumps( )、dump( )、loads( )、load( )
pickle	用于 Python 数据类型与二进制格式之间的转换	dumps( )、dump( )、loads( )、load( )
shelve	用于 Python 数据类型的序列化操作	open( )

下面我们通过 pickle 模块介绍 Python 的序列化和反序列化操作。pickle 模块能够将程序中的对象（对象的类型可以是内置的 Python 数据类型，也可以是用户自定义类型）转换成字节序列，转换过程称为 pickling；相应地，将字节流二进制文件或字节对象转换为 Python 对象的过程称为 unpickling。在其他语言中，同样的操作通常又称为 serialization、marshalling 或 flattening 等。

pickle 模块在使用上和 json 模块类似，同样使用 dumps( )/dump( )和 loads( )/load( )函数对，来完成序列化和反序列化。pickle.dumps(obj, file, protocol=None,*,fix_imports=True)函

数用于将对象序列化，然后将其写入文件。其中，obj 是要序列化的对象；file 是保存对象的文件；protocol 是序列化协议，协议的版本用整数来指定，默认为 DEFAULT_PROTOCOL；fix_imports 用于 Python 3 和 Python 2 的兼容性读取。pickle.loads( )函数直接从字节对象中读取序列化数据，代码如下：

```
import pickle

quiz = {'判断题': 'Python 是一种跨平台、开源、免费的高级动态程序设计语言。', '答案': 'True'}
byte_data = pickle.dumps(quiz)
print(f'序列化：{byte_data}')

# 读取数据
obj = pickle.loads(byte_data)
print(f'读取序列化数据：{obj}')
```

dumps( )函数读取 quiz 变量中的数据，将其以字节形式保存在 byte_data 变量中。通过 print( )函数可以显示序列化后的对象信息（字节数据）。接着，我们调用 loads( )函数，将已经序列化的数据恢复为 quiz( )变量的字典结构。

dumps( )函数不会将序列化的数据写入文件，而是直接返回一个序列化的字节对象。dump( )函数则直接将序列化的对象保存到文件中，代码如下：

```
quiz = {'判断题': 'Python 是一种跨平台、开源、免费的高级动态程序设计语言。',
        '答案': 'True'}
path_file = r'..\..\DataSet\Files\quiz.data'

# 使用二进制方式写入文件
with open(path_file, 'wb') as file:
    pickle.dump(quiz, file)
```

dump( )函数的第二个参数是 file，表示序列化时保存的文件。file 可以是一个以写入模式打开的文件，可以是一个 StringIO 对象，还可以是其他任何实现了 write( )函数接口的对象。

反序列化函数 pickle.load( )将序列化的对象从文件中读取出来，代码如下：

```
with open(path_file, 'rb') as file:
    quiz = pickle.load(file)
    print(f'题目：{quiz}')
    print(f'类型：{type(quiz)}')
```

由于 pickle 在文件中写入二进制数据，因此用 open( )函数打开文件时，要使用 wb 或 rb 模式。

pickle 也可以对用户自定义对象进行序列化和反序列化操作。首先，我们定义一个已实现对象序列化的父类 ObjectPickling，并在这个类中指定对象序列化对应的文件名。代码如下：

```
import pickle

class ObjectPickling:
    """序列化自定义对象"""

    def __init__(self, file_name):
```

```
        self.file_name = file_name

    def dump(self, obj):
        """ 执行序列化
          :param obj: 要序列化的对象
          :return:
        """
        # 以追加模式写入文件
        with open(self.file_name, 'ab') as file:
            pickle.dump(obj, file)
            print(f'序列化数据: {obj.__dict__}')

    def load(self):
        """ 通过迭代，反序列化对象
        :return:
        """
        objs = []
        with open(self.file_name,'rb') as file:
            while True:
                try:
                    objs.append(pickle.load(file))
                except EOFError:
                    file.close()
                    print('文件关闭')
                    break
        return objs
```

ObjectPickling 类定义了 dump( )和 load( )成员函数，通过这两个函数可以实现对自定义对象的序列化和反序列化操作。接下来，我们定义一个课程类 Course，然后使用 ObjectPickling 对其进行序列化和反序列化操作。代码如下：

```
class Course:
    def __init__(self, name, score):
        # 课程名
        self.name = name
        # 成绩
        self.score = score

    def show(self):
        print(f'{self.name}成绩: {str(self.score)}')
```

下面我们定义 3 个课程对象，即 discrete_mathematics、python_programming 和 data_structure，将它们作为参数传递给 ObjectPickling 的 dump( )函数。dump( )函数将课程对象保存到 Courses.pkl 文件中。从 Courses.pkl 文件中载入课程对象时，用 load( )函数执行反序列化操作，代码如下：

```
discrete_mathematics = Course("离散数学", 86.5)
python_programming = Course("Python 程序设计", 94.5)
data_structure = Course("数据结构", 75.6)
```

```
file = r'..\..\DataSet\Files\Courses.pkl'

p = ObjectPickling(file)
p.dump(discrete_mathematics)
p.dump(python_programming)
p.dump(data_structure)

# 反序列化自定义对象
objs = p.load()
for obj in objs:
    # 对象转字典
    print(obj.__dict__)
```

与 json 相比，pickle 主要用于 Python 对象的序列化或 Python 程序间的对象传输；json 则能够实现多种语言的数据传输。另外，json 适合处理字符串和基本数据类型，而 pickle 更适合处理复杂数据类型。

7.1.3 SQLite 数据库

1. SQLite 数据库概述

SQLite 是用 C 语言编写的一种轻型、嵌入式开源数据库。SQLite 虽然体积很小，但仍然实现了自给自足的、事务性的 SQL 数据库引擎，即 SQLite 引擎。SQLite 引擎不是一个独立的进程，它可以根据应用程序的需求进行静态或动态连接。

SQLite 支持多种开发语言，比如 C、C++、PHP、Perl、Java、C#、Python、Ruby 等。它可以在 UNIX（Linux、Solaris、AIX、iOS 等）系列和 Windows 系列系统中运行，同样，它也支持许多嵌入式操作系统，比如 QNX、VxWorks、Palm OS 和 Windows CE 等，而且可以集成到各种应用程序中，甚至在 iOS 和 Android 的 App 中都有 SQLite 数据库。

SQLite 是一个关系数据库，支持 ACID（atomicity、consistency、isolation、durability，原子性、一致性、隔离性、持久性）事务，支持 SQL92 标准中的大多数查询语言，并且不依赖任何外部系统。用户创建的一个 SQLite 数据库就是一个磁盘文件。

2. 创建并连接数据库

Python 内置了 SQLite 数据库，我们可以通过 sqlite3 库操作 SQLite 数据库。当指定的数据库文件不存在时，sqlite3 会自动创建数据库文件；如果数据库文件已经存在，则不会再创建新的数据库文件，而是会直接打开该数据库文件。代码如下：

```
import sqlite3

database = r'../../DataSet/test_bank.db'
# 连接数据库
conn = sqlite3.connect(database)
```

调用 sqlite3 的 connect( )函数连接数据库，返回 conn 对象，即数据库连接对象。sqlite3 创建的数据库 test_bank.db 是一个文件，可以直接在文件资源管理器中复制或移动。

数据库创建好以后，在 PyCharm 集成开发环境中，可以用可视化的方式操作它。首先，单击 PyCharm 主菜单中的“View”菜单项；展开菜单后，单击“Tool Windows”，弹出下一级菜单；接着单击“Database”，打开“Database”面板，如图 7-1 所示。

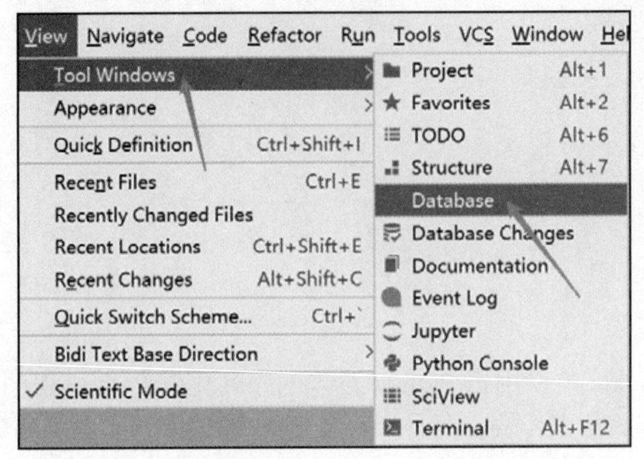

图 7-1　在 PyCharm 中打开“Database”面板

在“Database”面板中单击“+”（添加）按钮；弹出下拉菜单后，选择“Data Source”，然后选择“SQLite”选项，如图 7-2 所示。

接下来，打开“Data Sources and Drivers”对话框，单击对话框左上角的“+”按钮，弹出下拉菜单，选择“SQLite”，添加数据库链接，如图 7-3 所示。

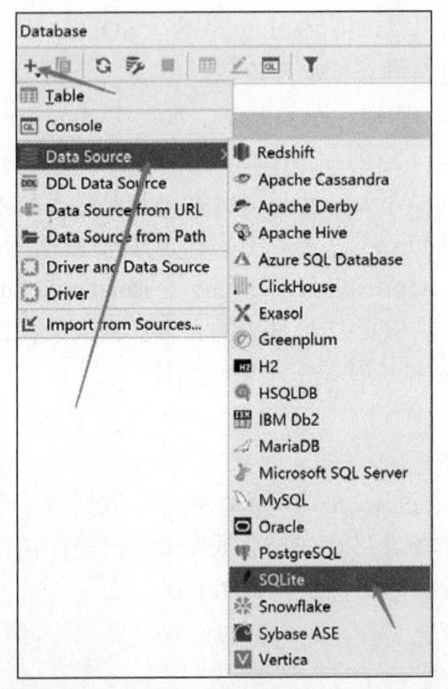

图 7-2　在“Database”面板中选择“SQLite”选项

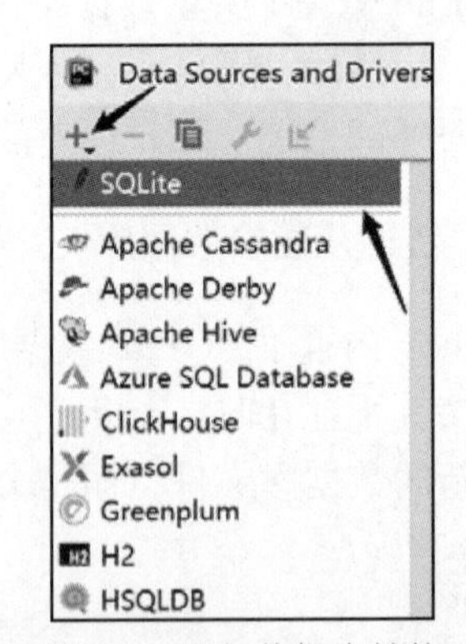

图 7-3　添加数据库链接

通过上述操作，在“Data Sources and Drivers”对话框左边的“Project Data Sources”中，加入了一个新项“identifier.sqlite”。我们在右边的“Name”文本框中，将其改名为 test_bank。在下面的“Driver”提示中可以看到连接的驱动程序为“SQLite”。在“File”文本框中，选择已经创建的 test_bank.db 文件；然后单击“Test Connection”按钮，连接成功后会看到一个绿色的“√”；最后单击“OK”按钮返回“Database”面板，如图 7-4 所示。

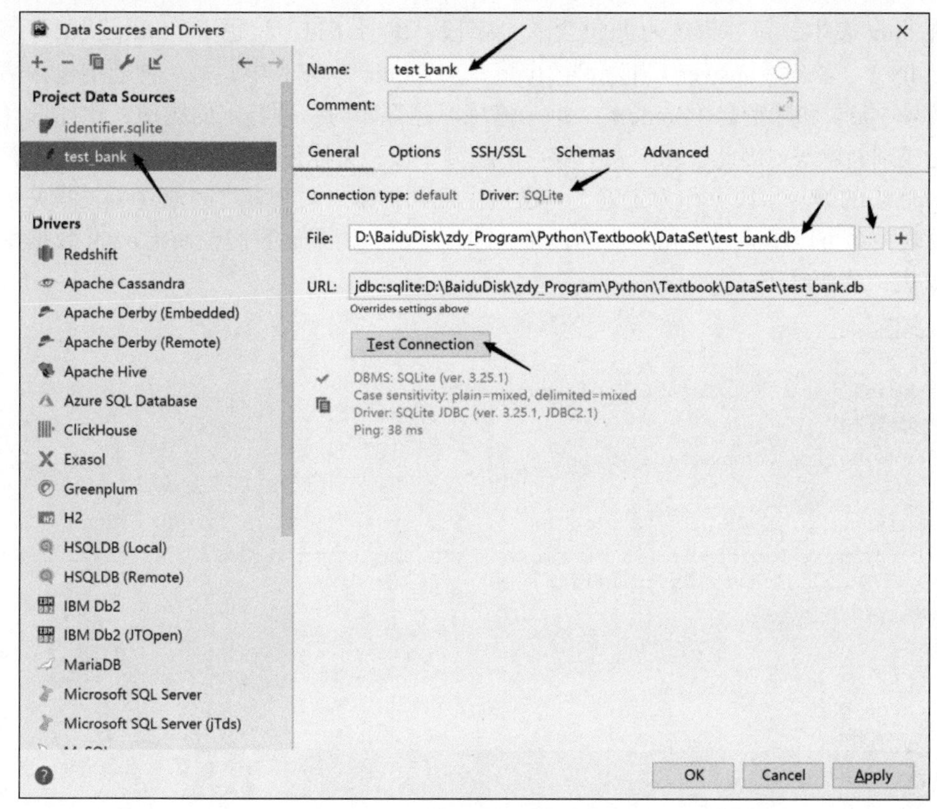

图 7-4 连接 SQLite 数据库

通过以上操作完成数据库连接后，在“Database”面板中，我们可以看到 test_bank 数据库，如图 7-5 所示。通过面板菜单可以直接对 test_bank 数据库进行操作，比如创建表、查询表中的记录等。

3．创建表

表是数据库中存放关系数据的集合。在一个数据库中，可以存储多个表，比如课程表、选课信息表、成绩表等。在 test_bank 数据库中，我们创建了两个表：quiz 表用于记录练习题，quiz_type 表用于记录练习题的类型，如图 7-6 所示。

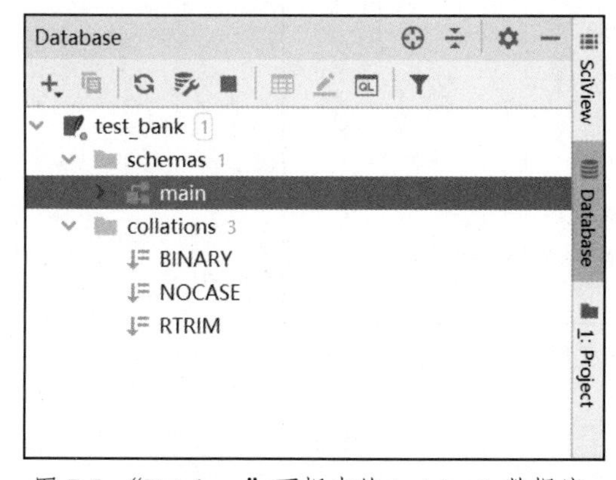

图 7-5 “Database”面板中的 test_bank 数据库

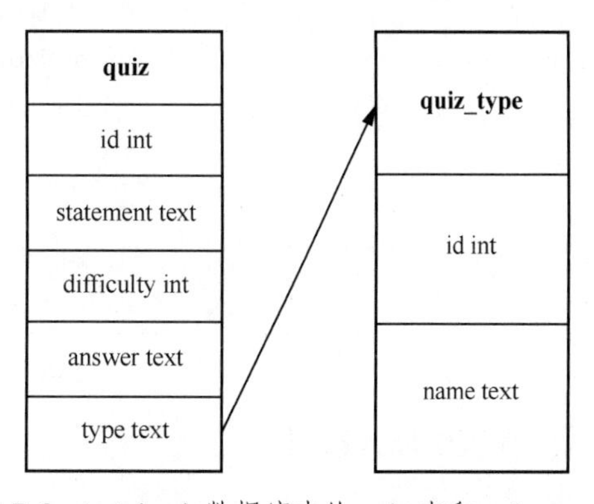

图 7-6 test_bank 数据库中的 quiz 表和 quiz_type 表

在 quiz 表中，每一道练习题包含 5 个字段：编号（id）、题干（statement）、难度（difficulty）、答案（answer）和题型（type）。在 quiz_type 表中，每一种题型包含两个字段：编号（id）和题型名（name）。每一道练习题都归为一种特定的题型，比如选择题、填空题或判断题等。因此，quiz 表中有一个题型字段，又称为外键（foreign key），它指向 quiz_type 表的编号字段（称为主键）。通过主键和外键，两个表之间建立了关联关系，通过该关联关系可以访问表中相对应的记录，即表中的行。下面我们在 test_bank 数据库中创建 quiz 表，代码如下：

```
import sqlite3

database = r'../../DataSet/test_bank.db'
# 连接数据库
conn = sqlite3.connect(database)

# 创建表
sql = 'create table quiz (id int primary key, statement varchar(30), difficulty int, answer varchar(30), type varchar(15))'
conn.execute(sql)

# 提交事务
conn.commit()
# 关闭连接
conn.close()
```

创建表时，先调用 conn 的 execute( )函数执行 SQL 语句，随后提交数据库执行，完成后关闭数据库连接。运行上面的程序，即可在 test_bank.db 中创建 quiz 表，如图 7-7 所示。

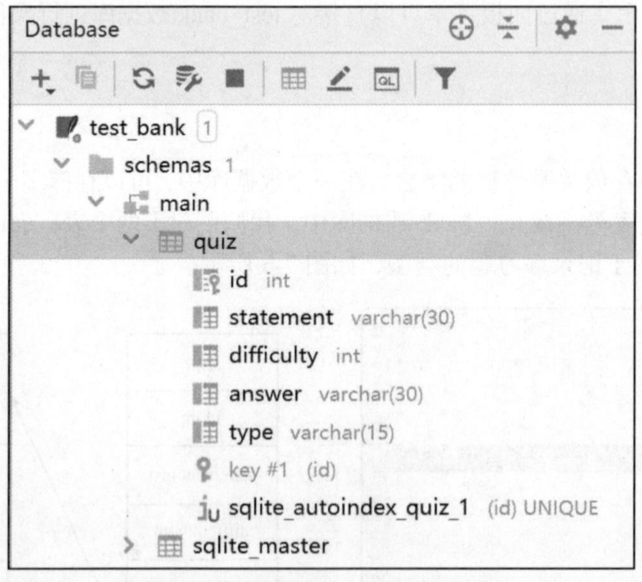

图 7-7　在 PyCharm 中查看创建的 quiz 表

4. 在表中插入数据

Python 定义了一套 API，可提供插入、删除、检索等操作。游标（cursor）是读/写数据库表的一种重要方式。

下面我们在 quiz 表中插入数据。cursor 提供了两种插入数据的方式。第一种插入方式使用 execute( )方法执行 SQL 语句，插入 1 行记录，代码如下：

```
conn = sqlite3.connect(database)
c = conn.cursor()

# 在表中插入数据
# 第一种插入方式：插入一行记录
c.execute("insert into quiz(id, statement, difficulty, answer, type) values (1,
'Python 中定义函数的关键字是（ ）。', 1, 'def', '填空题')")
conn.commit()
c.close()
conn.close()
```

第二种插入方式使用 executemany( )函数，一次执行多条 SQL 语句，插入多行记录。使用 executemany( )函数比通过循环使用 execute( )函数执行多条 SQL 语句效率高。使用 executemany( )函数同时插入多行记录的代码如下：

```
questions = [(2, 'Python 序列类型包括字符串、列表、（ ）3 种。', 1, '元组', '填空题'),
        (3, 'Python 如何管理内存？', 4, 'Python 采用内存池（memory pool）机制。',
'论述题'),
        (4, '什么是 lambda 函数', 3, 'lambda 函数是接收任意多个参数（包括可选参数）并且返回单个
表达式值的匿名函数。', '概念题'),
        (5, '在同一个作用域内，局部变量会隐藏同名的全局变量。', 2, 'True', '判断题')]
c.executemany('insert into quiz values (?,?,?,?,?)', questions)
```

executemany( )函数在执行 SQL 语句时，用到了占位符“？”。占位符表示在当前位置要插入值。在上面的代码中，5 个字段都要插入值，因此用到了 5 个“？”。如果使用其他数据库模块，比如 MySQL，需要使用别的占位符，比如“%s”等。

5. 查询表中内容

下面我们来实现表的查询功能。cursor 对象提供了 fetchone( )函数和 fetchall( )函数用于查询表。fetchone( )函数一次获取 1 行记录，将其放入 1 个元组中；fetchall( )函数获取所有数据，并返回 1 个二维列表。两种查询方式的代码如下：

```
import sqlite3

conn = sqlite3.connect(database)
c = conn.cursor()

# 一次查询 1 行记录
c.execute("select * from quiz")
print(f'第 1 行记录：{c.fetchone()}')
print(f'第 2 行记录：{c.fetchone()}')

# 所有查询记录存入列表中
c.execute('select * from quiz order by difficulty desc')
```

```
print(f'所有记录如下：\n{c.fetchall()}')

rows = c.execute('select * from quiz order by difficulty desc')
# 遍历所有记录
for i, row in enumerate(rows):
    print(f'第{i+1}行：{row}')

c.close()
conn.commit()
conn.close()
```

使用 cursor 对象执行查询语句后，返回一个 cursor 对象，通过 cursor 的 fetchall( )函数获取查询结果集。结果集是列表类型的，其中每一个元素对应表中的每一行记录，都是元组类型的。通过 enumerate( )函数可以遍历所有的记录。

如果要更新某行记录或者删除记录，同样使用 execute( )函数执行 SQL 语句，代码如下：

```
import sqlite3

conn = sqlite3.connect(database)
c = conn.cursor()

# 将 quiz 表中 id=3 的题目的难度改为 2
sql = "update quiz set difficulty=2 where id = 3"
c.execute(sql)

# 删除 quiz 表中 id=2 的记录
c.execute('delete from quiz where id=2')

# 删除整张表
c.execute('drop table quiz')

c.close()
conn.commit()
conn.close()
```

6．在内存中创建数据库

除了可以在硬盘上创建数据库以外，sqlite3 也可以在内存中创建数据库，创建方式如下：

```
conn = sqlite3.connect(':memory:')
```

调用 connect( )函数时，将数据库名设为“:memory:”，这样就会在内存中创建一个临时数据库。在内存中创建的数据库同样可以执行各种表操作，代码如下：

```
import sqlite3

mem_conn = sqlite3.connect(':memory:')
# 创建表
mem_conn.execute('CREATE TABLE quiz_type(id, name)')
```

```
c = mem_conn.cursor()
# 插入数据
c.executemany(
 'INSERT INTO quiz_type VALUES (?,?)',
    [
        (1, '选择题'),
        (2, '填空题'),
        (3, '判断题')
    ]
)
# 显示插入的数据
for i, row in enumerate(mem_conn.execute('SELECT * FROM quiz_type')):
    print(f'第{i+1}行: {row}')
# 使用 cursor 对象执行插入、更新和删除语句时,
# 通过 cursor 的 rowcount 可以返回操作影响的行数
print(f'插入行数: {c.rowcount}行')

mem_conn.commit()
c.close()
mem_conn.close()
```

Python程序执行完数据库操作以后,需要使用异常处理机制“try:…except:…finally:…”,并且要关闭已经打开的 connection 对象和 cursor 对象，否则会造成资源的泄露。另外，还要注意在出错的情况下也要关闭 connection 对象和 cursor 对象。

7.2 数据清洗

在现实世界中，由于受各种客观和主观因素的影响，数据可能存在不完整、不准确和不一致等问题。某些信息的丢失会造成数据中包含大量的缺失值，比如部分客户信息的丢失，导致与客户关联的数据不匹配。数据在采集过程中，噪声的干扰以及数据录入过程中人为的错误等会导致数据产生各种异常值。通常数据来源于多个数据集，各个数据集的格式、命名、规范等不一致，会造成数据重复和相互冲突。上述问题都会影响有效信息的提取，因此需要通过一系列数据清洗的方法，结合数据分析、数理统计、预定义规则等技术，将原始数据中的“脏数据”转化为满足特定质量要求的可用数据。

数据清洗（data cleaning）是对数据进行重新审查、校验和修正的过程，其目的在于补全缺失信息，修正数据中存在的异常以及删除重复的数据，从而保证数据的完整性、准确性和一致性。数据在清洗以后可以更有效地存储、检索和使用，同时也有利于进一步的数据分析、特征提取和信息处理。

不符合质量要求的数据主要包括三大类：不完整的数据、异常的数据和重复的数据。因此，数据清洗操作一般包括 4 个步骤：数据分析、缺失值处理、异常值处理和重复值处理。图 7-8 给出了数据清洗的方式。

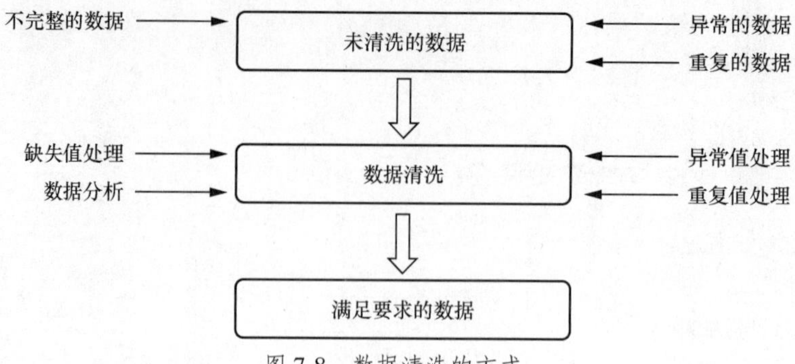

图 7-8　数据清洗的方式

数据清洗是一项系统且十分繁重的工作，需要各种资源的支持、多方配合以及大量人员的参与，并且需要投入大量的时间、人力和物力。在数据清洗之前，要考虑资源消耗、时间开销、成本效益以及是否会超出承受能力等。

7.2.1　数据分析

在数据清洗之前，要对数据进行统计分析，一方面可以了解数据的基本情况，比如通过分析学生的课堂练习、作业、期中考试和期末考试等数据，来了解学生的总体学习情况；另一方面可以从数据本身的统计信息出发，发现有哪些数据不符合要求，比如将数据绘制成各种统计图表，可以初步分析数据的质量，检查数据有无异常值、噪声、重复值等问题。

下面我们用 pandas 载入要分析的数据，调用 head( )函数来预览整个数据集的前 5 条记录，对数据进行初步观察。代码如下：

```
import pandas as pd

file = '../../DataSet/Cleansing/teaching.csv'
teaching = pd.read_csv(file)

# 预览数据集的前 5 条记录
teaching.head()
```

预览数据集前 5 条记录的结果如表 7-2 所示。

表 7-2　预览数据集前 5 条记录的结果

	学号	年龄	课程	平时成绩	期中成绩	期末成绩
0	2000330403010	18.0	离散数学	18.5	7.9	67.0
1	2000330403011	20.0	移动计算	NaN	NaN	NaN
2	2000330403013	18.0	离散数学	16.3	5.5	84.0
3	2000330403014	18.0	离散数学	18.0	NaN	83.5
4	2000330403015	19.0	Java 语言	7.2	3.4	54.0

初步观察后，调用 teaching.info( )函数可以继续深入观察数据集的基本信息。函数的运行结果如下：

```
<class 'pandas.core.frame.DataFrame'>
RangeIndex: 19 entries, 0 to 18
Data columns (total 6 columns):
```

```
学号      19 non-null object
年龄      15 non-null float64
课程      19 non-null object
平时成绩    14 non-null float64
期中成绩    12 non-null float64
期末成绩    15 non-null float64
dtypes: float64(4), object(2)
memory usage: 992.0+ bytes
```

从显示的结果可以看出，teaching 数据集一共有 19 条记录（RangeIndex: 19 entries），每条记录有 6 列，分别是学号、年龄、课程、平时成绩、期中成绩和期末成绩。每一列后面的信息给出了该列有多少条非空数据，比如“年龄 15 non-null”表示有 15 个学生录入了年龄，有 4 个学生没有录入年龄。

下面按“平时成绩”和“期末成绩”对 teaching 数据集进行排序，这样方便查看学生的成绩。对于数值列，可以调用 sort_values( )函数对数据进行排序，代码如下：

```
data_sorted = teaching.sort_values(['平时成绩','期末成绩'], ascending=False)
data_sorted[['平时成绩','期末成绩']].head()
```

teaching 数据集排序结果如表 7-3 所示。

表 7-3 teaching 数据集排序结果

	平时成绩	期末成绩
7	19.5	67.0
13	19.1	84.6
0	18.5	67.0
3	18.0	83.5
18	18.0	56.5

调用 teaching.describe( )函数可以对数据集做初步的统计分析，其运行结果如表 7-4 所示。

表 7-4 teaching.describe()函数的运行结果

	年龄	平时成绩	期中成绩	期末成绩
count	15.000000	14.000000	12.000000	15.000000
mean	19.400000	15.057143	7.608333	74.660000
std	1.594634	4.404842	1.757818	11.882869
min	17.000000	4.500000	3.400000	54.000000
25%	18.000000	13.875000	7.100000	66.500000
50%	19.000000	16.350000	8.150000	77.300000
75%	20.500000	18.000000	8.700000	84.300000
max	22.000000	19.500000	9.400000	91.000000

上面的结果给出了 teaching 数据集的一些统计信息，包括计数（count）、平均值（mean）、标准差（std）、最小值（min）、下四分位数（25%）、中位数（50%）、上四分位数（75%）和最大值（max）。通过这些统计信息，我们能初步了解数据集的特性，比如最低的平时成绩是 4.500000 分，它偏离平均值 15.057143 分较多，说明这个数据可能是一个异常值。当然也有可能不是异常值，因为统计的是所有课程的平时成绩。

除了观察统计值以外，用 pandas 的数据可视化功能来展示 teaching 数据集，可以进一步确认上面对最低平时成绩的猜测。代码如下：

```
import matplotlib.pyplot as plt

courses = teaching.groupby('课程')
# 分组统计各门课程的信息
print(courses.count())

# 分组显示各门课程的信息
for c_name, c_list in teaching.groupby('课程'):
    print(c_name)
    print(c_list)

plt.rcParams['font.sans-serif']=['SimHei']
plt.rcParams['figure.dpi'] = 300 #分辨率

# 根据不同课程分别绘制平时成绩的统计直方图
courses.hist(column="平时成绩", bins=10)
plt.show()
```

“离散数学”课程的平时成绩统计直方图如图 7-9 所示。

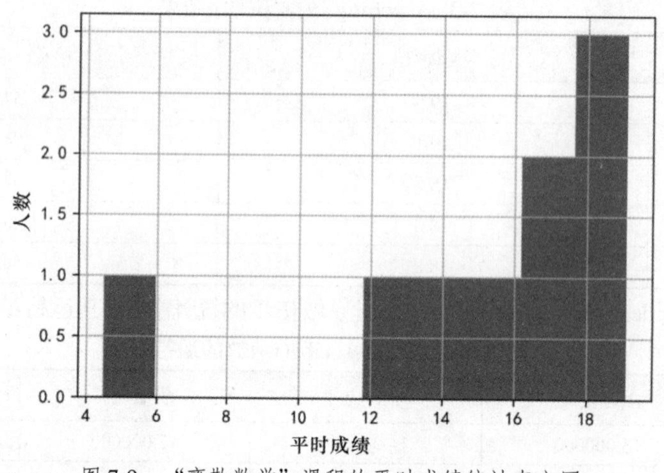

图 7-9 “离散数学”课程的平时成绩统计直方图

从“离散数学”课程的平时成绩统计直方图可以看出，平时成绩是 4.5 分的只有 1 人，其他学生的平时成绩都为 11～20 分，因此可以确认这个分数是一个异常值，这个学生的学习成绩需要特别关注。

7.2.2 缺失值处理

1．概述

在数据采集过程中，由于人为失误、度量方式对于某些数据不适用，以及数据不可用等原因，导致数据集中可能存在一些缺失值。缺失值经常被编码成 NaN、空格或者其他占位符。数据的缺失值又称为空值（null），一般存在两种为空的情况：一种是数据对象为空，即空值，在 Python 中，空值显示为 NaN（not a number）；另一种是数据中没有其他信息，只包含空格，除去空格后数据的长度为 0。

在处理缺失值之前，通常要先检查数据中缺失值的情况。pandas 提供了两个检查数据中是否存在缺失值的函数，分别是 isnull( )和 notnull( )。使用 isnull( )函数时，如果数据是缺失值就显示 True；notnull( )函数正好相反，如果数据是缺失值就显示 False。检查数据缺失值的代码如下：

```
import pandas as pd

file = '../../DataSet/Cleansing/teaching.csv'
teaching = pd.read_csv(file)

null_teaching = teaching.isnull()
```

缺失值处理结果如表 7-5 所示。

表 7-5　缺失值处理结果

	学号	年龄	课程	平时成绩	期中成绩	期末成绩
0	False	False	False	False	False	False
1	False	False	False	True	True	True
2	False	False	False	False	False	False
3	False	False	False	False	True	False
4	False	False	False	False	False	False

调用 isnull( )函数以后，从表 7-5 可以看到，数据集中不为空的值显示为 False，为空则显示为 True。下面我们统计存在缺失值的列和缺失值占总数的百分比，代码如下：

```
print(f'有哪些列存在缺失值：\n{null_teaching.any()}')
print('\n 统计缺失值占总数百分比：')
total = null_teaching.sum().sort_values(ascending=False)
missing_percent =
(null_teaching.sum()/null_teaching.count()).sort_values(ascending=False)
missing = pd.concat([total, missing_percent], axis=1, keys=['缺失值总数', '缺失值占总数百分比'])
print(missing)
```

调用 DataFrame.any( )函数，可以确定数据集中的每一列是否有缺失值。如果有缺失值就返回 True，否则返回 False。接着用 sum( )和 count( )函数分别对每一列中的缺失值数和行数进行统计，计算每一列的缺失值占比。程序运行结果如下：

```
有哪些列存在缺失值：
学号      False
年龄       True
课程      False
平时成绩     True
期中成绩     True
期末成绩     True
dtype: bool
统计缺失值占总数百分比：
      缺失值总数  缺失值占总数百分比
期中成绩      7        0.368421
平时成绩      5        0.263158
```

```
期末成绩        4          0.210526
年龄            4          0.210526
课程            0          0.000000
学号            0          0.000000
```

2．删除缺失值

对缺失值的处理需要根据不同的应用场景采取不同的策略。通常来说，对于数据较多的情况，可以直接删除包含缺失值的整行或整列。比如在几百列数据中，某一列缺失了大部分数据（缺失值如果占了 95%以上），删除它们对于整个数据集不会造成太大的影响。常用的删除方法有整例删除（casewise deletion）、变量删除（variable deletion）和成对删除（pairwise deletion）。

（1）整例删除

整例删除是指在样本关键变量缺失的情况下，删除数据集中含有缺失值的样本。比如学生 A 没有参加考试，在统计整个班级的成绩时，删除学生 A 的相关数据。通常在含有缺失值的样本占总体样本比例很小的情况下，可以采用整例删除方法。如果数据集中大部分数据都存在缺失值，使用整例删除可能导致有效的样本量减少，以至于无法使用已采集的数据。

（2）变量删除

数据集中某一变量的缺失值很多，而该变量对于要解决的问题不是很重要，则可以删除该变量。这种删除方法叫作变量删除。比如录入学生登记表时缺少学生的身高信息，而身高对于分析学生的成绩没有帮助，可以直接删除。变量删除虽然减少了分析使用的变量数量，但没有改变样本的数量。

（3）成对删除

尽管样本中的某些变量存在缺失值，但还是保留该样本。在进行数据分析和计算时，有缺失值的变量将不参与数据分析，这样就不会影响样本其他变量的分析。这种删除方法叫作成对删除。不同的分析涉及的变量不同，其有效样本量也会有所不同。这种处理方法最大限度地保留了数据集中的可用信息。

pandas 的 dropna()函数可用来删除缺失数据。除了可以直接删除包含缺失值的数据以外，还可以通过设置 dropna()函数的参数，来删除指定的数据。代码如下：

```
import pandas as pd

teaching = pd.read_csv(file)

# 删除 teaching 中有缺失值的行
print(teaching.dropna())

# 删除包含缺失值的列
print(teaching.dropna(axis=1))

# 删除指定列中包含缺失值的行
print(teaching.dropna(subset=["平时成绩"]))
```

在默认情况下，dropna( )函数并没有改变 teaching 中的内容。如果要提取删除后的内容，需要将 dropna( )函数的参数 inplace 设为 True，并且将删除后的结果赋给一个新的变量，代码如下：

```
data = teaching.copy()
# 设置 inplace=True 将直接修改 data 的值，即 data 中不包含缺失值
data.dropna(inplace=True)
print(data)
```

3. 填充缺失值

删除数据集中的缺失值可能会损失有价值的数据，造成数据的浪费。而有时候数据集的数据较少，删除包含缺失值的数据以后，数据就更少了，这将会影响数据的处理。另一种处理缺失值的方式是对缺失值进行填充。一个简单方法是使用一个全局常量来填充缺失值，比如将缺失值用“Unknown”或负无穷来填充。但是，采用这种方法填充以后，后续的处理算法可能会把填充值识别为一个新的类别，从而改变原有数据集的信息，因此，这种方法一般很少使用。通常填充缺失值有两种方法：简单替换和插补。

（1）简单替换

简单替换是指使用某些特定的值对缺失值进行填充，比如填充 0 或者其他特定的值。如果缺失值数量比较少，那么可以填充某个连续值，比如所有样本的均值或中位数；如果缺失值较多（50%以上），可以使用众数（出现次数最多的数）来填充。

pandas 的 fillna( )函数可以指定数值进行填充，也可以使用特定的计算结果进行填充，比如用 mean( )、median( )等函数的结果来填充，代码如下：

```
teaching.fillna(0)                       # 固定值填充，用 0 填充
teaching.fillna(teaching.mean())         # 均值填充
teaching.fillna(teaching.median())       # 中位数填充
teaching.fillna(teaching.mode())         # 众数填充
teaching.fillna(teaching.max())          # 最大值填充
teaching.fillna(teaching.min())          # 最小值填充

# 最近邻填充
teaching.fillna(method='ffill')          # 用缺失值的前一个值填充
teaching.fillna(method='bfill')          # 用缺失值的后一个值填充

# 对指定列的数据进行填充
teaching['平时成绩'].fillna(teaching.mean()['平时成绩'])
```

对于对称分布的数据，可以使用均值来填充；而对于倾斜（非对称）的数据，通常使用中位数来填充。使用均值或中位数等特定值填充，处理简单，并且不会减少样本信息；其缺点是当缺失值不是随机数据时，填充数据会造成信息偏差。

除了 pandas 以外，其他的 Python 库（比如 sklearn 库）也提供了缺失值填充功能。如 sklearn.impute.SimpleImputer(missing_values=nan, strategy='mean', fill_value=None, copy=True)类可以填充各种缺失值，其中 missing_values 是数据中缺失值指定的占位符，默认为 nan；strategy 是填充策略，默认值为“mean”，“median”是中位数填充，“most_frequent”指填充出现次数最多的值（当 strategy 为“constant”时，fill_value 是填充值，它可以是字符串或数字，比如 fill_value=0，表示填充数字 0）；copy 默认为 True，表示将创建填充后的数据副本，否则将填充值存放在原来的数据中。下面我们用 SimpleImputer( )来填充缺失值，代码如下：

```
import numpy as np
from sklearn.impute import SimpleImputer

# 填充值的来源
x = [[15, 25, 30], [40, np.nan, 60], [10, 15, 20]]
# 构造包含缺失值的数据
data_missing = [[np.nan, 20, 15], [5, np.nan, 30], [15, 40, np.nan]]

# 使用均值填充缺失值
imp = SimpleImputer(missing_values=np.nan, strategy='mean')
imp.fit(x)
data_fill = imp.transform(data_missing)
print(data_fill)
```

首先创建填充对象 imp；然后 fit( )函数根据 imp 的填充策略“mean”，计算 x 中每一列的均值，并保存起来；最后调用 transform( )函数，取出保存的均值填充 data_missing 中的缺失值，即填充所有 np.nan。代码的运行结果如下：

```
[[21.66666667 20.         15.        ]
 [ 5.         20.         30.        ]
 [15.         40.         36.66666667]]
```

如果需要填充的数据（data_missing）和提供填充值的数据（x）来源于同一个数据集，则可以使用 fit_transform( )函数来完成填充操作，代码如下：

```
d = [[np.nan, 12], [16, np.nan], [45, 18], [16, 18]]
imp = SimpleImputer(strategy="most_frequent")
print(imp.fit_transform(d))
```

代码的运行结果如下：

```
[[16. 12.]
 [16. 18.]
 [45. 18.]
 [16. 18.]]
```

在程序的执行过程中，fit_transform( )函数会先调用 fit( )函数，然后调用 transform( )函数来完成填充处理。

（2）插补

插补是指使用特定算法、相关分析、逻辑推断等方式，估算每个缺失值的可能取值，以近似的方式填充缺失值。比如某个学生的期末成绩可能与学生的作业完成情况有关，可以通过分析学生作业的提交时间、完成度以及得分来确定期末成绩的可能取值。常用的缺失值插补方法包括随机插补法、多重插补法、热平台插补法、插值法以及建模法。

① 随机插补法。随机插补法是指从数据总体中随机抽取某些样本，用抽取的样本代替缺失样本。

② 多重插补法。多重插补法是指利用变量之间的关系对缺失值进行预测，通过蒙特卡洛法生成多个完整的数据集，并对这些数据集进行分析和综合处理，最后得出目标变量的估计值。

③ 热平台插补法。热平台插补法是指在非缺失数据集中找到一个与缺失样本相似的数据样本，即匹配样本，用匹配样本中的观测值对缺失值进行插补。该方法的优点是简单易行，且准确率较高；其缺点是当缺失变量较多时，通常很难找到与缺失样本相似的数据样本。

④ 插值法。插值法是指通过拟合函数来插补缺失值，包括拉格朗日插值法、牛顿插值法、Hermite 插值法、分段插值法和样条插值法等。

⑤ 建模法。建模法是指根据已有样本数据，用回归、决策树、贝叶斯等方法推断出样本可能的缺失值，比如用数据集中商品的流通情况，构造一棵决策树来预测商品销售情况中的缺失值。采用建模法进行缺失值插补的准确率较高。

以上方法各有优缺点，具体的使用要根据实际数据的分布情况、倾斜程度、缺失值所占比例等各方面因素来选择。采用不同的缺失值处理方法可能会对数据分析结果产生不同的影响，特别是当缺失值并非随机出现且变量之间存在明显的相关性时，应当综合考虑数据处理的需求，结合相关分析和逻辑推断来确定缺失值的取值。

7.2.3 异常值处理

1. 异常值概述

异常值是指在数据集中与其他数值相比，差异较大的一个或几个数值，通常又称为离群值。异常值的产生一般有以下两种情况。

一是数据集本身固有的特点产生了极端的数据。这样的极端数据仍然是数据集中的正常数据，只是与其他数据差异较大，比如一个班级中某一个同学的成绩特别差。在特定的场景中，异常值是分析人员更关注的数据。比如在疾病预测时，通常健康人的生理指标都类似。如果某个人的生理指标出现了异常，那么他的身体状况肯定出现了问题。因此，通过检测异常值能够更好地检测疾病。类似的应用场景还有垃圾邮件过滤、欺诈电话拦截、网络攻击检测等。

二是由于数据采集条件、实验方法以及人为失误等问题，造成获取的数据与其他已有数据差异较大。这些异常值是非正常的、错误的，不属于数据集。在异常值处理时，通常针对这种情况进行数据清洗。

2. 异常值的检测方法

异常值的检测方法包括图形分析法、统计法、3σ 法、箱形图分析法以及一些专门检测异常值的方法。下面我们分别介绍这些检测方法。

（1）图形分析法

在分析数据时，如果数据的特征维度不高（小于 3 维），可以使用散点图绘制数据，通过观察图上数据的分布情况来确定可能存在的异常值。示例代码如下：

```
import pandas as pd
import matplotlib as plt

file = '../../DataSet/Cleansing/teaching.csv'
teaching = pd.read_csv(file)

plt.rcParams['figure.dpi'] = 300
plt.rcParams['font.family'] = 'SimHei'
# 绘制散点图
teaching.plot.scatter(x='期中成绩', y='平时成绩', marker='x')
```

teaching 数据散点图如图 7-10 所示。

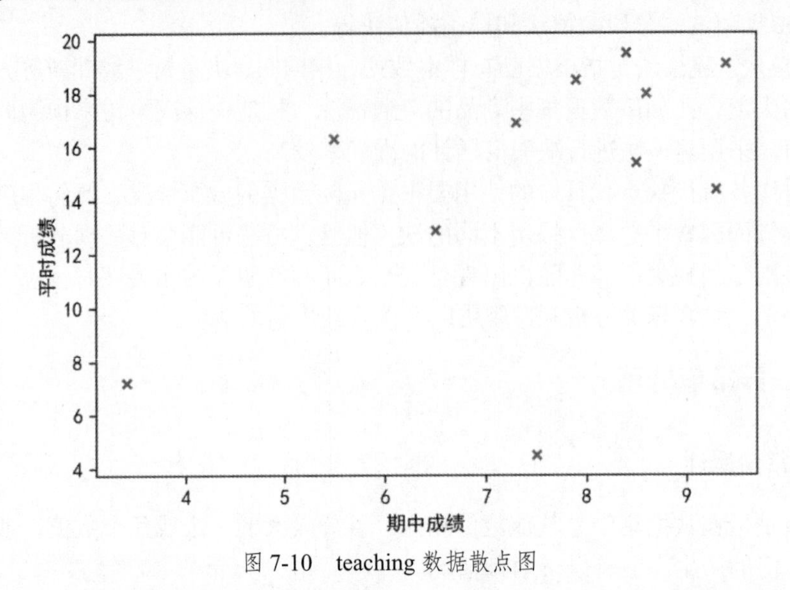

图 7-10　teaching 数据散点图

图 7-10 反映了平时成绩和期中成绩的关系。从图中可以看出，有两个数据与其他数据差异较大，分别位于图的左下角和靠近横轴的位置。

（2）统计法

对数据进行描述性统计分析，也可以检测异常值，比如用最大、最小值来判断某个变量的值是否超出了正常的取值范围（例如学生的成绩为−10.5，就是异常值）。使用 pandas 的 describe( )函数可以观察数据的统计性描述。

（3）3σ 法

如果数据服从正态分布，那么约 68.27%的数据将集中在 1 个标准差（σ）范围内，约 95.45%的数据将集中在 2 个标准差（2σ）范围内，约 99.73%的数据将集中在 3 个标准差（3σ）范围内。根据正态分布的这一特性，可以把 3 个标准差以外的数据看作异常值。

根据 3σ 法，异常值是数据集中与均值的偏差超过 3 个标准差的值，因此，在数据集中异常值出现的概率为 $P(|x-\mu|>3\sigma)\leqslant 0.003$，这属于小概率事件。正态分布的标准差如图 7-11 所示。

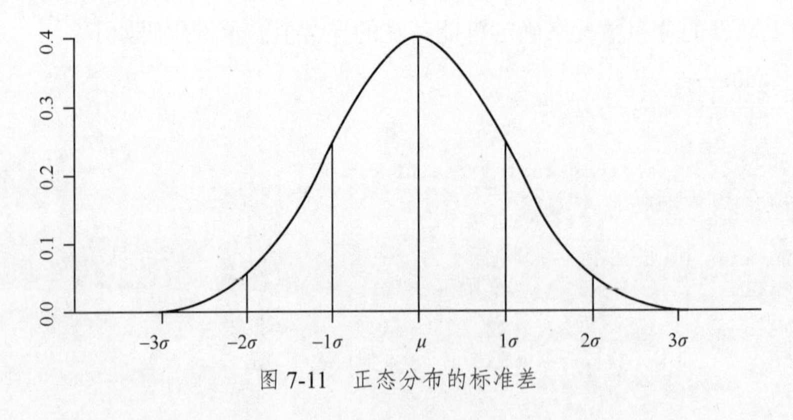

图 7-11　正态分布的标准差

为了检测异常值，我们定义一个检测函数 detect_outliers(data, multiple)，其中 data 是输入数据，multiple 是偏离标准差的倍数。检测函数的代码如下：

```
import numpy as np

# 检测异常值
def detect_outliers(data, multiple):
    mean = np.mean(data)
    sigma = np.std(data)
    print(f'数据均值：{mean}')
    print(f'数据方差：{sigma}')

    diff = data - mean

    # 设置偏离 multiple 个标准差为异常值
    outliers = abs(diff) > multiple * sigma
    return data[outliers==True]

np.random.seed(1)
anomalies = []
# 生成 10 000 个随机数
data = np.random.randn(10000)  * 30 + 30

# 3 倍标准差
print(detect_outliers(data, 3))
```

使用 detect_outliers( )函数检测异常值时，可以根据具体的问题来调整偏离标准差的倍数。在检测 teaching.csv 中的“平时成绩”时，先删除数据中的缺失值，然后设置异常值为超出两倍标准差的值，代码如下：

```
df = teaching.copy()
df.dropna(subset=["平时成绩"], inplace=True)
score = df['平时成绩']

# 两倍标准差
print(f'异常值：{detect_outliers(score, 2)}')
```

代码的运行结果如下：

```
数据均值：15.057142857142859
数据方差：4.244612431527472
异常值：17    4.5
```

如果数据不服从正态分布，也可以设置自定义的检测标准，比如以超出均值 n 倍标准差来确定数据集中的异常值。

（4）箱形图分析法

箱形图（box-plot）是一种显示数据分布情况的统计图，又称为盒须图、盒式图或箱线图。我们可以通过箱形图分析来比较多组数据的分布特征。

在箱形图中，从上到下分别是最大值、上四分位数、中位数、下四分位数和最小值，如图 7-12 所示。在绘制箱形图时，首先确定这 5 个特殊值；然后连接上、下两个四分位数画出箱子，接着将最大值和最小值与箱子连接，中位数显示在箱子中。另外，在箱形图中也可以显示异常值。

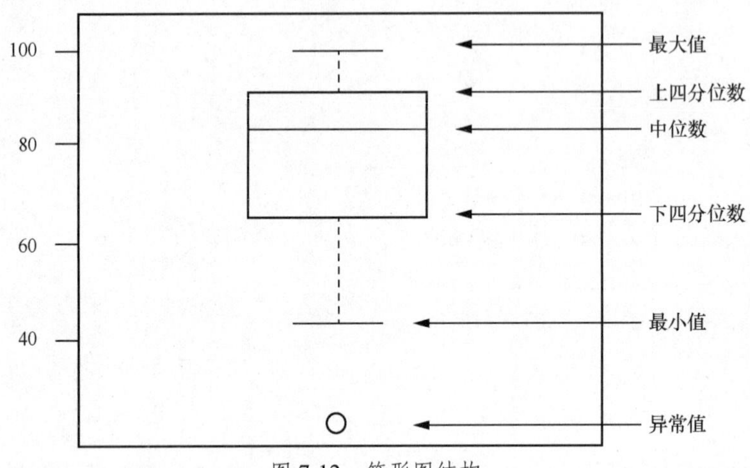

图 7-12　箱形图结构

在数据集中，有 1/4 的数据取值比 LQ（lower quartile，下四分位数）小；有 1/4 的数据取值比 UQ（upper quartile，上四分位数）大。IQR（interquartile range，四分位距）包含全部数据的一半，其计算公式如下：

$$IQR=UQ-LQ$$

在检测异常值时，通常规定：如果一个数据 x 满足

$$x>UQ+1.5\times IQR \text{或} x<LQ-1.5\times IQR$$

则 x 是一个异常值。由于四分位数具有良好的鲁棒性，因此异常值不会对上述判定标准造成影响。

利用下面的代码可绘制 teaching 数据集的箱形图：

```
import matplotlib.pyplot as plt
import pandas as pd

file = '../../DataSet/Cleansing/teaching.csv'
teaching = pd.read_csv(file)

plt.rcParams['figure.dpi'] = 300
plt.rcParams['font.sans-serif'] = ['SimHei']

p = teaching.boxplot(return_type='dict')
```

teaching 数据集的箱形图如图 7-13 所示。

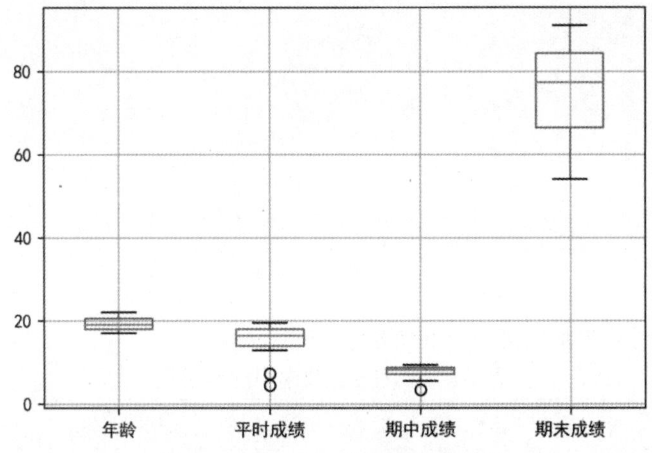

图 7-13　teaching 数据集的箱形图

通过箱形图我们可以识别出异常值。从图中可以看出，“平时成绩”列中有两个异常值。根据前面给出的异常值计算公式，可以确定出是哪两个异常值。检测代码如下：

```
df = teaching.copy()
# 删除缺失值
df.dropna(subset=["平时成绩"], inplace=True)

score = df["平时成绩"]
# 显示排序的平时成绩
print(score.sort_values())

UQ = score.quantile(0.75)
LQ = score.quantile(0.25)
IQR = UQ - LQ

print(f'UQ={UQ}')
print(f'LQ={LQ}')
print(f'IQR={IQR}')
```

代码的运行结果如下：

```
17     4.5
4      7.2
15    12.9
11    13.7
10    14.4
9     15.4
2     16.3
14    16.4
5     16.9
3     18.0
18    18.0
0     18.5
13    19.1
7     19.5
Name: 平时成绩, dtype: float64
UQ=18.0
```

```
LQ=13.874999999999998
IQR=4.125000000000002

# 确定异常值
df.loc[:, '异常值'] = (score > UQ + 1.5 * IQR) | (score < LQ - 1.5 * IQR)

# 查看异常值
outlier = df[df['异常值'] == True]
outlier.head()
```

teaching 数据集的异常值如表 7-6 所示。

表 7-6　teaching 数据集的异常值

	学号	年龄	课程	平时成绩	期中成绩	期末成绩	异常值
4	2000330403015	19.0	Java 语言	**7.2**	3.4	54.0	True
17	2000330403034	18.0	离散数学	**4.5**	7.5	86.4	True

（5）其他方法

上面列举了一些简单的异常值检测方法，下面介绍一些更复杂的异常值检测方法。

① 基于模型的检测。模型通常是对样本整体结构的一种表达，这种表达反映了整体样本的一般性性质，而异常值在这些性质上的表现与整体样本不一致。基于模型的异常值检测的关键是构建整体样本模型。如果构建的模型是分类器，那么异常值就是不显著属于任何类别的对象；如果构建的模型是回归模型，那么异常值就是远离预测值的对象。

② 基于概率分布的检测。进行基于概率分布的检测时，首先建立样本数据的概率分布模型，然后计算样本数据在该分布中的概率，把低概率的数据确定为异常值。该方法具有坚实的统计学理论基础，当有充足的数据并且知道数据集的概率分布时，异常值的检测比较有效。如果概率分布估计错误，检测的效果可能很差。

③ 基于距离的检测。进行基于距离的检测时，首先在数据集上定义样本数据之间的距离度量方法，然后度量样本数据之间的距离，把远离其他样本的样本标注为异常值。该方法比较简单，适用于较小的数据集。相比基于概率分布的检测，该方法在数据集上定义有意义的距离度量方法，比确定它的概率分布更容易。但是，该方法不能处理具有不同密度区域的数据集。

④ 基于密度的检测。从数据集密度的角度来说，异常值的局部密度显著低于数据集中大部分的数据密度。基于密度的检测与基于距离的检测紧密相关，比如密度可以定义为样本到 k 个邻居样本平均距离的倒数；也可以将一个样本周围的密度定义为在该样本范围（距离为 d）内的样本个数。样本之间的距离越小，则密度越高。基于密度的检测适用于非均匀分布的较小数据集。

⑤ 基于聚类的检测。如果某个数据不显著属于任何一个聚类簇，那么该数据就是一个异常值。该方法根据聚类算法来检测异常值，聚类算法生成簇的质量对异常值的检测影响较大。

3. 异常值的处理方法

检测到异常值以后，需要根据具体的应用需求对其进行处理。一般异常值的处理包括以下几种方法。

（1）不处理

如果后续的数据处理算法对异常值不敏感，则可以不处理，直接在有异常值的数据集上进行分析、挖掘和学习。但如果算法对异常值比较敏感，则需要处理。

（2）删除异常值

根据实际情况考虑是否可以直接删除异常值。如果异常值数量较少，可以直接删除。

（3）视为缺失值

按照处理缺失值的方法来处理异常值，用均值、中位数等代替异常值。这种方法实现简单，而且替代后的数据集信息损失较小。

7.2.4 重复值处理

在数据集中，重复值是指具有相同属性值的记录。我们可以通过判断记录的每一项属性值是否相等，来检测记录是否重复。在检测时，先用排序的方法将数据集中的记录按一定的规则排列好；然后通过比较相邻记录是否相等，来检测记录是否重复。

使用 pandas 的 DataFrame.duplicated(self, subset=None, keep='first')函数，可以找出数据集中重复的记录（行），其中 subset 是需要检测的列或列序列（即多个列），默认为检测所有列；keep 用来确定删除重复值后保留哪一行，keep='first'表示保留第一行，keep='last'表示保留最后一行，keep='False'表示删除所有重复值。下面给出用 duplicated( )函数找出数据集中重复记录的代码：

```
import pandas as pd

file = r'..\..\DataSet\Cleansing\name_list_duplication.xlsx'
data = pd.read_excel(file)
print(data)
print(data.duplicated())
```

数据集的重复值如表 7-7 所示（我们将两个 print 语句的结果放在了一张表中）。

表 7-7 数据集的重复值

	学号	姓名	年龄	性别	身高		keep
0	2000330403010	张三	18	男	171	0	False
1	**2000330403011**	**李四**	**20**	**男**	**167**	**1**	**False**
2	2000330403013	王梅	18	女	180	2	False
3	2000330403014	黄六	18	男	170	3	False
4	2000330403015	古兰	19	女	165	4	False
5	2000330403017	赵七	16	男	150	5	False
6	2000330403020	周婷	18	女	164	6	False
7	2000330403021	王梅	19	男	186	7	False
8	2000330403010	张三	18	男	175	8	False
9	**2000330403011**	**李四**	**20**	**男**	**167**	**9**	**True**
10	2000330403024	武十	22	男	177	10	False
11	2000330403025	王梅	20	女	179	11	False
12	2000330403026	王五	17	男	169	12	False

续表

	学号	姓名	年龄	性别	身高		keep
13	2000330403027	赵七	24	男	172	13	False
14	2000330403028	张三	22	男	168	14	False
15	**2000330403011**	李四	**20**	男	**167**	**15**	**True**
16	2000330403031	李敏	20	女	163	16	False
17	2000330403034	黄六	18	男	173	17	False
18	2000330403037	周婷	20	女	178	18	False
						dtype: bool	

从表 7-7 中可以看出，当两条记录的所有列都相等时，duplicated( )函数才会判断为重复值。duplicated( )函数返回的结果是布尔类型的，对于没有重复的行，显示为 False；对于有重复的行，第一次出现的那一行显示为 False，其余的行显示为 True。

如果要删除重复值，可以使用 drop_duplicates( )函数。drop_duplicates( )函数的判断方法与 duplicated( )函数一样，即判断记录的所有列是否相等，如果相等就删除。在调用 drop_duplicates( )函数以后，将返回一个只包含唯一值的数据表，代码如下：

```
# 判断“姓名”列是否有重复行，重复的显示为 True
data.duplicated('姓名')
# 重复数据只保留第一次出现的行数据
df_drop = data.drop_duplicates('姓名', keep='first')
df_drop
```

删除重复值的结果如表 7-8 所示。

表 7-8　删除重复值的结果

	学号	姓名	年龄	性别	身高
0	2000330403010	张三	18	男	171
1	2000330403011	李四	20	男	167
2	2000330403013	王梅	18	女	180
3	2000330403014	黄六	18	男	170
4	2000330403015	古兰	19	女	165
5	2000330403017	赵七	16	男	150
6	2000330403020	周婷	18	女	164
10	2000330403024	武十	22	男	177
12	2000330403026	王五	17	男	169
16	2000330403031	李敏	20	女	163

从表 7-8 中可以看出，drop_duplicates( )函数返回的结果 df_drop 比原始数据少了 9 行；而且通过观察可以发现，使用 first 模式时，drop_duplicates( )函数删除的都是从第二次开始出现的重复值。

在默认情况下，duplicated( )函数判断记录的所有列是否相等，我们也可以指定某一列（比如“姓名”列），来判断是否有重复值。如果只根据“姓名”列是否重复进行删除，可能会误删重名的人的信息。因此，可添加更多的判断条件，比如用姓名、年龄和性别 3 个条件来判断记录是否重复，可使误删信息的概率大大地减小。下面给出指定多列进行重复值删除的代码：

```
# 通过“姓名”“年龄”“性别”3 列判断是否有重复值
data.duplicated(['姓名','年龄','性别'])
# 去掉重复值
df_drop = data.drop_duplicates(['姓名','年龄','性别'])
print(df_drop)
```

7.3 时间序列分析

时间序列是某一个或某一组变量在一系列时刻的观察值。它们形成数值序列，并组成序列集合。比如在一段时间内观察股票，可以得到一个价格序列。时间序列分析是指利用曲线拟合、参数估计等方法对观察到的时间序列数据进行分析，建立时间序列模型，研究变量随时间的变化规律，并对其进行预测的理论和方法。时间序列分析广泛应用于市场经济分析、股票预测、收入支出预测、气象预测、视频分析、灾害预报等各个领域。

时间序列分析主要包括 4 个步骤。

① 采集被观测系统的时间序列数据，并对数据进行预处理和清洗。

② 通过绘制时间序列图，观测时间序列数据是否为平稳时间序列。如果是非平稳时间序列，则需要对时间序列数据进行变换，转化为平稳时间序列。

③ 根据平稳时间序列的特点，选择时间序列模型，并计算平稳时间序列的自相关系数和偏自相关系数等参数；通过分析自相关图和偏自相关图，确定时间序列模型的阶层（p）和阶数（q）。

④ 根据选取的时间序列模型对时间序列数据进行拟合，确定模型参数，并用测试数据对模型进行检验。

pandas 包含用于处理所有域的时间序列数据的广泛的功能和特性。在使用 NumPy datetime64 和 timedelta64 的类型时，pandas 整合了其他 Python 库（如 scikits.timeseries）的大量功能，并创建了大量用于处理时间序列数据的新功能。例如，pandas 支持以各种来源和格式解析时间序列数据、生成固定频率日期和时间跨度的序列、重新采样或将时间序列转换为特定频率、以绝对或相对时间增量执行日期和时间运算等。并且，pandas 提供了一套相对紧凑且独立的工具，用于执行上述任务。

pandas 中包含 4 个与时间相关的概念，如下。

① 日期时间（date times）：具有时区支持的特定日期和时间，类似于 datetime.datetime 标准库。

② 时间增量（time deltas）：绝对持续时间，类似于 datetime.timedelta 标准库。

③ 时间跨度（time spans）：由时间点及其相关频率定义。

④ 日期偏移（date offsets）：日历运算方面的相对持续时间，类似于 dateutil 库中的 dateutil.relativedelta.relativedelta。

pandas 时间相关概念如表 7-9 所示。

表 7-9　pandas 时间相关概念

概念	标量类	数组类	pandas 数据类型	主要方法
日期时间	Timestamp	DatetimeIndex	datetime64[ns]或 datetime64[ns, tz]	to_datetime()或 date_range()
时间增量	Timedelta	TimedeltaIndex	timedelta64[ns]	to_timedelta()或 timedelta_range()
时间跨度	Period	PeriodIndex	period[freq]	Period()或 period_range()
日期偏移	DateOffset	None	None	DateOffset()

时间序列数据通常在 Series 或 DataFrame 的多个索引中表示时间分量，且可以相对于时间元素执行操作。示例代码如下：

```
# 输入
pd.Series(range(3), index=pd.date_range('2000', freq='D', periods=3))
# 输出
2019-01-01    0
2019-01-02    1
2019-01-03    2
Freq: D, dtype: int64
```

但是，Series 和 DataFrame 也可以直接将时间组件作为数据本身，代码如下：

```
# 输入
pd.Series(pd.date_range('2000', freq='D', periods=3))
# 输出
0   2019-01-01
1   2019-01-02
2   2019-01-03
dtype: datetime64[ns]
```

Series 和 DataFrame 扩展的数据类型有 datetime、timedelta 以及传递给构造函数的 period 数据类型，DateOffset 数据类型的数据则被存储为对象数据。示例代码如下：

```
# 输入
pd.Series(pd.period_range('1/1/2019', freq='M', periods=3))
# 输出
0    2019-01
1    2019-02
2    2019-03
dtype: period[M]
```

或者是如下示例：

```
# 输入
pd.Series([pd.DateOffset(1), pd.DateOffset(2)])
# 输出
0         <DateOffset>
1      <2 * DateOffsets>
```

```
dtype: object

# 输入
pd.Series(pd.date_range('1/1/2019', freq='M', periods=3))
# 输出
0   2019-01-31
1   2019-02-28
2   2019-03-31
dtype: datetime64[ns]
```

最后，pandas 在表示空日期时间时，将时间增量和时间跨度记为 NaT，这对于表示缺失或空日期的值非常有用，类似于 np.nan 对浮点数据的作用。示例代码如下：

```
# 输入
pd.Timestamp(pd.NaT)
# 输出
NaT
# 输入
pd.Timedelta(pd.NaT)
# 输出
NaT
# 输入
pd.Period(pd.NaT)
# 输出
NaT
# 输入  # Equality acts as np.nan would
pd.NaT == pd.NaT
# 输出
False
```

对比时间戳与时间跨度，时间戳数据是最基本的时间序列数据类型的关联值和时间点。对于 pandas 对象，它意味着使用时间点对象。时间戳数据的示例代码如下：

```
# 输入
pd.Timestamp(datetime.datetime(2019, 6, 1))
# 输出
Timestamp('2019-06-01 00:00:00')
```

或者是如下示例：

```
# 输入
pd.Timestamp('2019-06-01')
# 输出
Timestamp('2019-06-01 00:00:00')
```

或者如下：

```
# 输入
pd.Timestamp(2019, 6, 1)
```

```
# 输出
Timestamp('2019-06-01 00:00:00')
```

但是，在许多情况下，将事物与时间跨度相关联更为自然。时间跨度表示的范围可以显式指定，也可以从 datetime 字符串格式推断。示例代码如下：

```
# 输入
pd.Period('2019-01')
# 输出
Period('2019-01', 'M')
```

或者是如下示例：

```
# 输入
pd.Period('2019-06', freq='D')
# 输出
Period('2019-06-01', 'D')
```

日期时间和时间跨度可以被看作索引。日期时间和时间跨度列表分别被自动强制转换为 DatetimeIndex 和 PeriodIndex。转换为 DatetimeIndex 的示例代码如下：

```
# 输入
dates = [pd.Timestamp('2019-05-01'),
         pd.Timestamp('2019-05-02'),
         pd.Timestamp('2019-05-03')]
ts = pd.Series(np.random.randn(3), dates)
type(ts.index)
# 输出
<class 'pandas.core.indexes.datetimes.DatetimeIndex'>
```

紧接着输出 ts.index 和 ts 可以看到如下示例结果：

```
# 输入
ts.index
# 输出
DatetimeIndex(['2019-06-01', '2019-06-02', '2019-06-03'], dtype='datetime64[ns]',
freq=None)
# 输入
ts
# 输出
2019-06-01   -3.207391
2019-06-02    0.385149
2019-06-03   -1.016929
dtype: float64
```

转换为 PeriodIndex 的示例代码如下：

```
# 输入
periods = [pd.Period('2019-01'), pd.Period('2019-02'), pd.Period('2019-03')]
ts = pd.Series(np.random.randn(3), periods)
type(ts.index)
# 输出
<class 'pandas.core.indexes.period.PeriodIndex'>
```

紧接着输出 ts.index 和 ts 可以看到如下示例结果：

```
# 输入
ts.index
# 输出
PeriodIndex(['2019-01', '2019-02', '2019-03'], dtype='period[M]', freq='M')
# 输入
ts
# 输出
2019-01    0.425634
2019-02   -0.778421
2019-03   -0.674825
Freq: M, dtype: float64
```

pandas 允许在两个内容之间进行转换。pandas 使用 Timestamp 实例以及时间戳序列 DatetimeIndex 实例来表示时间戳的内容。对于常规时间跨度来说，pandas 使用 Period 对象作为标量值，使用 PeriodIndex 作为跨度序列。

对于类似日期的对象或类似列表的对象，例如字符串、纪元或其他内容，在 pandas 中可以使用 to_datetime( )函数。当传递 a 这个 Series 时，会返回一个具有相同索引的 Series，而 a 的类似列表的转换为 a DatetimeIndex。示例代码如下：

```
# 输入
pd.to_datetime(pd.Series(['Jul 31, 2018', '2019-01-20', None]))
# 输出
0   2018-07-31
1   2019-01-20
2          NaT
dtype: datetime64[ns]
```

或者是如下示例：

```
# 输入
pd.to_datetime(['2018/11/23', '2019.12.30'])
# 输出
DatetimeIndex(['2018-11-23', '2019-12-30'], dtype='datetime64[ns]', freq=None)
```

如果想使用以日为首的日期，可以通过 dayfirst( )表示，示例代码如下：

```
# 输入
pd.to_datetime(['06-01-2019 10:00'], dayfirst=True)
# 输出
DatetimeIndex(['2019-01-06 10:00:00'], dtype='datetime64[ns]', freq=None)
```

或者是如下示例代码：

```
# 输入
pd.to_datetime(['14-01-2019', '01-14-2019'], dayfirst=True)
# 输出
DatetimeIndex(['2019-01-14', '2019-01-14'], dtype='datetime64[ns]', freq=None)
```

而如果使用 to_datetime( )传递单个字符串，则返回单个字符串 Timestamp。Timestamp 也可以接收字符串输入，但是它不接收像 dayfirst 或 format 这样的字符串解析选项。示例代码如下：

```
# 输入
pd.to_datetime('2019/10/10')
# 输出
Timestamp('2019-10-10 00:00:00')
```

当然，也可以使用 DatetimeIndex 直接创建构造函数，示例代码如下：

```
# 输入
pd.DatetimeIndex(['2018-01-01', '2018-01-03', '2018-01-05'])
# 输出
DatetimeIndex(['2018-01-01', '2018-01-03', '2018-01-05'], dtype='datetime64[ns]',
freq=None)
```

可以传递字符串“infer”，以便在创建构造函数时将索引的频率设置为推断频率，示例代码如下：

```
# 输入
pd.DatetimeIndex(['2018-01-01', '2018-01-03', '2018-01-05'], freq='infer')
# 输出
DatetimeIndex(['2018-01-01', '2018-01-03', '2018-01-05'], dtype='datetime64[ns]',
freq='2D')
```

在 pandas 库中，我们还可以学到更多的内容，具体可以参照 padans 库的官方介绍进行相应的学习。

AirPassengers 数据集给出了 1949—1960 年每月的航空乘客人数。数据集包括两列，即“Month”和“#Passengers”，分别表示月份和每个月的乘客人数。利用这些时间序列数据构造时间序列模型，可以预测未来的乘客人数。下面载入 AirPassengers 数据集，代码如下：

```
import pandas as pd
import numpy as np

file = r'..\..\DataSet\TimeSeries\AirPassengers.csv'

# 将日期的数据类型从字符串类型转换为时间类型
datetime_parse = lambda dates: pd.datetime.strptime(dates, '%Y-%m')

airpgers = pd.read_csv(file, parse_dates=['Month'],
                       index_col='Month', date_parser=datetime_parse)
airpgers.head()
```

AirPassengers 数据集（部分）如表 7-10 所示。

表 7-10　AirPassengers 数据集（部分）

Month	#Passengers
1949-01-01	112
1949-02-01	118
1949-03-01	132
1949-04-01	129
1949-05-01	121

首先，我们调用 read_csv( )函数将.csv 文件格式的 AirPassengers 数据集读入变量 airpgers。其中，parse_dates 表示选择数据中的哪一列作为时间信息；index_col 表示用哪一列作为索引；date_parser 是一个函数，它通过 lambda 表达式将“Month”列的字符串转换为一个 datetime 变量。

airpgers 是 DataFrame 类型的，我们可以将 airpgers 的“#Passengers”列数据转换为 Series 类型的，然后以字符串或日期作为索引，提取乘客人数信息，代码如下：

```
# 转换为时间序列
airpgers_ts = airpgers['#Passengers']
airpgers_ts.head(10)

# 用字符串作为索引
print(f"1949-06-01: {airpgers_ts['1949-06-01']}")

# 用日期作为索引
from datetime import datetime
print(f'1949-01-01: {airpgers_ts[datetime(1949, 1, 1)]}')

# 指定日期范围
print(airpgers_ts['1949-01-01':'1949-10-01'])
print(airpgers_ts[:'1949-08-01'])

print(f'读入类型: {type(airpgers)}')
print(f'转换类型: {type(airpgers_ts)}')
```

接下来，我们绘制 AirPassengers 数据集的时间序列图，通过它我们可以对乘客人数的变化有一个直观的了解。

```
import matplotlib.pyplot as plt

plt.rcParams['figure.dpi'] = 300
# 绘制时间序列图
airpgers.plot()
plt.show()
```

AirPassengers 数据集时间序列图如图 7-14 所示。

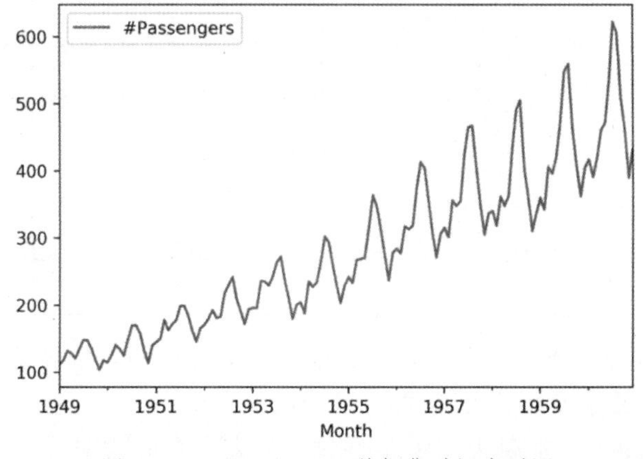

图 7-14　AirPassengers 数据集时间序列图

从图 7-14 中可以看出，随着时间的变化，乘客人数有明显的增长，同时在增长的过程中也存在着波动。总体上每隔一段时间，乘客人数的均值都会随时间增加，呈现出上升的趋势。在时间序列分析中，这一类型的时间序列数据称为非平稳序列（non-stationary series）。非平稳序列是指包含趋势、季节性或周期性特征的时间序列，它可能只包含其中一种特征，也可能包含几种特征。而平稳序列（stationary series）是指数据的均值和方差等特性不随时间而变化，且基本上没有周期性和趋势特征的时间序列。这类序列中的数据随着时间的增加，基本上在某一固定的水平上波动，并且在不同的时间段波动的程度不同，不存在某种规律，即波动可以看作具有随机性。

7.4 本章小结

在数据分析之前，首先要读取各种类型的文件，然后对数据进行处理。各种 Python 库提供了数据存取、对象序列化和反序列化函数。另外，Python 内置了嵌入式数据库 SQLite，并且定义了操作数据库的 API。在数据集中，通常存在缺失值、重复值和异常值等问题，通过数据清洗可以保证数据的精确性、完整性、一致性、有效性和唯一性。

时间序列数据是生活中常见的一种数据类型，比如一年的气温数据、商品的销售数据、房屋的价格等。时间序列数据反映了某个变量值随着时间推移的变化关系。时间序列分析首先检测时间序列数据的平稳性，然后通过消除趋势特征和季节性特征使数据平稳，接着对时间序列数据进行建模，最后对模型的准确性进行评估。

7.5 习题

1. 什么是 pickling 和 unpickling?
2. 如何对查询命令进行优化?
3. 表 7-11 所示的成绩数据集中存在各种“脏数据”，如何进行数据清洗？编程实现数据清洗操作。

表 7-11　成绩数据集

姓名	离散数学	Python 语言	移动开发技术
张三	66	77	84
李四	850		60
王五	90	66	-60
赵钱	85	77	
孙二		87	77
孙二		87	77

4. 通过绘图找出鸢尾花数据集中的异常值，并简要说明判别异常值的方法。
5. 简述 NoSQL 数据库和关系数据库的区别。
6. 编写 Python 程序，实现从 SQLite 数据库的表中查询数据。

7. 编写 Python 程序，计算 TXT 文件的行数。

8. 使用 pandas 读取.csv 文件，并对数据表中的各项进行分类和统计。

9. 选取 seaborn 库中的数据集，编程绘制直方图和散点图。

10. 商家在某些节假日会重点销售指定的商品，以求取得更高的销售额（即卖出更多的商品）。商家的销售系统中记录了大量与时间相关的销售数据，如何对这些数据进行时间序列分析，找出热销商品？

第8章 数据可视化

可视化是进行探索性数据分析、演示的关键，也是应用程序中的关键组件。在进行探索性数据分析期间，需要快速绘图以帮助我们更好地理解数据。良好的数据可视化能改善用户提取信息的体验。有效可视化的主要原则是能够突出想要表现的主要问题、精确呈现数据和能够清晰传达信息的可视化结果。

本章的重点是数据可视化相关知识的介绍，包括常用的绘图工具和统计绘图方法（包括线图、直方图、条形图的绘制）。本章的难点是利用 Matplotlib 和 NetworkX 相结合的方法来实现网络的可视化（尤其是针对复杂网络），以及使用 Bokeh 等可视化库来实现交互式数据的可视化。通过对本章进行深入学习，读者可以为第 9 章的应用案例分析打下良好的基础。

8.1 绘图工具

在 Python 中，有多种有关数据可视化的绘图工具，弄清楚何时以及如何使用它们是非常具有挑战性的。本节将介绍一些比较流行的绘图工具，并在之后详细说明如何使用这些工具来绘制图形。

Python 中的主要数据可视化库是 Matplotlib，它是一个在 21 世纪初开始的项目，是为了模仿 MATLAB 中的绘图功能而创建的。Matplotlib 能够让用户绘制他们所能想象到的大多数图形，它为用户提供了从各个方面绘制图形的功能。但是，由于它功能太过于强大和复杂，对于初学者来说，并不是非常友好和适用。

读者可以考虑使用 pandas 工具库较为轻松地将数据绘制成可视化图形，通常只需要调用 plot( )方法即可绘制大部分想要的图形。pandas 可在内部调用一些 Matplotlib 中的函数来绘制图形，但它在此基础上添加了自己风格的相关图形，得到的图形效果比 Matplotlib 默认的设置会更好一些。

seaborn 也是一个可视化库，它在内部调用 Matplotlib 中的函数，不进行任何实际的绘图。使用 seaborn 可以非常容易地绘制美丽的图形，并允许绘制许多新类型图形，但这些图形不是直接从 Matplotlib 或 pandas 中获得的。seaborn 适用于整齐（长）数据，而 pandas 则适用于聚合（宽）数据。seaborn 还在其绘图功能中接收 pandas 的 DataFrame 数据对象。虽然其可以在不直接运行任何 Matplotlib 代码的情况下绘图，但有时也需要使用 Matplotlib 来手动调整图形，以得到更加精细的绘图细节。

Python 中的数据可视化不一定必须依赖于 Matplotlib。Bokeh 正迅速成为一个非常受欢迎的、面向网络的交互式可视化库，其完全独立于 Matplotlib，并且能够生成整个应用程序。

接下来对提到的这几个绘图工具进行更具体的介绍。

8.1.1 Matplotlib

Matplotlib 是一种非常流行的 2D 绘图库，最初是由约翰·亨特（John Hunter）创建的。该项目由约翰·亨特于 2002 年启动，其目的是为 Python 构建一个 MATLAB 式的绘图接口。它可以支持跨系统的交互，在 Python 脚本、IPython 等交互环境下以及 Web 应用程序中都可以使用。如果结合使用一种 GUI 工具包（如 IPython），Matplotlib 还能提供诸如缩放和平移等交互的功能。它不仅支持各种操作系统上各种不同的 GUI 后端，而且能将图片导出为各类常见的矢量图和位图，如 PDF、SVG、JPG、PNG、BMP、GIF 等。

Matplotlib 还可以用于绘制图形和可视化其他二维数据。虽然还有许多其他的 Python 可视化库，但总体来说，Matplotlib 的应用是最广泛的，并且它还可以和其他工具配合使用，进行较好的绘图。熟悉它的用户，可以将它作为默认的可视化工具。

Matplotlib 的功能非常强大，也是 pandas 和 seaborn 的基础。相对于 Matplotlib 来说，pandas 和 seaborn 都是基于 Matplotlib 的，但使用起来相对没有那么复杂，用户可以更为轻松地对数据进行可视化。

Python 为 Matplotlib 提供了一个方便的接口，用户可以通过 pyplot 对 Matplotlib 进行操作。在大部分情况下，pyplot 的命令与 MATLAB 的有些相似。

8.1.2 pandas

pandas 是一个开源的、BSD（Berkeley Software Discribtion，伯克利软件套件）许可的库，可以为 Python 提供高性能、易于使用的数据结构和数据分析工具。它能够使数据清洗和分析工作以及后续的数据可视化操作变得更快捷和简单。pandas 也经常和其他工具一起使用、协同工作，如数值计算工具 NumPy 和 SciPy，分析库 statsmodels 和 scikit-learn，以及数据可视化库 Matplotlib 等。pandas 是基于 NumPy 数组构建的，虽然 pandas 采用了大量的 NumPy 编码风格，但二者最大的不同是 pandas 是专门为处理表格和混杂数据而设计的，而 NumPy 则更适合处理统一的数值数组数据。使用 pandas，用户可以更加轻松地使数据可视化。

8.1.3 seaborn

seaborn 是由斯坦福大学提供的一个 Python 库。seaborn 是基于 Matplotlib 的图形可视化 Python 库，它提供了一种高度交互的界面，便于用户绘制出各种具有吸引力的统计图形。

seaborn 在 Matplotlib 的基础上进行了更高级的 API 封装，从而使绘图更加容易，在大多数情况下使用 seaborn 能绘制出很有吸引力的图形。在学习过程中，可以把 seaborn 视为 Matplotlib 的补充，而不是完全的替代物。同时 seaborn 能高度兼容 NumPy 与 pandas 数据结构以及 SciPy 与 statsmodels 等统计模式。

正如我们所知道的，seaborn 是比 Matplotlib 更高级的免费库，它以数据可视化为目标。如 Michael Waskom 所说，Matplotlib 试着让简单的事情更加简单，让困难的事情变得可能，那么 seaborn 就是让困难的事情变得更加简单。

8.1.4 Bokeh

Bokeh 也是一个交互式可视化库，它主要以 Web 浏览器为目标进行相关演示。它的目标是提供优雅、简洁的多功能图形构造功能，并通过流数据集的高性能交互来扩展此功能。

Bokeh 可以帮助用户快速、轻松地创建交互式图形和数据应用程序。

与 Matplotlib 一样，Bokeh 在各种抽象层次上也都有一些 API。如有一个字形 API，非常类似于 Matplotlib 的 Artists API。它还推出了一个 Charts API，可以根据字典或 DataFrame 等数据结构生成预制的图形。

除了以上的可视化绘图工具，还有其他一些交互式的可视化绘图工具，如 ggplot、Lightning、Plotly、pandas built-in plotting、HoloViews、VisPy、pygg、pygal 等，这里不做过多的介绍。读者如果想要更深入地了解，可以自行选择其他图书进行阅读。

8.2 统计绘图

可将数据统计结果绘制成图形进行直观展示，如绘制散点图、线图、条形图、直方图等。几乎所有的绘图工具库都可以很好地覆盖这些图形。本节主要介绍一些统计图的绘制方法，如线图、饼图、条形图、直方图等。下面以 Matplotlib 为主进行图形的绘制。

8.2.1 安装 Matplotlib

Matplotlib 在绘制图形方面非常出色，它主要提供了两种方法来绘制图形：状态接口和面向对象接口。状态接口是通过 pyplot 模块实现的，Matplotlib 会追踪绘图环境的当前状态。这种方法适合快速绘制一些简单图形，但是对于绘制多个图形或多轴的图形会显得不够方便。面向对象接口方法更易懂，修改的是哪个对象非常清晰，而且代码更类似于 Python 风格，与 pandas 的交互方式更加相似。

安装 Matplotlib 库时有以下几种安装选项。

如果选择使用 Anaconda 或 Enthought Canopy 等软件包分发，安装 Matplotlib 非常简单。可以直接运行以下命令：

```
conda install Matplotlib
```

如果直接在终端安装此程序包，输入终端的命令因操作系统的不同而有所不同。

在 Debian-Ubuntu Linux 操作系统上，运行以下命令进行安装：

```
sudo apt-get install python-Matplotlib
```

在 Fedora-Redhat Linux 操作系统上，运行以下命令进行安装：

```
sudo yum install python-Matplotlib
```

在 macOS 操作系统上，需要使用 pip，运行以下命令进行安装：

```
pip install Matplotlib
```

而在 Windows 操作系统上可以下载相应的安装包进行安装。

8.2.2 简单绘制

在使用 Matplotlib 进行数据可视化操作之前，需要导入 Matplotlib 库。通常使用 pyplot 模块进行统计图的绘制。导入命令如下：

```
import matplotlib.pyplot as plt #约定 Matplotlib 导入后的重命名写法为 plt
```

在 Python 中，构造函数通常不是必需的，一切都已经隐含地定义了。实际上，当导入库后，具有其所有图形功能的 plt 对象已经实例化并可以使用，只需使用 plot( )函数传递要绘制的值即可。

因此，可以简单地将要表示的值作为整数序列传递，代码示例如下：

```
import matplotlib.pyplot as plt
plt.plot([1,2,3,4])
plt.show()
```

如图 8-1 所示，代码运行后生成了一个二维线图对象，该对象是一条直线。用 plt.show( )可以将绘制的图形展示在屏幕中的绘图窗口。

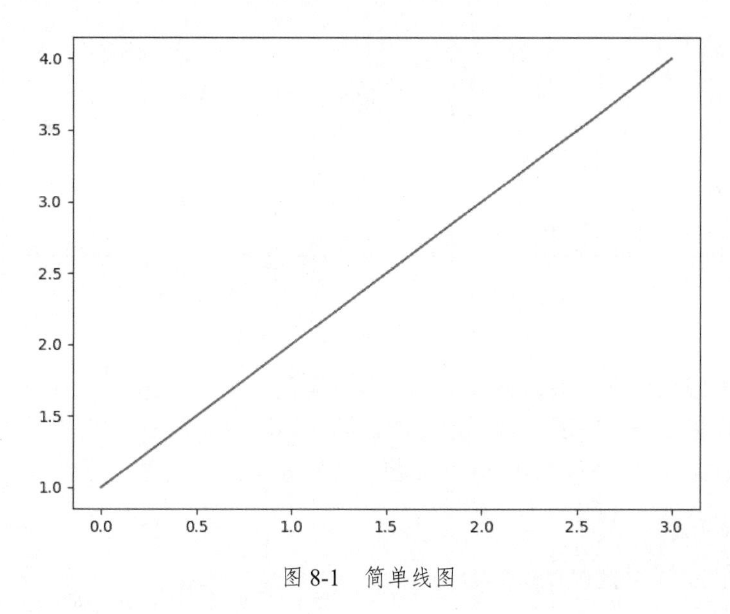

图 8-1 简单线图

可以发现，在上面这个简单示例中，直接使用的默认坐标轴的值，没有对它的大小和范围进行相关的定义，而且也没有标签和相关标题等内容。所以，可以通过添加更多图形元素来增加图形的信息，使它成为一个更加真实的图。

下面定义 x 轴与 y 轴的范围，并添加对应的 y 轴数据，每对值(x, y)用圆点（红点）表示，绘制出一个稍微复杂的点图。代码示例如下：

```
plt.axis([0,5,0,20])
plt.plot([1,2,3,4],[1,4,9,16],'ro')
plt.show()
```

代码运行后生成了一个简单点图，如图 8-2 所示。

从该代码的输出结果可以看出，x 轴的范围为 0 ~ 5，y 轴的范围为 0 ~ 20；绘制点的横坐标分别为 1、2、3、4，纵坐标分别为 1、4、9、16。

8.2.3 添加图形元素

1．添加标题

为了使图形更具信息性，很多时候使用线或标记来表示数据，然而使用两个轴表示值的范围是不够的。实际上，还可以考虑为只含坐标轴与数据的图形添加更多元素，使其看起来信息更加丰富。可以将图形标题作为文本标签添加到图形中。

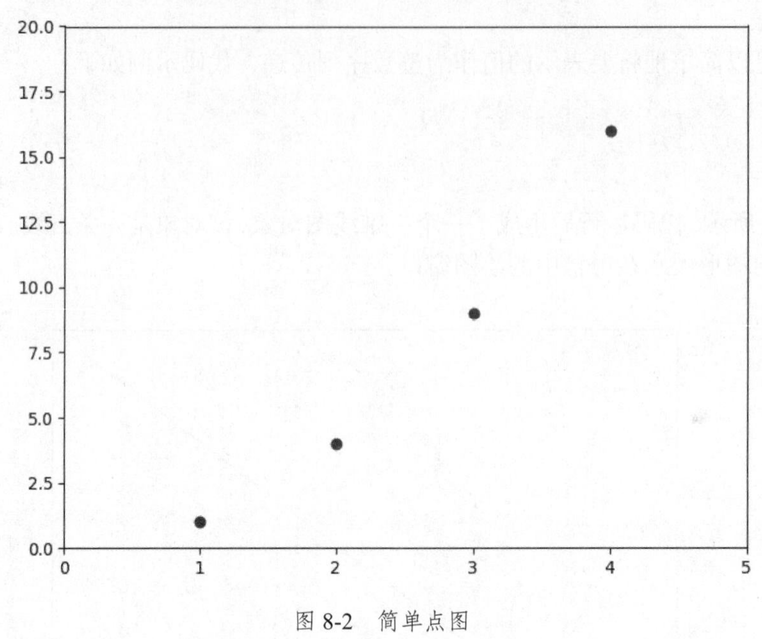

图 8-2　简单点图

所以可以考虑在绘制图形的过程中为图形设置多个属性，其中一个属性可以使用 title( ) 函数来输入用户想要表示在所绘制图形上的标题，如图 8-3 所示。可以看到在图 8-2 绘制的图形基础上，添加了“My first plot”标题。代码如下：

```
plt.axis([0,5,0,20])
plt.title('My first plot')
plt.plot([1,2,3,4],[1,4,9,16],'ro')
plt.show()
```

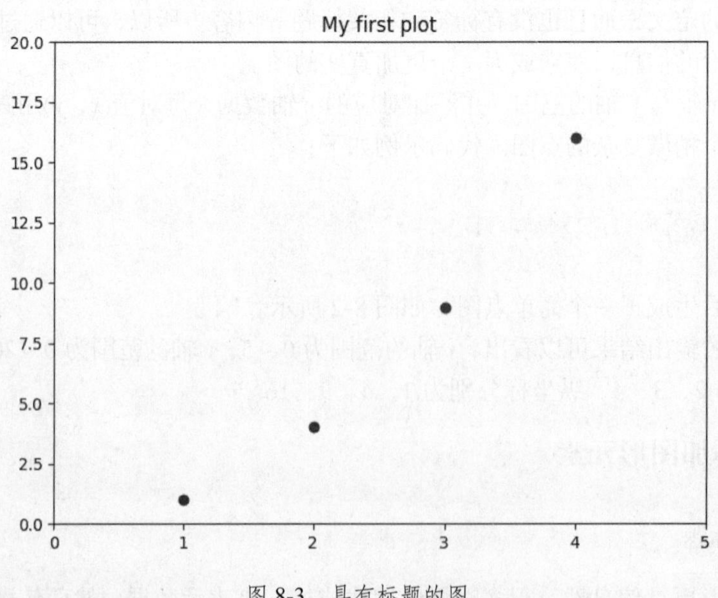

图 8-3　具有标题的图

2. 添加轴标签

图 8-3 的最上端出现了“My first plot”这样的标题字样。除了可以使用 title( )函数将标题添加到图形中以外，还可以为 *x* 和 *y* 两个轴添加轴标签。这可以通过使用两个特定函数来实现，即 xlabel( )和 ylabel( )。这些函数将字符串作为参数，也就是后面绘制图形将要显示的文本。

为图形添加轴标签的代码如下：

```
plt.axis([0,5,0,20])
plt.title('My first plot')
plt.xlabel('Counting')
plt.ylabel('values')
plt.plot([1,2,3,4],[1,4,9,16],'ro')
plt.show()
```

代码运行后，生成了一个具有标题与轴标签的图，如图 8-4 所示。

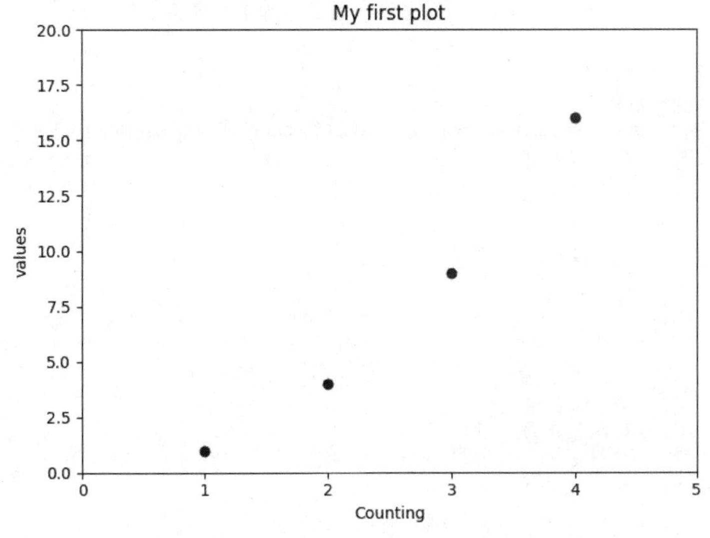

图 8-4　具有标题与轴标签的图

可以看到图 8-4 中，*x* 轴与 *y* 轴都有了对应的轴标签。对于标签，用户还可以更改其相应的文本特征。例如，可以通过更改字体和增大字号大小来修改标题，还可以修改轴标签的颜色以突出图的标题，比如将 *x* 轴和 *y* 轴标签的颜色改为灰色等。代码示例如下：

```
plt.axis([0,5,0,20])
plt.title('My first plot',fontsize=20,fontname='Times New Roman')
plt.xlabel('Counting',color='gray')
plt.ylabel('values',color='gray')
plt.plot([1,2,3,4],[1,4,9,16],'ro')
plt.show()
```

如图 8-5 所示，上述代码不仅修改了标题的字体与字号大小，还将 *x* 轴与 *y* 轴标签的颜色更改为灰色。

3. 添加图形元素

现在展示一个比较复杂的示例，这个示例中添加了非常多的图形元素，代码示例如下：

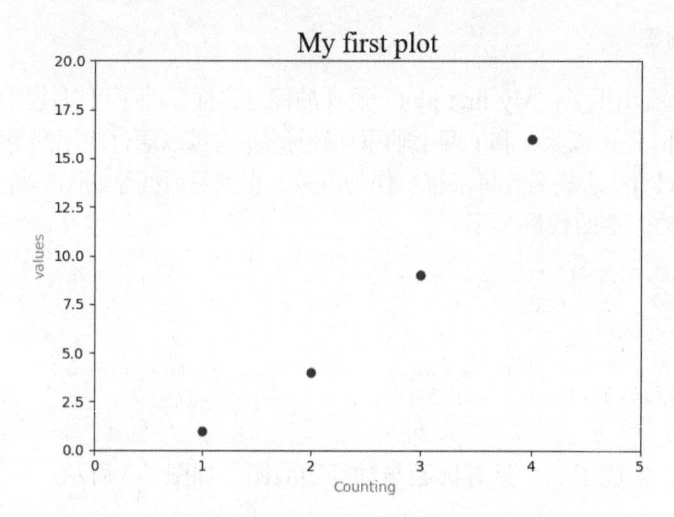

图 8-5　标题与横、纵坐标标签变换图

```
import matplotlib.pyplot as plt
plt.axis([0,5,0,20])
plt.title('My complex plot',fontsize=20,fontname='Times New Roman')
plt.xlabel('Counting',color='gray')
plt.ylabel('values',color='gray')
plt.text(1,1.5,'第1列')
plt.text(2,4.5,'第2列')
plt.text(3,9.5,'第3列')
plt.text(4,16.5,'第4列')
plt.text(1.1,12,'$y = x^2$',fontsize=20,bbox={'facecolor':'yellow','alpha':0.2})
plt.grid(True)
plt.plot([1,2,3,4],[1,4,9,16],'ro')
plt.plot([1,2,3,4],[0.8,3.5,8,15],'g^')
plt.plot([1,2,3,4],[0.5,2.5,4,12],'b*')
plt.legend(['First','Second','Third'],loc=2)
plt.show()
```

代码运行后，生成了一个较复杂的图，如图 8-6 所示。

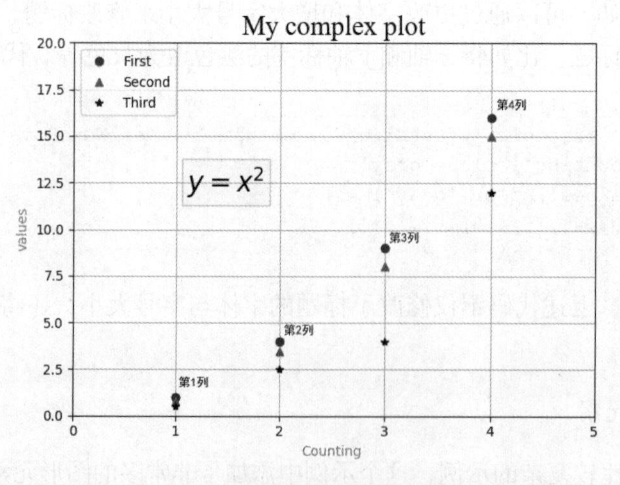

图 8-6　复杂图

如图 8-6 所示，在这个示例中，利用 text(x, y, s, fontdict = None)特定函数可以让用户将文本添加到图形中的任何位置。其中，前两个参数用于放置文本的位置坐标，s 是要添加的文本字符，fontdict（可选）是要使用的字体。还可以添加关键字。可以看到，图中每个点都有一个对应的标签。

由于 Matplotlib 还是一个旨在用于科学研究的图形库，因此要保证它必须能够充分发挥科学语言的作用，包括数学表达式。因此，在 Matplotlib 中，有集成 LaTeX 表达式的可能性，从而允许在图形中插入数学表达式。

用户还可以将网格图形元素添加到图形中，从而可以更好地解释图形上每个点占据的位置。将网格添加到图形是一个非常简单的操作，使用 grid( )函数并将 True 作为参数传递即可。

在 Matplotlib 中，pyplot 还为在图形中添加图例这种类型的对象提供了一个特定功能，即 legend( )。使用 legend( )函数可以用字符串表示用户希望显示的内容，实现为图形添加图例。默认情况下，图例会添加到右上角。但是如果需要更改其位置，可以通过添加 kwargs 来改变。在本示例中，如图 8-6 所示，设置图例的 loc 为 2，因此图例出现在图的左上角。

图例占据的位置是通过将 0 ~ 10 之间的数字指定给 loc 来设置的。这些数字中的每一个都表示图形的一个角。1 是默认值，表示右上角。loc 取值的具体说明如表 8-1 所示。

表 8-1　loc 取值的具体说明

取值	具体说明
0	beat
1	upper-right
2	upper-left
3	lower-right
4	lower-left
5	right
6	center-right
7	center-left
8	lower-center
9	upper-center
10	center

8.2.4　线图

1．绘制简单线图

在所有图表类型中，线图是最简单的，是将一系列数据点由线连接组成的。每个数据点由一对值(x，y)组成，这些值根据两个轴（x 和 y）中值的比例在图形中表示。举例来说，先绘制由数学函数生成的点，然后考虑使用一个通用的数学函数，例如 $y = \sin(4x)/x$。绘制得到的简单线图如图 8-7 所示。

绘制步骤为：首先创建一个包含要引用 x 轴 x 值的数组，为了定义增加值的序列，可使用 np.arange( )函数；由于该函数是正弦函数，因此创建从-2π 到 2π、以 0.01 为增加值的序列；然后通过 np.sin( )函数直接将该序列应用于 x 值，进而得到对应的 y 值，再调用 plot( )函数进行绘制。代码示例如下：

```
import matplotlib.pyplot as plt
import numpy as np
x = np.arange(-2*np.pi,2*np.pi,0.01)
y = np.sin(4*x)/x
plt.plot(x,y)
plt.show()
```

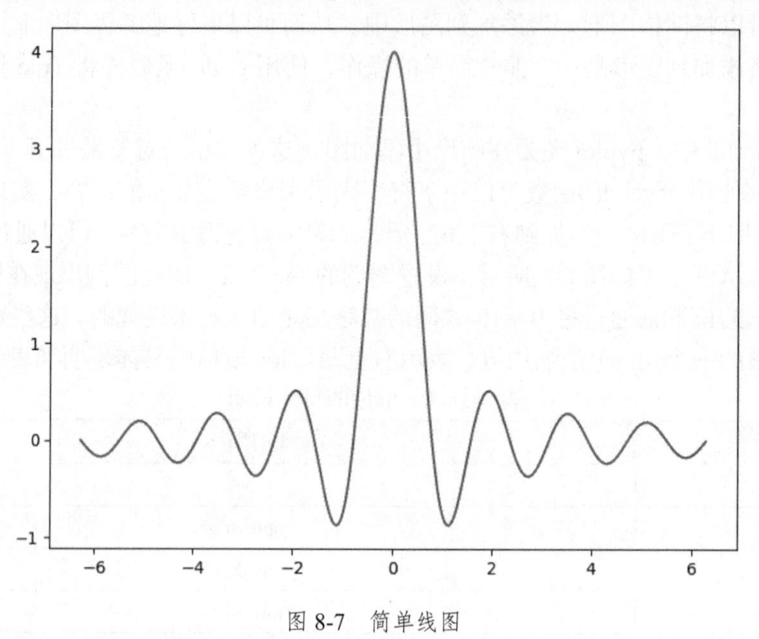

图 8-7　简单线图

2．绘制统计类型折线图

下面考虑现实生活中的具体数据，绘制一个统计类型折线图，如图 8-8 所示。绘制步骤为：先定义关于 x、y 轴的一些随机数据，从.cvs 文件中读取数据；然后使用 pandas 的 to_datetime( )函数将日期转换成标准日期格式（yyyy-mm-dd），并传入 rotation=45 将刻度标签旋转 45°，因为当 x 轴数据刻度比较密集且刻度标签较长时，将刻度标签做适当旋转是很有必要的。xlabel( )和 ylabel( )函数分别用于设置 x 轴和 y 轴的标签。代码示例如下：

```
import matplotlib.pyplot as plt
import pandas as pd
month = pd.read_csv('month.csv')
month['DATE'] = pd.to_datetime(month['DATE'])

first_twelve = month[0:12]
plt.plot(first_twelve['DATE'], first_twelve['VALUE'])
plt.xticks(rotation=45)                          #旋转 x 轴刻度标签
plt. xlabel('Month')
plt. ylabel('Unemployment Rate(%)')              #设置 y 轴标签
plt. title('Monthly Unemployment Trends, 2019') #设置标题
plt. show()
```

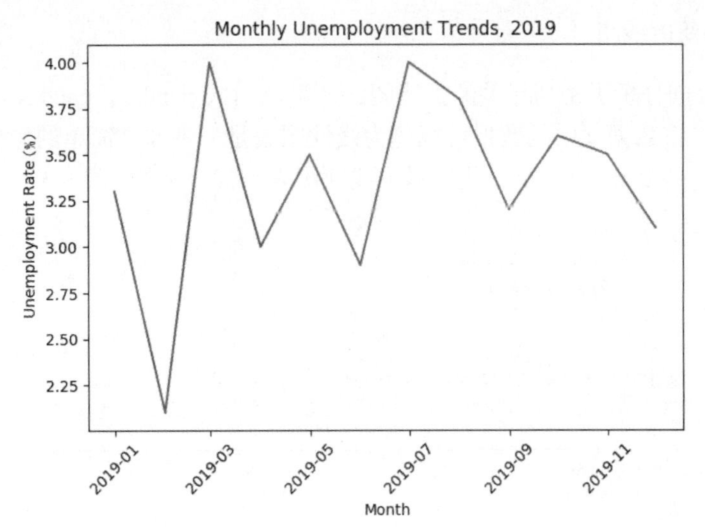

图 8-8　统计类型折线图

3. 绘制多幅子图

除了可以绘制简单的单幅图形之外，Matplotlib 还可以绘制具有多幅子图的图形，以实现多幅图形的数据比对。具有两幅子图的图如图 8-9 所示，其绘制步骤为：首先通过 plt.figure( )创建一个新的图形对象 fig，然后通过 fig.add_subplot( )添加子图。add_subplot( )函数中包含 3 个参数，前 2 个参数表示子图的分布，第 3 个参数表示子图的位置。比如 add_subplot(2, 2, 4)表示当前图形对象中共有 4 个子图（2 行 2 列），当前子图会被绘制在第 4 个部分的位置，也就是第 2 行第 2 列。需要注意的是，子图是按照先从左至右再从上至下的顺序进行排列的。

代码示例如下：

```
import numpy as np
import matplotlib. pyplot as plt
fig= plt. figure()

ax1 = fig.add_subplot(2,2,1)
ax2 = fig.add_subplot(2,2,3)

ax1.plot(np.random.randn(20).cumsum() )
ax2.plot(np. arange(20) + 3 * np.random.randn(20))
plt.show()
```

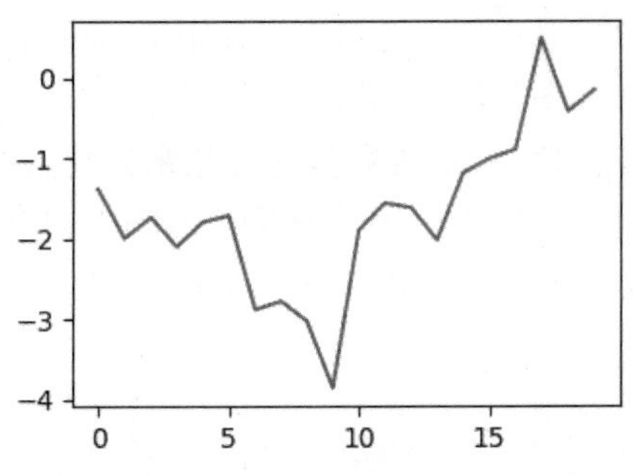

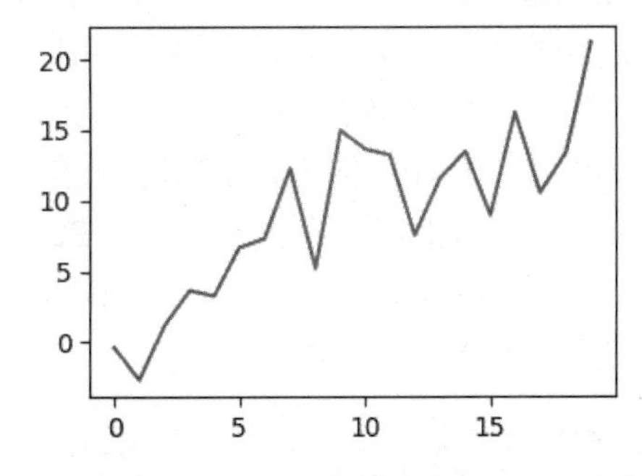

图 8-9　具有两幅子图的图

4. 绘制多条折线图

要绘制与数据分析更密切相关的折线图，还可以引入 pandas。pandas 绘制的多条折线如图 8-10 所示。将数据框中的数据可视化为线性图表是一种非常简单的操作，只需将数据作为参数传递给 plot( )函数就足以获得多重线性图表。代码示例如下：

```
import pandas as pd
data = {'series1':[1,3,4,3,5],
        'series2':[2,4,5,2,4],
        'series3':[3,2,3,1,3]}
df = pd.DataFrame(data)
df['series1'].plot(kind='pie',figsize=(6,6))
plt.show()
```

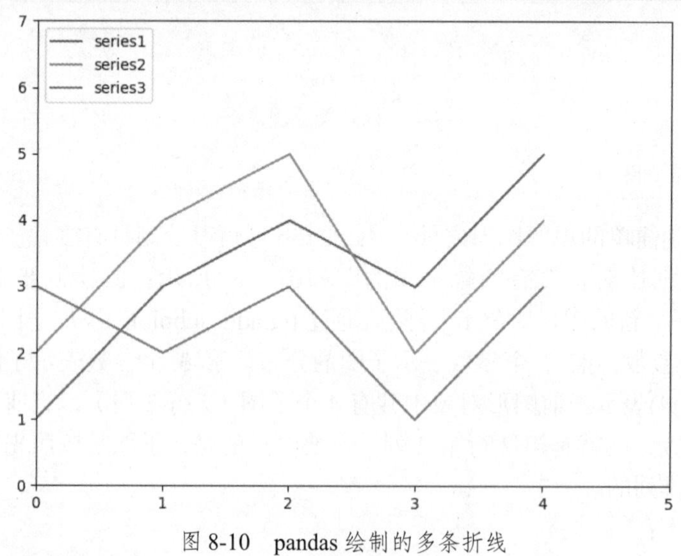

图 8-10　pandas 绘制的多条折线

8.2.5　直方图

直方图是由竖立在 x 轴上的相邻矩形组成的，也被称为质量分布图。它是一种统计报告图，由一系列高度不等的矩形表示数据分布情况。一般用 x 轴表示数据类型，用 y 轴表示分布情况。这种可视化图形通常用于关于样本分布的统计和研究。

为了绘制直方图，pyplot 提供了一个名为 hist( )的特殊函数。在 hist( )函数中绘制直方图，会返回直方图计算结果的元组。事实上，hist( )函数也可以实现直方图的计算。也就是说，提供一系列值的样本作为参数和要分割的区域的数量就足够了。它将划分样本范围，然后计算每个矩形的出现次数。操作结果除了可以以图形形式显示外，还可以以元组形式返回。

下面举一个具体例子详细说明如何绘制直方图。如图 8-11 所示，首先，使用 random.randint( )函数随机生成 0～100 的 100 个随机值，然后将其传递给 hist( )函数作为参数来创建这些值的直方图。如果不指定用户想要显示的 20 个区间，则默认值为 10 个区间，即图中包含 10 个矩形。当然，hist( )函数还可以传递 weight、cumulative、rwidth 以及 color 等参数来绘制更特别的直方图。代码示例如下：

```
import matplotlib.pyplot as plt
import numpy as np
data = np.random.randint(0,100,100)
```

```
# pop
n,bins,patches = plt.hist(data, bins=20, color='orange')
plt.show()
```

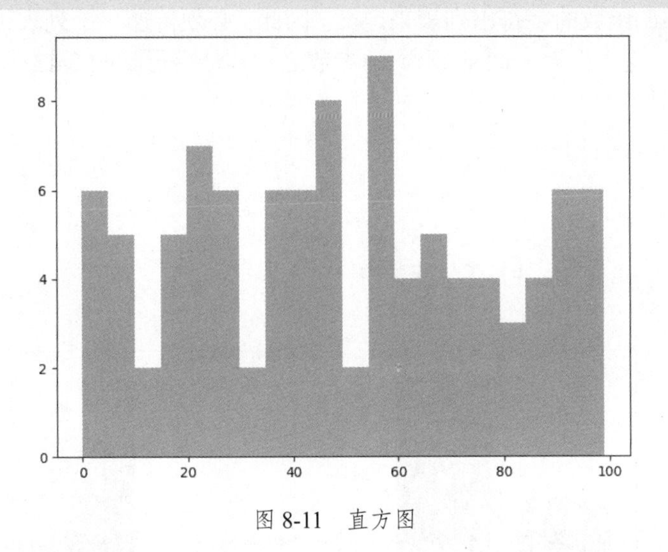

图 8-11　直方图

8.2.6　条形图

1．绘制简单条形图

另一种非常常见的统计图是条形图。它与直方图非常相似，但在条形图中，*x* 轴不用于引用数值，而用于表示类别。Matplotlib 使用 bar( )函数就可以绘制非常简单的条形图。

通过如下代码，就能够绘制一个非常简单的条形图：

```
import matplotlib.pyplot as plt
index = [0,1,2,3,4]
values = [5,7,3,4,6]
plt.bar(index,values)
plt.show()
```

代码运行后，生成的条形图如图 8-12 所示。

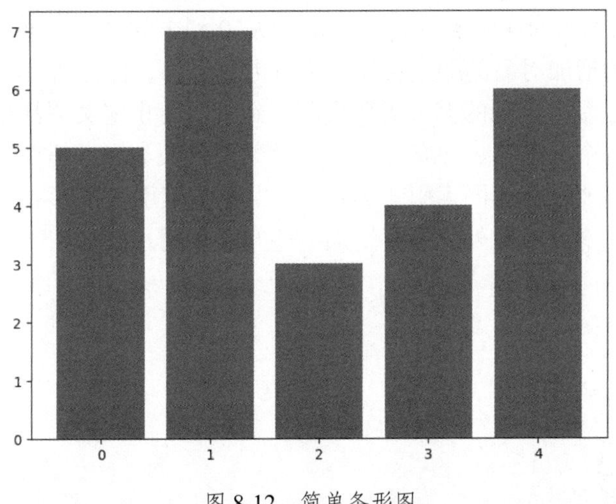

图 8-12　简单条形图

可以看到索引是在每个条形中间的 x 轴上绘制的。

实际上，因为每个条形应该对应一个类别，所以如果通过 tick 标签来指定类别会更好。它由传递给 xticks( )函数的字符串列表来定义。因此，必须传递一个列表来定义与 x 轴上的位置相对应的值。这将作为 xticks( )函数的参数之一，最后得到图 8-13 所示的条形图。

代码示例如下：

```
import numpy as np
index = np.arange(5)
values1 = [5,7,3,4,6]
plt.bar(index,values1)
plt.xticks(index,['A','B','C','D','E'])
plt.show()
```

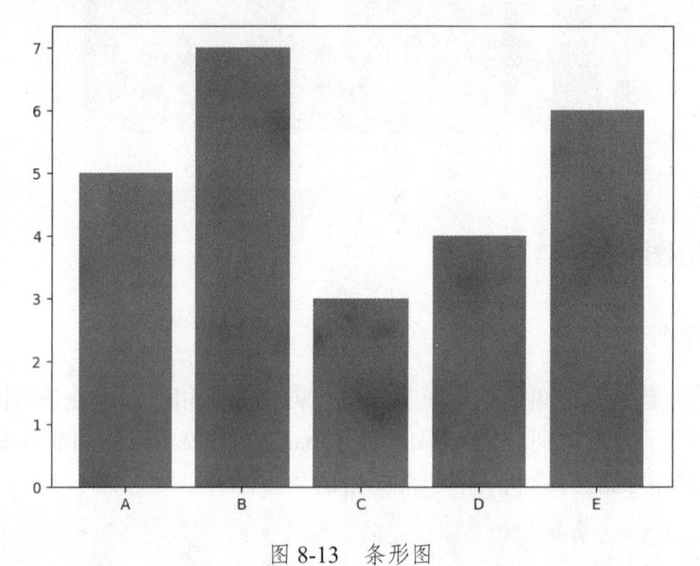

图 8-13　条形图

2. 绘制多分支条形图

还可以采取许多其他操作来进一步细化条形图，如可以通过在 bar( )函数中添加特定内容作为参数。例如，可以通过 yerr 添加条形的标准偏差值以及包含标准偏差的列表，还可以使用 alpha 表示彩色条的透明度。alpha 可以是从 0 到 1 的值，当该值为 0 时，对象是完全透明的，随着值的增加对象的颜色会逐渐变得更加显著，直到到达 1，颜色被完全表示。

还可以绘制显示多个系列的多分支条形图。到目前为止定义的都是只含一个系列的索引，每个索引对应一个分配给 x 轴的条形，这些索引代表类别。但在绘制多分支条形图的情况下，一些条形需要共享相同索引（类别）。共享该索引的条形有几个，就需要将每个索引划分为对应的几部分。此外，还要增加一些间隙空间，以将该类别与其他类别分开。代码示例如下：

```
import matplotlib.pyplot as plt
import numpy as np
index = np.arange(5)
values1 = [5,7,3,4,6]
values2 = [6,6,4,5,7]
values3 = [5,6,5,4,6]
bw = 0.3
```

```
plt.axis([0,5,0,8])
plt.title('Multiple bar chart',fontsize=20)
plt.bar(index, values1, bw, color='r')
plt.bar(index+bw, values2, bw, color='y')
plt.bar(index+2*bw, values3, bw, color='b')
plt.xticks(index+1.5*bw,['A','B','C','D','E'])
plt.show()
```

代码运行后，生成的多分支条形图如图 8-14 所示。

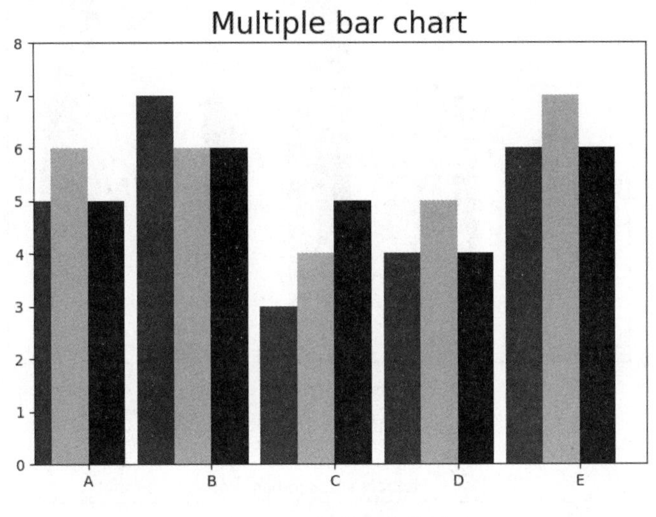

图 8-14　多分支条形图

3. 绘制多分支水平条形图

对于多分支水平条形图，只需使用相应的 barh( )函数替换 bar( )函数，并用 yticks( )函数替换 xticks( )函数，以及反转 axis( )函数中所覆盖的轴的值范围就可以完成绘制。

Matplotlib 库还提供了以条形图形式直接表示包含数据分析结果数据框对象的功能。它可以快速、直接且自动地实现，唯一需要做的事情就是使用应用于 DataFrame 对象的 plot( )函数，并在一个名为 kind 的参数中指定其要表示的图形类型。在本例中以 bar 类型进行描述，在不设置任何值的情况下可以获得如图 8-15 所示的多分支水平条形图。

代码示例如下：

```
import matplotlib.pyplot as plt
import numpy as np
import pandas as pd
data = {'series1':[1,3,4,3,5],
       'series2':[2,4,5,2,4],
       'series3':[3,2,3,1,3]}
df = pd.DataFrame(data)
df.plot(kind='bar')
plt.show()
```

如图 8-15 所示，可以发现引入 pandas 后的条形图更加优美，编写也更便捷。

4. 绘制堆叠条形图

还有另一种方式也可以表示多分支条形图，这种方式是堆叠，即将条形图一个堆叠在另一个上。当用户想要显示所有条形的总和时，这种方式非常有用。

要在堆叠条形图中转换简单的多分支条形图，可以将底部参数添加到每个 bar( )函数中，并将每个系列分配给相应的底部参数，即可得到图 8-16 所示的堆叠条形图。

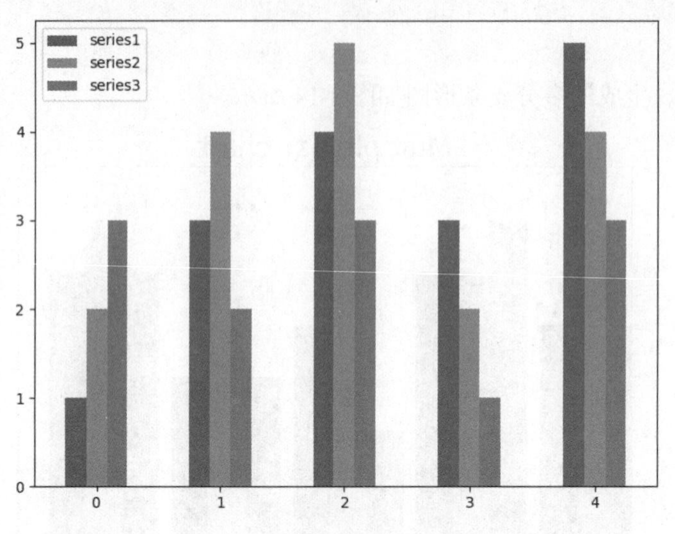

图 8-15　pandas 多分支水平条形图

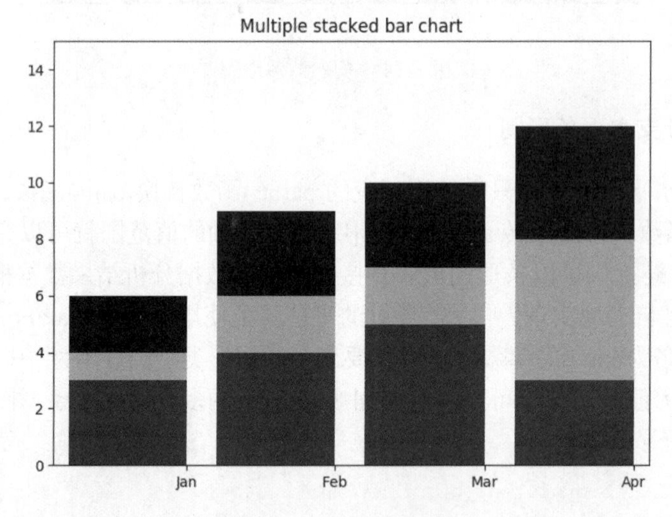

图 8-16　堆叠条形图

代码示例如下：

```
import matplotlib.pyplot as plt
import numpy as np
series1 = np.array([3,4,5,3])
series2 = np.array([1,2,2,5])
series3 = np.array([2,3,3,4])
index = np.arange(4)
plt.axis([-0.5,3.5,0,15])

plt.title('Multiple stacked bar chart')
plt.bar(index,series1,color='r')
plt.bar(index,series2,color='y',bottom=series1)
```

```
plt.bar(index,series3,color='b',bottom=(series2+series1))
plt.xticks(index+0.4,['Jan','Feb','Mar','Apr'])
plt.show()
```

另外，对于绘制堆叠条形图，引入 pandas 后，直接使用 plot( )函数表示 DataFrame 对象中包含的值是更为简单的操作。代码示例如下：

```
import matplotlib.pyplot as plt
import pandas as pd
data = {'series1':[1,3,4,3,5],
        'series2':[2,4,5,2,4],
        'series3':[3,2,3,1,3]}
df = pd.DataFrame(data)
df.plot(kind='bar', stacked=True)
plt.show()
```

代码运行后，生成的堆叠条形图如图 8-17 所示。

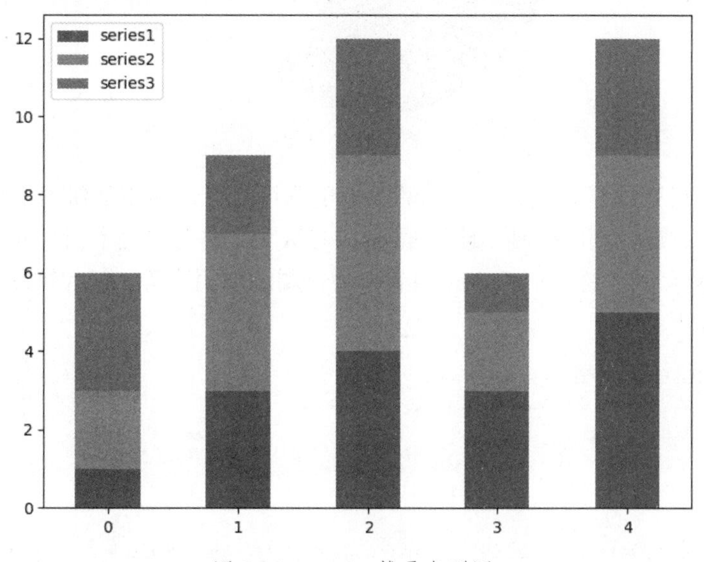

图 8-17　pandas 堆叠条形图

8.2.7　饼图

可以像条形图一样显示数据的另一种图形是饼图，使用 pie( )函数可以轻松实现。对于这种类型的函数，可以将包含要显示的值的列表作为主参数传递。一般选择用百分比（它们的总和是 100%）显示，但也可以使用任何其他类型的值。由 pie( )函数决定是否固定地计算每个值占用的百分比。

此外，使用饼图需要定义一些关键参数。例如，如果定义颜色序列（将相应地分配给输入值序列），则必须使用颜色参数进行定义。因此，需要分配一个字符串列表，每个字符串都包含所需颜色的名称。另外，饼图的每个切片需要添加标签。执行此操作，需要使用标签参数，为其分配包含按顺序显示的标签字符串列表。

此外，为了以完美的方式绘制饼图，需要将 axis( )函数添加到末尾，将字符串'equal'指定为参数，得到图 8-18 所示的饼图。

代码示例如下：

```
import matplotlib.pyplot as plt
labels = ['Nokia','Samsung','Apple','Lumia']
values = [10,30,45,15]
colors = ['yellow','green','red','blue']
plt.pie(values,labels=labels,colors=colors)
plt.axis('equal')
plt.show()
```

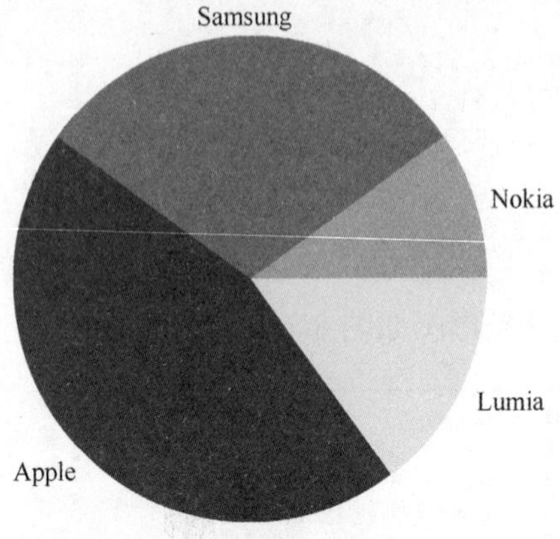

图 8-18　饼图

如果想增加饼图的复杂性，使绘制的图形更醒目，可以使用从饼图中提取的切片来进行绘制，为饼图添加带刻度的轴（使用 autopct 参数），它会在每个切片的中心添加一个显示相应值的文本标签；并添加 shadow 设置，为饼图添加阴影等。切片饼图如图 8-19 所示。

代码示例如下：

```
import matplotlib.pyplot as plt
labels = ['Nokia','Samsung','Apple','Lumia']
values = [10,30,45,15]
colors = ['yellow','green','red','blue']
explode = [0.3,0,0,0]
plt.title('Pie Chart')
plt.pie(values,labels=labels,colors=colors,explode=explode,
      shadow=True,autopct='%1.1f%%',startangle=180)
plt.axis('equal')
plt.show()
```

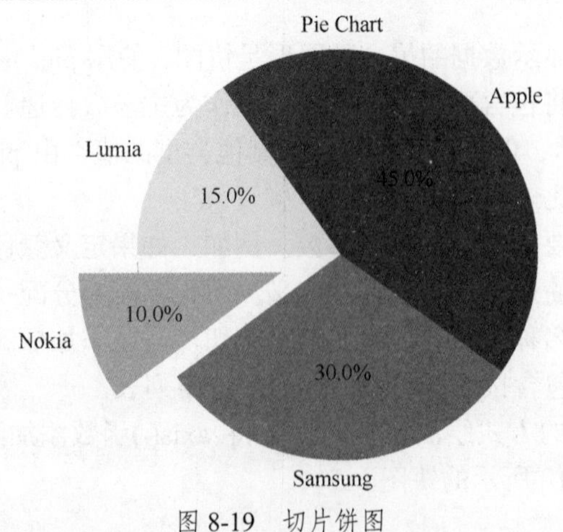

图 8-19　切片饼图

对于饼图，也可以考虑引入 pandas，表示 DataFrame 对象中包含的值。但是在这种情况下，饼图一次只能表示一个系列。因此在本示例中，只能显示指定 df ['series1']的第一个系列的值。指定 plot( )函数中的 kind 来表示图形类型，此外，添加 figsize 将饼图表示为完美的圆形，可以得到图 8-20 所示的更具美观性的饼图。

代码示例如下：

```
import matplotlib.pyplot as plt
import pandas as pd
data = {'series1':[1,3,4,3,5],
        'series2':[2,4,5,2,4],
        'series3':[3,2,3,1,3]}
df = pd.DataFrame(data)
df['series1'].plot(kind='pie',figsize=(6,6))
plt.show()
```

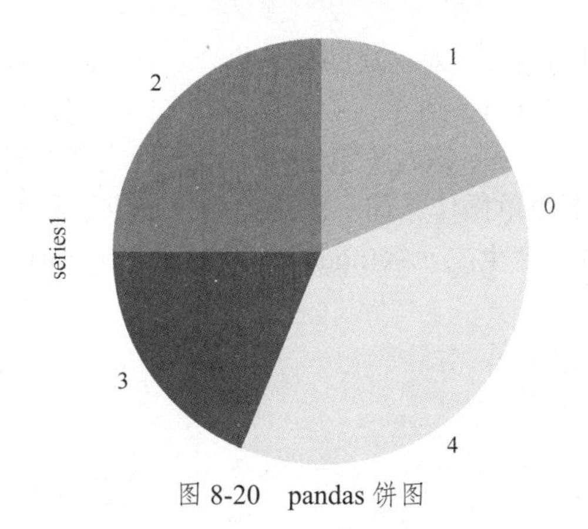

图 8-20　pandas 饼图

到这里，相信读者对使用 Matplotlib 绘制基本的统计图已经有所了解了。通常，可以考虑引入 pandas、seaborn 等其他工具配合使用，以提高所绘制图形的美观度，且比只使用 Matplotlib 更简单。

8.3 网络可视化

在本节中，考虑采用 Matplotlib 和 NetworkX 结合的方法来实现网络的可视化，尤其针对复杂网络的可视化。

8.3.1 NetworkX 简介

NetworkX 诞生于 2002 年 5 月，是用 Python 语言编写的软件包，便于用户对复杂网络进行创建、操作和学习。利用 NetworkX，可以以标准化和非标准化的数据格式存储网络、生成多种随机网络和经典网络、分析网络结构、建立网络模型、设计新的网络算法、进行网络绘制等。

NetworkX 具有以下特点。

① 具有针对普通图、有向图和复杂图的数据结构。

② 具有许多标准图算法。

③ 具有网络结构和分析方法。

④ 具有经典图形、随机图形和合成网络的生成器。

⑤ 图中节点可以是“任意东西”，例如文本、图像、XML 记录等。

⑥ 网络图的边可以保存任意数据，例如权重、时间序列等。

⑦ 代码覆盖率超过 90%。

⑧ 可进行快速原型设计，适用于教学和多平台。

8.3.2 NetworkX 图的节点和边

接下来介绍一些关于 NetworkX 的基础操作。首先创造一个简单的空图，既不含节点（顶点）也不含边。当然需要先安装 NetworkX 这个库，然后导入 NetworkX。代码如下：

```
import networkx as nx
G = nx.Graph()
```

根据定义，图是节点与由节点对构成的边的集合。在 NetworkX 中，节点可以是任何可清除的对象，例如文本字符串、图像、XML 对象、自定义节点对象等。

图可以以多种方式增长。NetworkX 包含许多图形生成器功能和工具，可以采用多种格式读/写图形。尝试一下简单操作，如一次添加一个节点、添加节点列表或添加任何可迭代的节点容器。如果容器产生二元组(node,node_attribute_dict)，还可以添加节点以及节点属性。示例代码如下：

```
# 添加一个节点
G.add_node(1)
# 添加节点列表
G.add_nodes_from([2, 3])
# 添加节点容器
H = nx.path_graph(10)
G.add_nodes_from(H)
```

也可以添加边来连接图中节点，或添加边缘列表及任何 ebunch 边。ebunch 是边元组的任何可迭代容器。边元组可以是二元组的节点，也可以是具有两个节点的三元组，后面跟边的属性字典。示例代码如下：

```
# 添加一条边
G.add_edge(1, 2)
e = (2, 3)
G.add_edge(*e)
# 添加边缘列表
G.add_edges_from([(1, 2), (1, 3)])
# 添加任何 ebunch 边
G.add_edges_from(H.edges)
```

可以用 G.clear( )函数来删除所有的节点和边。重新添加新的节点或边，NetworkX 会忽略任何已经存在的节点或边。

如果想要检查节点和边的状态，可以通过 4 个基本内容来实现：G.nodes、G.edges、G.adj 和 G.degree，分别是图中节点、边、邻居（邻接）点和节点度类似集合的视图。它们为图形结构提供了不断更新的只读视图。创建图并进行相应的操作，查看其内容的代码示例如下：

```
# 创建图
G.add_edges_from([(1, 2), (1, 3)])
G.add_node(1)
G.add_edge(1, 2)
G.add_node("spam")        # adds node "spam"
G.add_nodes_from("spam")  # adds 4 nodes: 's', 'p', 'a', 'm'
G.add_edge(3, 'm')
```

运行 list(G.nodes)查看节点，可以得到[1, 2, 3, 'spam', 's', 'p', 'a', 'm']这样的输出；运行 list(G.edges) 查看边，可以得到[(1, 2), (1, 3), (3, 'm')]这样的输出；运行 list(G.adj[1])查看节点 1 的邻接点，得到输出[2, 3]；运行 G.degree[1]查看与节点 1 相连的边数，输出 2，表示和 1 相连的边有两条。除了可以使用 G.edges( )外，还可以使用 G.adj( )来访问边和邻居，直接输入 G[i]就可以访问相关信息。

采用与添加方式类似的操作从图中移除节点和边，可使用 Graph.remove_node( )、G.remove_nodes_from( )、G.remove_edge( )和 G.remove_edges_from( )等方法来实现。示例代码如下：

```
G.remove_node(2)
G.remove_nodes_from("spam")
G.remove_edge(1, 3)
```

当然，当需要通过实例化其中一个图类来创建图结构时，可以指定多种格式的数据。可以发现，节点和边在创建时，并未指定为 NetworkX 对象。这使用户可以自由地将有意义的对象用作节点和边。最常见的选择是数字或字符串，但节点可以是任何对象（None 除外），并且边也可以与任何对象相关联。

使用 G.adjacency( )或 G.adj.items( )可以快速检查所有(节点,邻接点)对。需要注意的是，对于无向图，邻接迭代会使每个边被看到两次，而使用边缘属性可以方便地访问所有边。示例代码如下：

```
# 检查节点
G = nx.Graph()
G.add_weighted_edges_from([(1, 2, 0.125), (1, 3, 0.75), (2, 4, 1.2), (3, 4, 0.375)])
for n, nbrs in G.adj.items():
   for nbr, eattr in nbrs.items():
       wt = eattr['weight']
       if wt < 0.5: print('(%d, %d, %.3f)' % (n, nbr, wt))
# 访问边
for (u, v, wt) in FG.edges.data('weight'):
    if wt < 0.5: print('(%d, %d, %.3f)' % (u, v, wt))
```

还可以为图的节点或边缘添加诸如权重、标签、颜色或任何 Python 对象之类的属性。每个图的节点和边都可以在关联的属性字典中保存键值属性对（键必须是可清除的）。默认情况下，这些都是空的，但可以使用 add_edge( )、add_node( )添加或更改相关属性，或者直接操作如 G.graph、G.nodes、G.edges 等 G 的属性值。

可以直接在创建图时为其指定图形属性，如 G = nx.Graph(day="Friday")。当然，这个属性也可以在后期直接修改，如 G.graph['day'] = "Monday"。

添加节点属性使用 add_node( )、add_nodes_from( )或 G.nodes，示例代码如下：

```
G.add_node(1, time='5pm')
```

```
G.add_nodes_from([3], time='2pm')
G.nodes[1]

G.nodes[1]['room'] = 714
G.nodes.data()
```

添加或更改边可使用 add_edge( )、add_edges_from( )实现。需要注意的是，weight 是特殊属性，它的值应为数字，因为它在算法被使用时，需要进行边缘加权。示例代码如下：

```
G.add_edge(1, 2, weight=4.7 )
G.add_edges_from([(3, 4), (4, 5)], color='red')
G.add_edges_from([(1, 2, {'color': 'blue'}), (2, 3, {'weight': 8})])
G[1][2]['weight'] = 4.7
G.edges[3, 4]['weight'] = 4.2
```

8.3.3 利用 NetworkX 绘制图形

NetworkX 本身不是绘图包，但包含 Matplotlib 的一些基本绘图功能以及使用开源 Graphviz 软件包的接口。这些是 networkx.drawing 模块的一部分。

首先，依旧需要导入相应的库。这里导入 Matplotlib 和 NetworkX，代码如下：

```
import networkx as nx
import matplotlib.pyplot as plt
```

然后创建一个简单的树形网络，并将其显示在窗口上。示例代码如下：

```
G=nx.Graph()

#导入所有边，每条边分别用元组表示
G.add_edges_from([(1,2),(1,3),(2,4),(2,5),(1,6),(4,8),(5,8)])
nx.draw(G, with_labels=True, edge_color='b', node_color='g', node_size=1000)
plt.show()
plt.savefig('./generated_image.png')
```

代码中最后一行的作用是保存图形到当前路径，如果没有保存图形的必要，可以将这行代码注释掉。

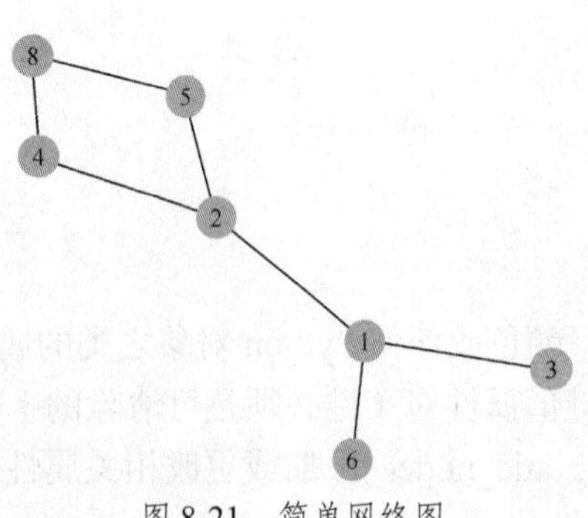

图 8-21　简单网络图

简单网络图如图 8-21 所示。需要注意绘制相应网络图之后，可以有两种方式显示所创建的可视化网络。一是在窗口中显示；二是可以将其保存为 PNG 格式的图片文件，以便于之后的重构操作。使用 plt.savefig( )函数可以保存图形，直接将保存路径作为参数输入函数中就可以将 PNG 类型的图片保存在本地目录中。如果系统上有 Graphviz 和 PyGraphviz 或 pydot，还可以使用 nx_agraph.graphviz_layout(G) 或 nx_pydot.graphviz_layout(G)获取节点位置，或以点格式写入图形供进一步处理。

尝试绘制一个简单的带圈网络图，并对每个节点进行标注，代码示例如下：

```
G = nx.Graph()
G.add_cycle(['A','B','C','D','E','F'])
```

```
nx.draw(G, with_labels=True)
plt.show()
```

代码运行后，生成的带圈网络图如图 8-22 所示。

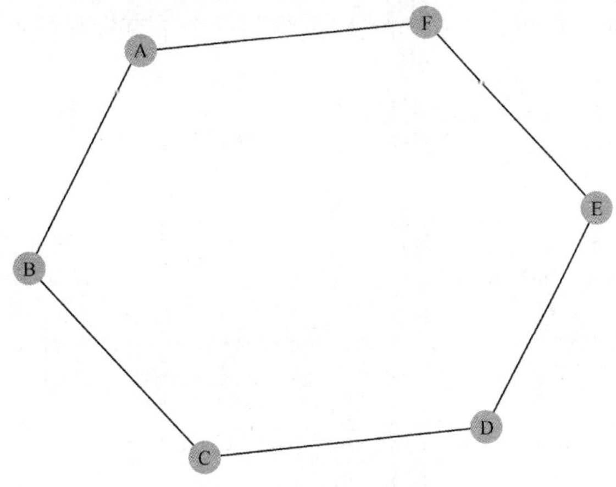

图 8-22　带圈网络图

除此之外，还可以绘制类似五角星这种边相互交叉的图形，代码如下：

```
G=nx.Graph()
G.add_node(1)
G.add_nodes_from([2, 3, 4, 5])
for i in range(5):
    for j in range(i):
        if (abs(i-j) not in (1, 4)):
            G.add_edge(i+1, j+1)
nx.draw(G,
        with_labels=True,
        edge_color='b', # b = blue
        pos=nx.circular_layout(G),
        node_color='orange',
        width=3, # 边长
       )
plt.show()
```

代码运行后，生成的五角星网络图如图 8-23 所示。

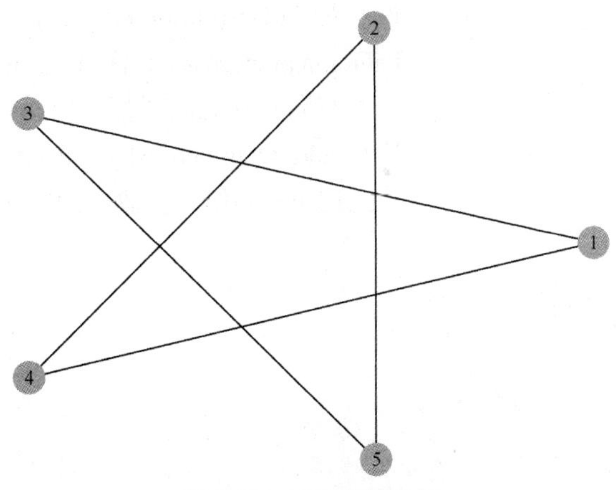

图 8-23　五角星网络图

with_labels=True 的作用是让节点有名称；nx.circular_layout( )可以选择绘制节点的排列方式，主要有 spring_layout (default)、random_layout、circle_layout、shell_layout 等排列方式。读者想更深入了解可以通过 help(nx.drawing.layout)进行查看。

还可考虑为图形加入权重，根据相关权重绘制一个带有标号的网络图，代码如下：

```
G = nx.Graph()
G.add_edge('a', 'b', weight=0.6)
G.add_edge('a', 'c', weight=0.2)
G.add_edge('c', 'd', weight=0.1)
G.add_edge('c', 'e', weight=0.7)
G.add_edge('c', 'f', weight=0.9)
G.add_edge('a', 'd', weight=0.3)

elarge = [(u, v) for (u, v, d) in G.edges(data=True) if d['weight'] > 0.5]
esmall = [(u, v) for (u, v, d) in G.edges(data=True) if d['weight'] <= 0.5]

pos = nx.spring_layout(G)  # positions for all nodes

# 点
nx.draw_networkx_nodes(G, pos, node_size=700)
# 边
nx.draw_networkx_edges(G, pos, edgelist=elarge,
                       width=6)
nx.draw_networkx_edges(G, pos, edgelist=esmall,
                       width=6, alpha=0.5, edge_color='b', style='dashed')
# labels 连接
nx.draw_networkx_labels(G, pos, font_size=20, font_family='sans-serif')

plt.axis('off')
plt.show()
```

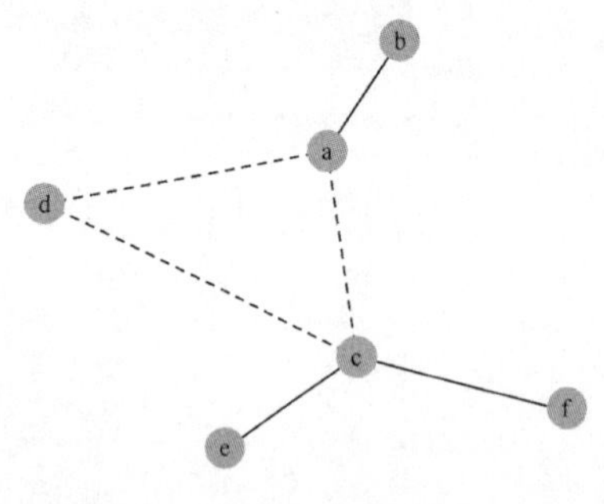

图 8-24　带有标号的网络图

代码运行后，生成的带有标号的网络图如图 8-24 所示。

可以看到，之前绘制的网络图都是无向图，还可以考虑用 NetworkX 来绘制带有箭头的有向图。DiGraph 类专用于绘制有向图，可以添加额外的属性，如 DiGraph.out_edges( )、DiGraph.in_degree( )、DiGraph.predecessors( )和 DiGraph.successors( )等。

有向图和无向图都可以给边赋予权重，用到的方法是 add_weighted_edges_from( )，它接收 1 个或多个三元组(u,v,w)作为参数，其中 u 是起点，v 是终点，w 是权重。代码示例如下：

```
import matplotlib.pyplot as plt
import networkx as nx
DG = nx.DiGraph()
DG.add_weighted_edges_from([(1, 2, 0.1),
                            (3, 2, 0.2),
                            (2, 7, 0.55),
                            (7, 3, 0.3),
```

```
                                    (1, 6, 0.35),
                                    (6, 4, 0.5),
                                    (6, 8, 0.7),
                                    (4, 5, 0.25)])
    pos = nx.spring_layout(DG)
    nx.draw(DG, pos)
    plt.show()
```

代码运行后，生成的有向图如图 8-25 所示。

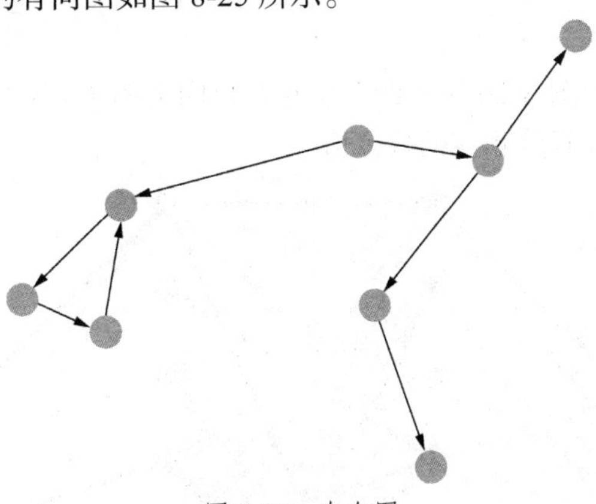

图 8-25　有向图

这个示例自定义了 8 个点，并使用 add_weighted_edges_from( )方法为每条相连的边赋予了权重，然后使用 DiGraph( )创建了有向图。当然，也可以直接使用 Graph( )创建有向图，但是方法有所不同。

8.3.4　利用 NetworkX 绘制多层感知机网络图

本小节将结合计算机相关知识，绘制一个多层感知机网络图来对网络可视化进行更详细的说明，代码示例如下：

```
    import random
    import matplotlib.pyplot as plt
    import networkx as nx
    left, right, bottom, top, layer_sizes = .1, .8, .1, .8, [4, 8, 8, 2]

    G = nx.Graph()
    v_spacing = (top - bottom)/float(max(layer_sizes))
    h_spacing = (right - left)/float(len(layer_sizes) - 1)
    node_count = 0
    for i, v in enumerate(layer_sizes):
        layer_top = v_spacing * (v - 1)/2. + (top + bottom)/2.
        for j in range(v):
            G.add_node(node_count, pos=(left + i*h_spacing, layer_top - j*v_spacing))
            node_count += 1
    for x, (left_nodes, right_nodes) in enumerate(zip(layer_sizes[: -1],
layer_sizes[1: ])):
        for i in range(left_nodes):
            for j in range(right_nodes):
                G.add_edge(i+sum(layer_sizes[: x]), j+sum(layer_sizes[: x+1]))

    pos=nx.get_node_attributes(G, 'pos')
    # 导出每个节点中的位置信息
```

```
    nx.draw(G, pos,
           node_color = range(node_count),
           with_labels = True,
           node_size = 200,
           edge_color = [random.random() for i in range(len(G.edges))],
           width = 3,
           cmap = plt.cm.Dark2, # Matplotlib的调色板
           edge_cmap = plt.cm.Blues
          )
    plt.show()
```

执行代码，可以得到图 8-26 所示的多层感知机网络图（4 层神经网络图）。当然，这个网络图也可以新加入或修改相应的权重值。

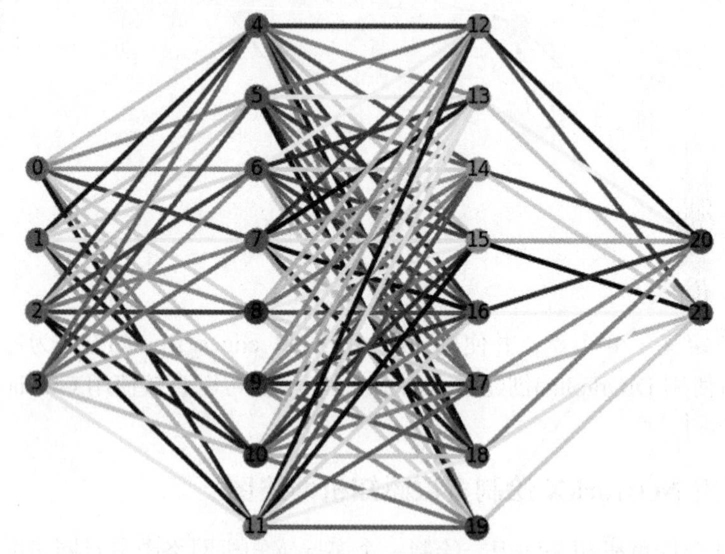

图 8-26　多层感知机网络图

总之，NetworkX 提供了一系列的样式参数，可以用来修饰和美化图形，达到用户想要的效果。NetworkX 常用参数如表 8-2 所示。

表 8-2　NetworkX 常用参数

参数	说明
node_size	指定节点的大小（默认是 300）
node_color	指定节点的颜色（默认是红色，可以用字符串首字母简单地标识颜色，例如“r”为红色，“b”为绿色等）
node_shape	指定节点的形状（默认是圆形，用字符串“o”标识）
alpha	指定图的透明度（默认是 1.0，表示不透明的，而 0 值表示完全透明）
width	指定边的宽度（默认是 1.0）
edge_color	指定边的颜色（默认为黑色）
style	指定边的样式（默认为实线，可选内容为 solid、dashed、dotted 或 dashdot）
with_labels	指定节点是否带标签（默认为 True）
font_size	指定节点标签的字号大小（默认为 12）
font_color	指定节点标签的字体颜色（默认为黑色）

8.4 交互式图形

8.4.1 Bokeh 基础

虽然用 Matplotlib、pandas 等工具库能够产生美观的可视化图形，但它们都是静态的。如果想要使用交互技术（如梳理、过滤、缩放和悬停）来对图形的细节进行查看，可以通过 Bokeh、Plot.ly、Plotly 等可视化库轻松实现交互式数据可视化。对于时间序列可视化分配，可以选择使用 Bokeh 或 Plot.ly 来实现多线图（multi line charts）、热图（heatmaps）、动画气泡图（animated bubble charts）等。

本节主要以 Bokeh 工具库来介绍交互式图形的绘制方法。Bokeh 具有以下优势。

① 允许通过简单的指令快速创建复杂的统计图；

② 提供到各种媒体如 HTML（hyper text markup language，超文本标记语言）、Notebook 文档或服务器的输出；

③ 可以将 Bokeh 可视化嵌入 Flask 和 Django 程序中；

④ 可以转换其他库（如 Matplotlib、seaborn 和 ggplot）中实现的可视化结果；

⑤ 能灵活地将交互式应用、布局和不同样式用于可视化。

Bokeh 附带了许多交互式工具，可用于报告信息、更改绘图参数（如缩放级别或范围）以及添加、编辑或删除字形。工具可分为以下 4 个基本类别。

（1）手势

此类工具属于响应单个手势的工具，包括平移/拖动工具、单击工具、滚动/捏合工具。

对于每种类型的手势工具，一个工具可以在任何给定时间段处于活动状态。此外在工具图标旁边可以突出显示工具栏上的活动工具。

（2）操作

此类工具属于立即或模态操作工具，只有在按下工具栏中的按钮时才会激活，例如 ResetTool。

（3）检查器

此类工具属于被动工具，用于以某种方式报告信息或注释图，例如 HoverTool 或 CrosshairTool。

（4）编辑

此类工具属于复杂的多手势工具，可以在绘图上添加、删除或修改字形。由于编辑工具可能同时响应多个手势，因此其可能会在激活时立即停用多个单个手势工具。

在运行所有代码之前，需要先安装 Bokeh，并且在代码头部导入。

8.4.2 默认工具栏

Bokeh 可以为图形添加工具栏。默认情况下，图上方有一个工具栏。当然也可以为工具栏指定其他位置，或直接删除工具栏。用户可以通过将 toolbar_location 参数传递给 figure( )函数来指定工具栏位置。参数的有效值为 above、below、left、right，分别对应上、下、左、右 4 个位置。

将一个包含 20 个数据点的数据集绘制在绘图窗口上，配置工具栏将会出现在最下方。代码示例如下：

```
from bokeh.plotting import figure, output_file, show
output_file("toolbar.html")

# create a new plot with the toolbar below
pic = figure(plot_width=400, plot_height=400,
        title=None, toolbar_location="below")
pic.circle([1, 2, 3, 4, 5, 6, 7, 8, 9 ,10], [2, 5, 8, 2, 7, 1, 3, 4 ,9, 6], size=8)
show(p)
```

代码运行后，会生成一个名为 touchbar 的本地.html 文件，在 Web 端打开后得到图 8-27 所示的图形。如果想完全隐藏工具栏，可以通过在 toolbar_location 中传入 None 值来实现。

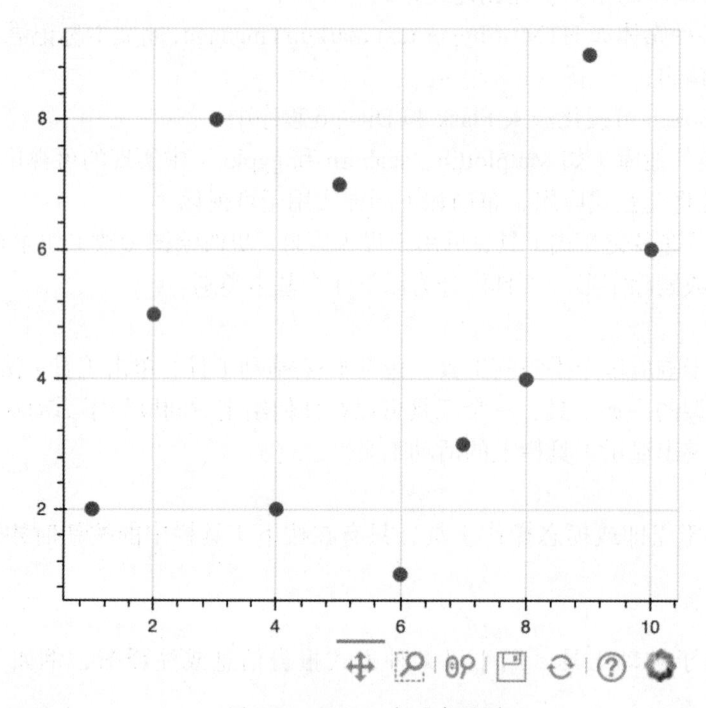

图 8-27　Bokeh 交互式图形

默认情况下，Bokeh 将使用默认的预定义优先顺序从已配置工具集中选择一种工具配置作为默认内容激活。在图 8-27 中，可以看到底部的工具选项从左至右分别是：平移工具（PanTool）、框缩放工具（BoxZoomTool）、旋转缩放工具（WheelZoomTool）、保存工具（SaveTool）和重置工具（ResetTool）。同时，还可以看到多个图形选项（图例、*x* 轴名标注、*y* 轴名标注、坐标网格线、宽度、高度等）和各种图形的范例。

（1）PanTool

✥ 图标表示的是 PanTool，它是平移工具。它允许用户通过鼠标左键拖动鼠标指针或在绘图区域上拖动鼠标指针来平移绘图，以更好地查看绘图内容。还可以设置 dimensions 属性为包含 width 或 height 的列表，限制平移工具只作用于 *x* 轴或 *y* 轴。该工具也被称为 xpan 或 ypan。

（2）BoxZoomTool

图标表示的是 BoxZoomTool，它是框缩放工具。它允许用户定义矩形区域来缩放绘图边界，这可以通过鼠标左键拖动鼠标指针或在绘图区域上拖动鼠标指针来完成。

（3）WheelZoomTool

图标表示的是 WheelZoomTool，它是旋转缩放工具。它可以以当前鼠标指针位置为中心放大和缩小图形。它遵守最小值、最大值以及相应范围限制，防止放大和缩小过度。同样，也可以通过设置 dimensions 属性列表，如 width 或 height，来约束旋转缩放工具只作用于 x 轴或 y 轴。该工具也被称为 xwheel_zoom、ywheel_zoom 和 wheel_zoom。

（4）SaveTool

图标表示的是 SaveTool，它是保存工具。单击这个图标，会弹出一个对话框，允许用户将绘制的图形保存为 PNG 格式。

（5）ResetTool

图标表示的是 ResetTool，它是重置工具。单击该图标，会将绘图范围恢复为原始值。

以上就是对默认工具的简要介绍。对其他检查器工具、编辑工具等需要深入了解的读者可以查看官方文档。

8.4.3 悬停工具

除了以上的默认工具之外，用户也可以自己加入更多的工具。图标表示的是 HoverTool，它是悬停工具。当鼠标指针悬停在绘制图形的某处时，会显示该处的数据详细信息。通常悬停工具在设置之后就会一直打开，也可以在与工具栏关联的检查器菜单中对其进行配置。

在默认情况下，悬停工具将生成“表格”类型的工具提示，其中每行包含标签及其关联值。标签和值作为(标签,值)元组列表提供。例如，工具提示是使用 tooltips 的附带定义创建的。代码示例如下：

```
from bokeh.plotting import figure, output_file, show, ColumnDataSource

output_file("toolbar1.html")

source = ColumnDataSource(data=dict(
    x=[1, 2, 3, 4, 5, 6, 7, 8, 9 ,10],
    y=[2, 5, 8, 2, 7, 1, 3, 4 ,9, 6],
    desc=['A', 'b', 'C', 'd', 'E', 'f', 'G', 'h', 'i','J'],
))
TOOLTIPS = [
    ("index", "$index"),
    ("(x,y)", "($x, $y)"),
    ("desc", "@desc"),
]
pic = figure(plot_width=400, plot_height=400, tooltips=TOOLTIPS,
           title="Mouse over the dots")
pic.circle('x', 'y', size=10, source=source)
show(pic)
```

代码运行后，生成的图形如图 8-28 所示。单击图标，可以使用悬停工具。当鼠标指针移动到图上某个具体的点时，将会显示它的索引和坐标值等信息。

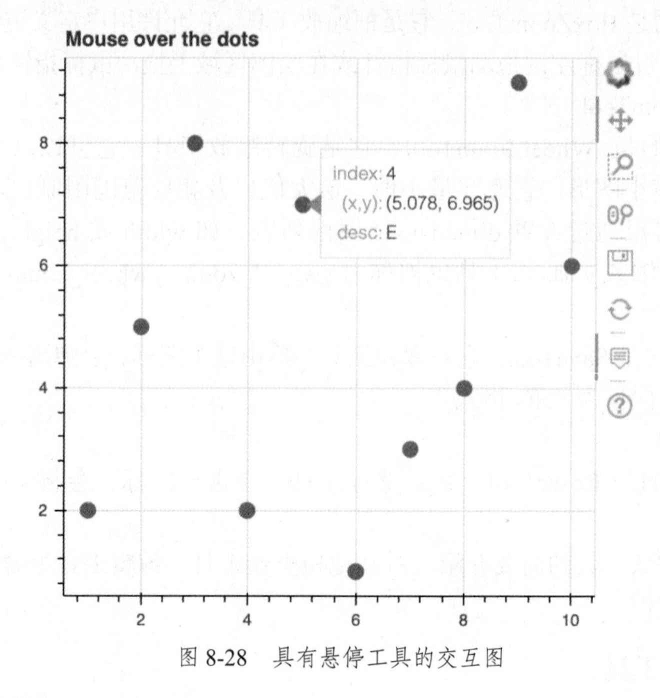

图 8-28　具有悬停工具的交互图

8.4.4　小部件

Bokeh 还支持与小型基本部件集直接集成。它们可以与 Bokeh 服务器一起使用，也可以与 CustomJS 模型一起使用，为文档添加更多交互功能。读者若想要深入了解，可以在“用户指南”的“添加窗口小部件”部分看到完整列表。这里将重点介绍如何使用带有 JavaScript 回调的小部件。关于 Bokeh 服务器，应用程序使用了 Bokeh 小部件和 Python 回调机制。要使用小部件，需要将它们包含在布局中，就像绘制对象一样。

下面绘制一个可以拖动的进度条小部件，代码示例如下：

```
from bokeh.io import output_notebook, show  #导入相应的库
from bokeh.plotting import figure

from bokeh.layouts import widgetbox         #导入组件布局
from bokeh.models.widgets import Slider
slider = Slider(start=0, end=10, value=1, step=.1, title="foo")

show(widgetbox(slider))
```

代码运行后，生成的进度条小部件如图 8-29 所示。在图 8-29 中，可以单击并拖动白色小方块。

图 8-29　进度条小部件

为了使小部件被有效使用，它需要能够执行某些操作，可以使用 CustomJS 回调。在这

里，只对执行 JavaScript 代码片段的 CustomJS 回调配置小部件。当然，如果考虑使用 Bokeh 服务器，可以让小部件触发真正的 Python 代码。代码示例如下：

```
from bokeh.plotting import figure, show
from bokeh.models import TapTool, CustomJS, ColumnDataSource

callback = CustomJS(code="alert('Tapped a circle!')")
tap = TapTool(callback=callback)

pic = figure(plot_width=600, plot_height=300, tools=[tap])
pic.circle(x = [1, 2, 3, 4, 5, 6, 7, 8, 9, 10],
        y = [2, 5, 8, 2, 7, 1, 3, 4, 9, 6], size=10)
show(pic)
```

运行代码得到图 8-30 所示的点图。单击右边工具栏中的工具后，就可以进行相应的交互了。

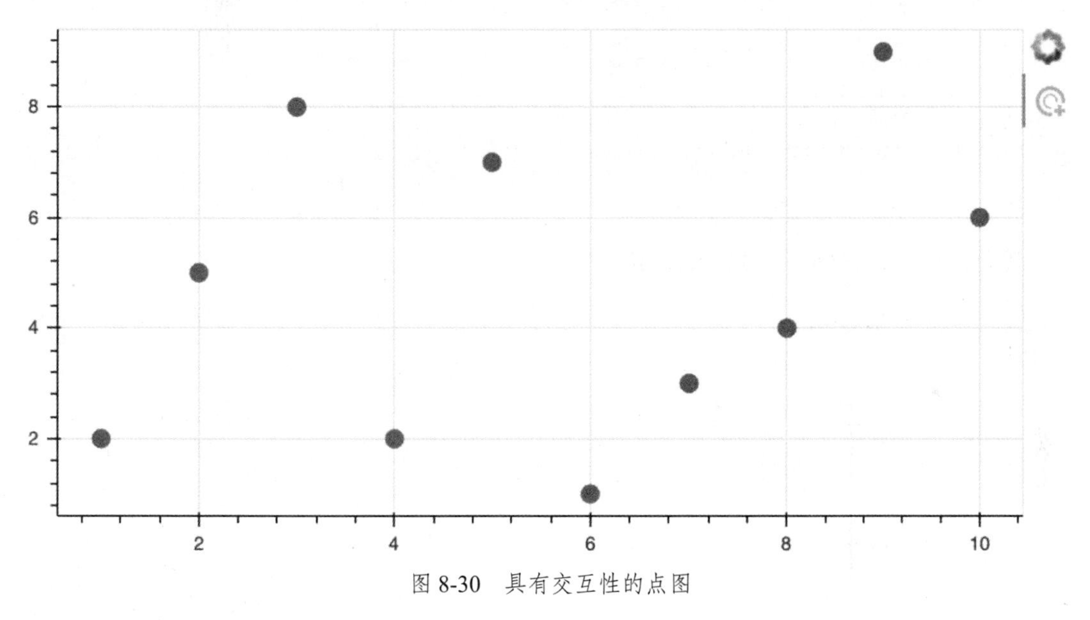

图 8-30　具有交互性的点图

如图 8-30 所示，当单击某个具体的点后，会触发显示弹窗的交互功能，得到的弹窗如图 8-31 所示。单击“确定”按钮后，回到初始绘制的图形，除了被单击的点以外，其他点均为灰色。

图 8-31　弹窗结果

具有关联值的 Bokeh 对象还可以使用 js_on_change( )方法附加小型 JavaScript 操作。每当窗口小部件的值发生更改时，都会执行这些操作（也称为“回调”）。为了更容易从 JavaScript 引用特定的 Bokeh 模型，CustomJS 对象还接收将名称映射到 Python Bokeh 模型的“args”字典。相应的 JavaScript 模型可自动提供给 CustomJS 代码。代码示例如下：

```
from bokeh.plotting import figure, show
```

```
from bokeh.layouts import column
from bokeh.models import CustomJS, ColumnDataSource, Slider

x = [x * 0.005 for x in range(0, 201)]
source = ColumnDataSource(data=dict(x=x, y=x))
plot = figure(plot_width=400, plot_height=400)
plot.line('x', 'y', source=source, line_width=3, line_alpha=0.6)

slider = Slider(start=0.1, end=6, value=1, step=.1, title="Slope")
update_curve = CustomJS(args=dict(source=source, slider=slider), code="""
    var data = source.data;
    var f = slider.value;
    x = data['x']
    y = data['y']
    for (i = 0; i < x.length; i++) {
        y[i] = Math.pow(x[i], f)
    }

    // necessary becasue we mutated source.data in-place
    source.change.emit();
""")
slider.js_on_change('value', update_curve)

show(column(slider, plot))
```

代码运行后，得到图 8-32 所示的结果。

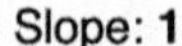

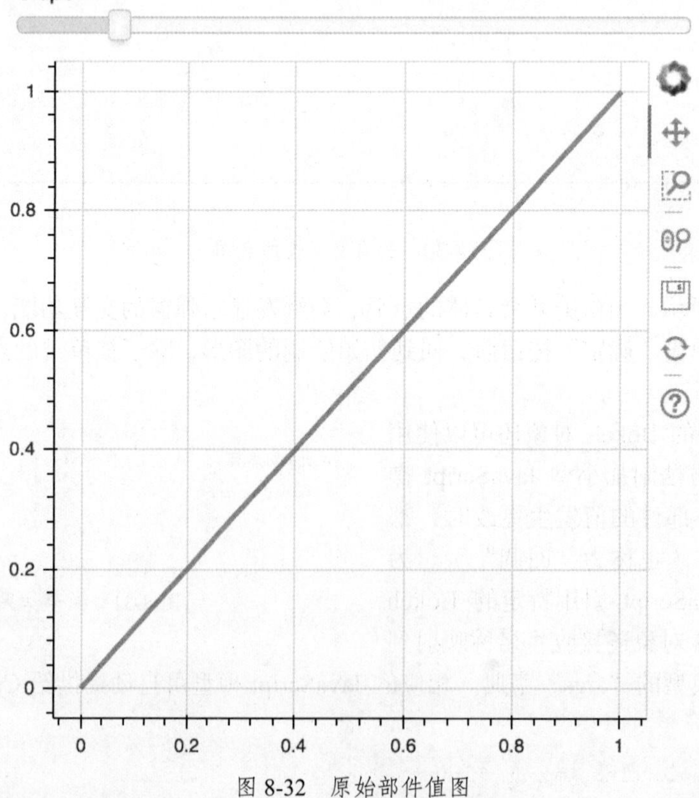

图 8-32　原始部件值图

当拖动顶端类似进度条的部件时，会改变所绘制直线的斜率，如图 8-33 所示。

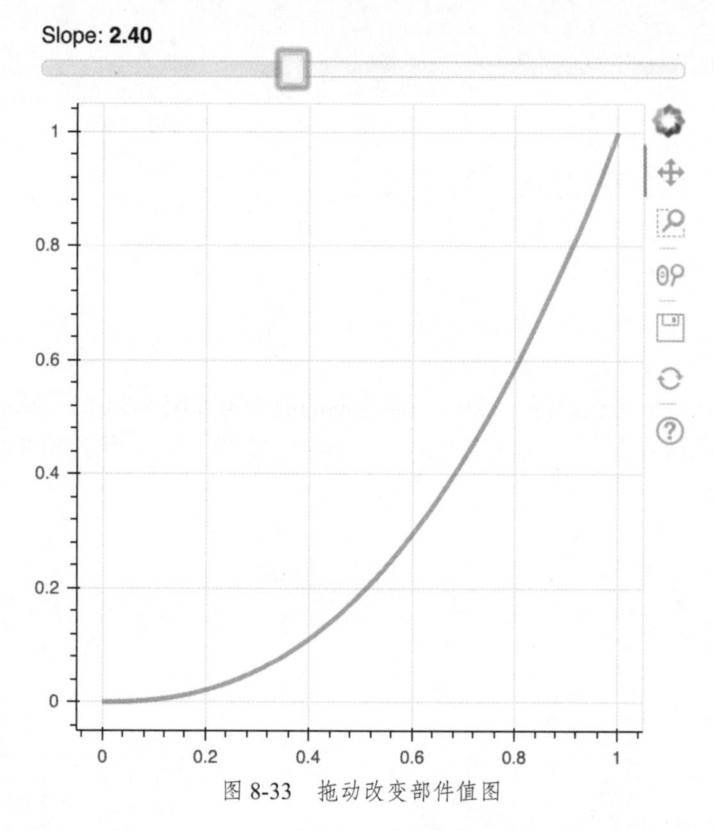

图 8-33　拖动改变部件值图

下面介绍如何绘制比较复杂的散点图。用户的选择行为（例如单击、套索等）改变时，也可以执行 JavaScript 动作。这是通过将相同类型的 CustomJS 对象附加到所选择的数据源实现的。

代码示例如下：

```
from bokeh.plotting import figure, show
from bokeh.models import CustomJS, ColumnDataSource, Slider
from random import random

x = [random() for x in range(500)]
y = [random() for y in range(500)]
color = ["navy"] * len(x)

s1 = ColumnDataSource(data=dict(x=x, y=y, color=color))
p = figure(plot_width=400, plot_height=400, tools="lasso_select", title="Select")
p.circle('x', 'y', color='color', size=8, alpha=0.4, source=s1,
       selection_color="firebrick", selection_alpha=0.4)

s2 = ColumnDataSource(data=dict(xm=[0, 1], ym=[0.5, 0.5]))
p.line(x='xm', y='ym', color="orange", line_width=5, alpha=0.6, source=s2)

s1.callback = CustomJS(args=dict(s1=s1, s2=s2), code="""
    var inds = s1.selected.indices;
    if (inds.length == 0)
        return;
```

```
    var ym = 0
    for (var i = 0; i < inds.length; i++) {
        ym += s1.data.y[inds[i]]
    }

    ym /= inds.length
    s2.data.ym = [ym, ym]

    // necessary becasue we mutated source.data in-place
    s2.change.emit();
""")

show(p)
```

该示例展示的是套索选择的交互。原始绘制的散点图如图 8-34（a）所示；当单击并选择想要选择的区域后，图形会变成图 8-34（b）所示，实现更新一个字形的数据源以响应另一个字形的选择。

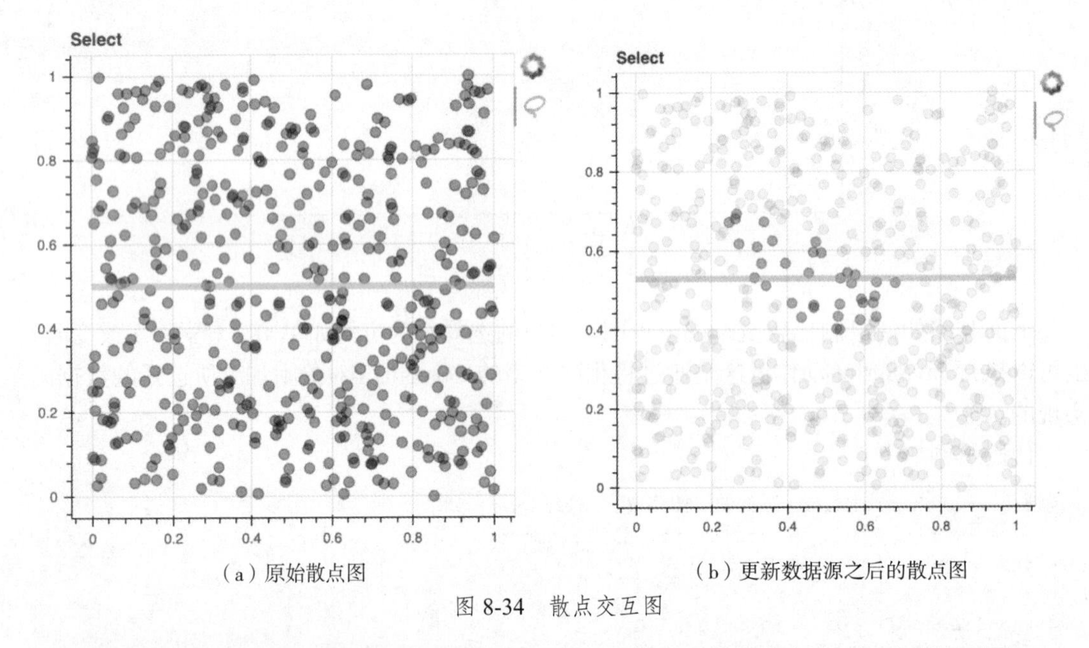

（a）原始散点图　　（b）更新数据源之后的散点图

图 8-34　散点交互图

以上图形都是以 Web 网页的形式展示的。为了更便于用户操作与查看，也可以通过 juprint 将绘图结果输出到 Notebook，并在头部引入 from bokeh.plotting import output_notebook，在正文调用 output_notebook( )函数。

8.5 本章小结

本章首先介绍了一些用于数据可视化的常用绘图工具，包括 Matplotlib、pandas 和 seaborn 等；接着对一些基础的统计绘图方法进行了介绍和说明，以及利用 Matplotlib 库结合 NetworkX，实现网络的可视化；最后介绍了利用 Bokeh 等可视化库，可以更为轻松地完成交互式图形的绘制。

除以上内容外，Python 还有其他小众的第三方库也能实现数据的可视化，如 pygal、Plotly、geoplotlib 等，读者可以自行选择有兴趣的范畴深入学习。

8.6 习题

1. 尝试利用 Matplotlib 画出$y=x^2+2x+1$ 在区间[−5,3]的函数图像。

2. 尝试利用 Matplotlib 绘制一个柱状图，并给柱体添加数值标准以及主题和边框颜色。预置数据 x 为 0～9 的 10 个整数，y 为相应的均匀分布的随机数据，可根据以下方法生成绘制图像的数据：

```
X = np.arange(n)
Y1 = (1−X / float(n)) * np.random.uniform(0.5, 1.0, n)
Y2 = (1−X / float(n)) * np.random.uniform(0.5, 1.0, n)
```

3. 首先，用 NumPy 产生 1 024 个呈标准正态分布的随机二维数组（均值是 0，方差是 1）作为一个数据集，尝试利用 Matplotlib 将这个数据集绘制成散点图。

4. 创建一个矩阵 $\boldsymbol{x}$，其中共有 10 个变量（10 行），每个变量有 20 个观测值（20 列）。先生成带参数的向量 $\boldsymbol{b}$，然后生成相应向量 $\boldsymbol{y}=\boldsymbol{xb}+\boldsymbol{z}$，其中 $\boldsymbol{z}$ 是带有标准正态分布变量的向量。

现在（只使用 $\boldsymbol{y}$ 和 $\boldsymbol{x}$），通过求解以下式子找到 $\boldsymbol{b}$ 的估计量：

$$\hat{\boldsymbol{b}} = \arg\min_{\boldsymbol{b}} ||\boldsymbol{xb}-\boldsymbol{y}||_2$$

并绘制真实参数 $\boldsymbol{b}$ 和估计参数 $\boldsymbol{b}$。

5. 尝试利用 Matplotlib，并结合 NetworkX，绘制一幅八角星图形，为每个角添加圆形的序号。

6. 尝试利用 Matplotlib，结合 Bokeh，绘制一幅由随机数据生成的折线图，单击每条线的图例，实现对其的隐藏，再次单击则重新显示。

第9章 应用案例分析

本章主要介绍Python语言在不同应用领域的综合案例。首先介绍网络爬虫框架及其实现方式，以及如何构建推荐系统。然后通过常用的Python图像处理库介绍图像的基本操作和图像预处理方法。另外，还将介绍各种图像特征提取方法及图像检测与分割算法。在机器学习部分，将介绍机器学习的基本概念、学习流程和评估方法，以及多种传统的机器学习方法。最后，针对图像处理介绍深度学习方法。

本章的重点是掌握网络爬虫的设计和实现方法、推荐系统的框架结构、图像的基本操作和预处理方法、机器学习的概念和常用的学习方法，了解深度学习的基本原理；难点是理解网络爬虫的基本原理，掌握推荐系统的度量方式，理解图像的特征提取、检测与分割的基本原理，运用各种机器学习方法解决实际的回归和分类问题。

9.1 网络爬虫

网络爬虫是指在互联网上自动爬取网站内容信息的程序，也被称作网络蜘蛛（spider）或网络机器人。大型的网络爬虫程序被广泛应用于搜索引擎、数据挖掘等领域，个人用户或企业也可以利用网络爬虫收集对自身有价值的数据。

本节主要介绍网络爬虫的概念，网络爬虫的主要设计步骤，以及如何使用流行的Scrapy框架编写简单的网络爬虫。

9.1.1 网络爬虫简介

网络爬虫的基本执行流程可以总结为一个循环，如图9-1所示。

流程介绍如下。

（1）下载页面

一个网页的内容本质上就是一个 HTML 文本。在爬取一个网页的内容之前，首先要根据网页的URL（uniform resource locator，统一资源定位符）下载页面。

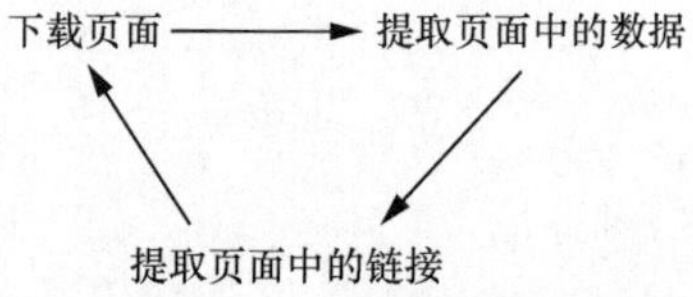

下载页面 → 提取页面中的数据 → 提取页面中的链接 → 下载页面

图9-1 网络爬虫的基本执行流程

（2）提取页面中的数据

页面下载完成后，需要对页面中的内容进行分析，并提取出我们感兴趣的数据。提取出的数据可以以多种形式保存起来，比如将数据以某种格式（如CSV、JSON等）写入文件中或存储到数据库（如MySQL、MongoDB等）中。

（3）提取页面中的链接

通常，想要获取的数据并不只在一个页面中，而是分布在多个页面中。这些页面彼此联系，一个页面中可能包含一个或多个到其他页面的链接。提取完当前页面中的数据后，还要把页面中的某些链接也提取出来，然后对链接页面进行爬取[循环（1）~（3）步骤]。设计网络爬虫时，还要考虑防止重复爬取相同页面（URL 去重）、网页搜索策略（如深度优先或广度优先等）、网络爬虫访问边界限定等一系列问题。

从头开发一个网络爬虫是一项烦琐的工作。为了避免因“制造轮子”而消耗大量的时间，在实际应用中可以选择使用一些优秀的网络爬虫框架。使用框架可以降低开发成本，提高程序质量，让程序开发人员能够专注于业务逻辑（爬取有价值的数据）。

9.1.2 网络爬虫框架 Scrapy

本小节介绍开发网络爬虫的最佳框架之一：Scrapy。最初 Scrapy 是基于 Python 2 开发的，现已更新，可支持 Python 3。编写网络爬虫的一个难点是经常反复执行相同的任务，诸如查找页面上的所有链接、评估内部和外部链接之间的差异、转到新页面后重复该过程。这些基本模式对于学习、理解并从头自行编写网络爬虫非常有用，但 Scrapy 可以帮助开发人员处理这些细节，并使开发更加方便、快捷。

当然，使用 Scrapy 仍然需要定义页面模板、提供开始爬取的位置以及为要查找的页面定义 URL 模式。但在这些情况下，Scrapy 提供了一个干净的框架来保持代码的有序性。

（1）安装 Scrapy

Scrapy 提供了从其网站下载的工具以及与第三方安装管理器（如 pip）一起安装 Scrapy 的说明。由于其相对较大的尺寸和复杂性，Scrapy 通常不能通过以下传统方式成功安装：

```
$pip install Scrapy
```

通常的安装方式是通过 Anaconda 包管理器。Anaconda 是 Continuum Analytics 公司生产的产品，旨在减少寻找和安装流行的 Python 数据科学软件包时的冲突。它管理的许多软件包，如 NumPy 和 NLTK，也将在后面使用。安装 Anaconda 后，可以使用以下命令安装 Scrapy：

```
Conda install -c conda -f scrapy
```

（2）初始化一个爬虫

一旦安装了 Scrapy 框架，就需要为每个 spider 进行少量设置。本章使用 spider 来描述特定的 Scrapy 项目，并使用“crawler”来表示“使用 Scrapy 爬取网络内容的任何通用程序”。要在当前目录中创建新的 spider，可在命令行输入：

```
$scrapy start project bookSpider
```

（3）创建一个简单的爬虫

在新建的 article.py 文件中，编写以下程序：

```
import scrapy
class ArticleSpider(scrapy.Spider):
    name='article'
    def start_requests(self):
        start_urls = ['https://books.toscrape.com/',
                'https://books.toscrape.com/catalogue/page-2.html',
                'https://books.toscrape.com/catalogue/page-3.html']
```

```
        return [scrapy.Request(url = url, callback = self.parse) for url in start_urls]

    def parse(self, response):
        url = response.url
        print('url: ', url)
        for book in response.css('article.product_pod'):
            title = book.xpath('./h3/a/@title').extract_first()
            print('title: ',title)
            break
```

这个类的名称（ArticleSpider）与目录名称（bookSpider）不同，表明此类特别负责在 bookSpider 更广泛的类别下仅通过文章页面进行搜索，可能以后想要使用它搜索其他页面类型。对于具有多种类型内容的大型网站，可能为每种类型（博客文章、新闻稿等）分别提供 Scrapy 项目，每个项目都有不同的字段，但都在同一个 Scrapy 项目下运行。每个 spider 的名称在项目中必须是唯一的。这个 spider 的其他关键事项是两个函数 start_requests( )和 parse( )。start_requests( )是 Scrapy 定义的入口点，用于生成 Scrapy 用于爬虫的 Request 对象。parse( )是用户定义的回调函数，并使用 callback=self.parse 传递给 Request 对象。稍后，我们将看到可以使用 parse( )函数实现更强大的功能，但是现在它会输出页面的标题。可以导航到 bookSpider 目录来运行此文章 spider：

```
$scrapy runspider article.py
```

默认的 Scrapy 输出相当冗长。除了调试信息外，还应输出图 9-2 所示的信息。

```
2022-05-19 14:01:44 [scrapy.core.engine] DEBUG: Crawled (200) <GET https://books.toscrape.com/> (referer: None)
url:  https://books.toscrape.com/
title:  A Light in the Attic
2022-05-19 14:01:45 [scrapy.core.engine] DEBUG: Crawled (200) <GET https://books.toscrape.com/catalogue/page-2.html> (referer: None)
2022-05-19 14:01:45 [scrapy.core.engine] DEBUG: Crawled (200) <GET https://books.toscrape.com/catalogue/page-3.html> (referer: None)
url:  https://books.toscrape.com/catalogue/page-2.html
title:  In Her Wake
url:  https://books.toscrape.com/catalogue/page-3.html
title:  Slow States of Collapse: Poems
```

图 9-2　article.py 输出

Scrapy 转到列为 start_urls 的 3 个页面收集信息，然后终止。

上面的 spider 并不是一个完全成熟的爬虫，仅限于爬取页面的 URL 列表。它无法自己寻找新的页面。要将其转换为完全成熟的爬虫，需要使用 Scrapy 提供的 CrawlSpider 类：

```
from scrapy.linkextractors import LinkExtractor
from scrapy.spiders import CrawlSpider, Rule
class ArticleSpider(CrawlSpider):
    name = 'articles'
    allowed_domains = ['books.toscrape.com']
    start_urls = ['https://books.toscrape.com/catalogue/page-1.html']
    rules = [Rule(LinkExtractor(allow=r'.*'), callback='parse_items',follow=True)]
    def parse_items(self, response):
        url = response.url
        for book in response.css('article.product_pod'):
            title = book.xpath('./h3/a/@title').extract_first()
            price = book.css('p.price_color::text').extract_first()
            print('url: ',url)
            print('title: ',title)
            print('price: ',price)
```

这个新的 ArticleSpider 扩展了 CrawlSpider 类。它不提供 start_requests( )函数，而提供

start_urls 和 allowed_domains 的列表，告诉 spider 从何处开始爬取以及是否应该遵循或忽略基于域的链接。在检索包含子标记（如文本块内的<a>标记）中内容的文本内容时，经常使用 XPath。如果使用 CSS（cascading style sheets，串联样式表）选择器执行此操作，则将忽略子标记中的所有内容。最后更新的日期字符串也将从页脚中解析出来并存储在 lastUpdated 变量中。可以通过导航来运行 bookSpider/bookSpider 示例：

```
$scrapy runspider articles.py
```

运行时，此 spider 会遍历 books.toscrape.com，遵循域 books.toscrape.com 下的所有链接，打印页面标题，并忽略所有外部链接。

这是一个非常好的爬虫程序，但还存在一些不足。接下来，我们分析如下代码：

```
rules = [Rule(LinkExtractor(allow=r'.*'), callback='parse_items',follow=True)]
```

该行代码提供了一个 ScrapyRule 对象列表，用于定义所有链接所遵循的规则。当存在多个规则时，将按顺序检查每个链接。匹配的第一个规则是用于确定链接处理方式的规则。如果链接与任何规则都不匹配，则会被忽略。

规则可以提供以下 6 个参数。

① link_extractor：唯一的必要参数，是一个 LinkExtractor 对象。

② callback：用于解析页面内容的函数。

③ cb_kwargs：要传递给回调函数的参数字典。此字典的格式为{arg_name1: arg_value1, arg_name2: arg_value2}，相当于一个方便的工具，可用于为略有不同的任务重用相同的解析函数。

④ follow：表示是否希望将在该页面中找到的链接包含在将来的爬虫网站中。如果没有提供回调函数，则默认为 True（毕竟，如果没有对页面执行任何操作，也至少希望使用它来继续浏览网站）。如果提供了回调函数，则默认为 False。LinkExtractor 是一个简单的类，专门用于根据提供给它的规则识别和返回 HTML 页面中的链接。它有许多参数可用于接收或拒绝基于 CSS 和 XPath 选择器的链接、标签、域等。它甚至可以扩展 LinkExtractor 类（尽管 LinkExtractor 类具有所有灵活的功能，但可能使用的最常见的参数为 allow 和 deny），并可以创建自定义参数。有关详细信息，请参阅 Scrapy 关于链接提取器的文档。

⑤ allow：允许所有与提供的正则表达式匹配的链接。

⑥ deny：拒绝所有与提供的正则表达式匹配的链接。

（4）创建 Items

前面的内容已经介绍了多种使用 Scrapy 查找内容、解析和创建爬虫的方法，但 Scrapy 还提供了更为有用的工具，可以将收集的项目组织起来并存储在具有明确定义字段的自定义对象中。为协助组织收集的所有信息，需要创建一个 Article 对象。在 items.py 文件中定义名为 Article 的新项。items.py 程序如下：

```
import scrapy
class Article(scrapy.Item):
    url = scrapy.Field()
    title = scrapy.Field()
    text = scrapy.Field()
    price= scrapy.Field()
```

定义将从每个页面收集 3 个字段：标题、URL 及上次编辑页面的日期。如果要收集多种页面类型的数据，则应在 items.py 中将每个单独的类型定义为自己的类。如果项目很大，或者需要将更多解析功能移动到项目对象中，可能还希望将每个项目提取到其自己的文件中。如果项目很小，也可以将它们保存在一个文件中。在文件 articleSpiders.py 中，记下为了创建新的 Article 项而对 ArticleSpider 类所做的更改：

```
from scrapy.linkextractors import LinkExtractor
from scrapy.spiders import CrawlSpider, Rule
from items import Article
class ArticleSpider(CrawlSpider):
    name = 'articleItems'
    allowed_domains = ['books.toscrape.com']
    start_urls = ['https://books.toscrape.com/catalogue/page-1.html']
    rules = [Rule(LinkExtractor(allow=r'.*'), callback='parse_items',follow=True)]
    def parse_items(self, response):
        article = Article()
        for book in response.css('article.product_pod'):
            article['url'] = response.url
            article['title'] = book.xpath('./h3/a/@title').extract_first()
            article['price'] = book.css('p.price_color::text').extract_first()
        return article
```

运行该文件，代码如下：

```
$scrapy runspider articleSpiders.py
```

输出 Scrapy 的调试数据并将每个文章项目作为 Python 字典，结果如图 9-3 所示。

```
2022-05-19 14:06:09 [scrapy.core.engine] DEBUG: Crawled (200) <GET https://books.toscrape.com/catalogue/category/books_1/page-47.html>
s.toscrape.com/catalogue/category/books_1/page-46.html)
2022-05-19 14:06:09 [scrapy.core.scraper] DEBUG: Scraped from <200 https://books.toscrape.com/catalogue/category/books_1/page-47.html>
{'price': '£14.76',
 'title': 'The Communist Manifesto',
 'url': 'https://books.toscrape.com/catalogue/category/books_1/page-47.html'}
2022-05-19 14:06:10 [scrapy.core.engine] DEBUG: Crawled (200) <GET https://books.toscrape.com/catalogue/category/books_1/page-48.html>
s.toscrape.com/catalogue/category/books_1/page-47.html)
2022-05-19 14:06:10 [scrapy.core.scraper] DEBUG: Scraped from <200 https://books.toscrape.com/catalogue/category/books_1/page-48.html>
{'price': '£52.94',
 'title': 'One Second (Seven #7)',
 'url': 'https://books.toscrape.com/catalogue/category/books_1/page-48.html'}
2022-05-19 14:06:10 [scrapy.core.engine] DEBUG: Crawled (200) <GET https://books.toscrape.com/catalogue/category/books_1/page-49.html>
s.toscrape.com/catalogue/category/books_1/page-48.html)
2022-05-19 14:06:10 [scrapy.core.scraper] DEBUG: Scraped from <200 https://books.toscrape.com/catalogue/category/books_1/page-49.html>
{'price': '£40.28',
 'title': 'Fruits Basket, Vol. 1 (Fruits Basket #1)',
 'url': 'https://books.toscrape.com/catalogue/category/books_1/page-49.html'}
2022-05-19 14:06:11 [scrapy.core.engine] DEBUG: Crawled (200) <GET https://books.toscrape.com/catalogue/category/books_1/page-50.html>
s.toscrape.com/catalogue/category/books_1/page-49.html)
2022-05-19 14:06:11 [scrapy.core.scraper] DEBUG: Scraped from <200 https://books.toscrape.com/catalogue/category/books_1/page-50.html>
{'price': '£26.08',
 'title': '1,000 Places to See Before You Die',
 'url': 'https://books.toscrape.com/catalogue/category/books_1/page-50.html'}
```

图 9-3　articleSpiders.py 输出

使用 Scrapy Items 不仅是为了促进良好的代码组织或以可读的方式进行布局，还提供了许多输出和处理数据的工具，这将在后面介绍。

（5）输出 Items

Scrapy 使用 Item 对象来确定它应从访问的页面中保存哪些信息。Scrapy 可以使用以下命令以各种方式保存此信息，例如.csv、.json 或.xml 文件：

```
$scrapy runspider articleSpiders.py-o articles.csv -t csv
$scrapy runspider articleSpiders.py -o articles.json -t json
$scrapy runspider articleSpiders.py-o articles.xml -t xml
```

其中每条命令都运行 scraper runspider articleSpiders 并将指定格式的输出写入提供的文

件。如果该文件不存在，则将创建该文件。

读者可能已经注意到，在前面示例创建的文章中，text 变量是字符串列表而不是单个字符串。此列表中的每个字符串表示单个 HTML 元素内的文本，而从中收集文本数据的 <divid="mw-content-text">内的内容由许多子元素组成。Scrapy 很好地管理着这些更复杂的数据。例如，在 CSV 格式中，它将列表转换为字符串并转义所有逗号，以便在单个 CSV 单元格中显示文本列表。在 XML 格式中，此列表的每个元素都保留在子值标记内：

```
<items>
    <item>
        <url>https://books.toscrape.com/index.html</url>
        <title>It's Only the Himalayas</title>
        <price>£45.17</price>
    </item>
    ......
<item>
```

在 JSON 格式中，列表保留为列表。当然，可以自己使用 Item 对象，并以任何想要的方式将它们写入文件或数据库中，只需将相应的代码添加到爬虫程序中的解析函数即可。

（6）用 Scrapy 登录

Scrapy 生成的调试信息可能很有用，但是，正如读者可能已经注意到的那样，它通常过于冗长。可以通过在 Scrapy 项目的 settings.py 文件中添加一行来轻松调整日志记录级别：

```
LOG_LEVEL = "ERROR"
```

Scrapy 使用标准级别的日志记录级别，如下所示：

① CRITICAL；

② ERROR；

③ WARNING；

④ DEBUG；

⑤ INFO。

如果将日志记录级别设置为 ERROR，则仅显示 CRITICAL 和 ERROR 日志；如果将日志记录级别设置为 INFO，则将显示所有日志；以此类推。除了可以通过 settings.py 文件控制日志记录外，还可以通过命令行来控制日志记录。若要将日志输出到单独的日志文件而不是终端，则可在从命令行运行时定义日志文件：

```
$scrapy crawl articles -s LOG_FILE=wiki.log
```

这将在当前目录中创建一个新的日志文件（如果不存在），并将所有日志输出到该日志文件中，使终端实现清除，以便仅显示手动添加的 Python 输出语句。

9.1.3 数据存储

虽然数据可以直接输出到终端，但在数据聚合和分析方面这并不是非常有用的。为了使大多数 Web scraper 远程有用，需要能够保存它们所捕获的信息。

1. 媒体文件

可以通过两种方式存储媒体文件：通过 URL 和下载文件本身。通过存储文件的网站所对应的 URL 来存储文件有以下几个好处。

① 当无须下载文件时，刮板运行速度更快，所需带宽更小。

② 仅存储 URL 可以节省计算机上的存储空间。

③ 编写仅存储 URL 的代码更容易。

④ 可以通过避免大文件下载来减轻主机服务器上的负载。

如果正在讨论的是将文件还是 URL 存储到文件中，那么应该看是否可多次查看或读取该文件，或者该文件所在数据库是否在大部分时间里收集电子尘埃。如果是后者，那么最好只存储 URL。用于检索网页内容的 urllib 库还包含检索文件内容的函数。以下程序使用 urllib.request.urlretrieve 从远程 URL 下载图像：

```
from urllib.request import urlretrieve
from urllib.request import urlopen
from bs4 import BeautifulSoup
html = urlopen('http://www.pythonscraping.com')
bs = BeautifulSoup(html, 'html.parser')
imageLocation = bs.find('a', {'id': 'logo'}).find('img')['src']
urlretrieve (imageLocation, 'logo.jpg')
```

上面的代码将从 http://www.pythonscraping.com 下载徽标，并将其作为 logo.jpg 存储在运行脚本的同一目录中。如果只需要下载单个文件并知道要调用它及其文件扩展名，则这种方法很有效。但大多数 scraper 都不会下载单个文件并在一天内调用它。以下代码将从 pythonscraping 的主页下载所有内部文件，并将它们链接到所有标签的 src 属性：

```
import os
from urllib.request import urlretrieve
from urllib.request import urlopen
from bs4 import BeautifulSoup
downloadDirectory = 'downloaded'
baseUrl = 'http://pythonscraping.com'
def getAbsoluteURL(baseUrl, source):
    if source.startswith('http://www.'):
        url = 'http://{}'.format(source[11:])
    elif source.startswith('http://'):
        url = source
    elif source.startswith('www.'):
        url = source[4:]
        url = 'http://{}'.format(source)
    else:
        url = '{}/{}'.format(baseUrl, source)
    if baseUrl not in url:
        return None
    return url
def getDownloadPath(baseUrl, absoluteUrl, downloadDirectory):
    path = absoluteUrl.replace('www.', '')
    path = path.replace(baseUrl, '')
    path = downloadDirectory+path
    directory = os.path.dirname(path)
    if not os.path.exists(directory):
        os.makedirs(directory)
    return path
html = urlopen('http://www.pythonscraping.com')
bs = BeautifulSoup(html, 'html.parser')
downloadList = bs.findAll(src=True)
```

```
    for download in downloadList:
        fileUrl = getAbsoluteURL(baseUrl, download['src'])
        if fileUrl is not None:
            print(fileUrl)
    urlretrieve(fileUrl, getDownloadPath(baseUrl, fileUrl, downloadDirectory))
```

此脚本使用 lambda 函数选择首页上具有 src 属性的所有标签，然后清除并规范化 URL，以获取每次下载的绝对路径（确保丢弃外部链接），然后将每个文件下载到自己的计算机上。请注意，Python 的 os 模块仅用于检索每次下载的目标目录，并在需要时沿路径创建缺少的目录。os 模块充当 Python 和操作系统之间的接口，其可以操作文件路径、创建目录、获取正在运行的进程和环境变量的相关信息。

2. 将数据存入 CSV 文件

CSV 是用于存储电子表格数据的最常用文件格式之一，它由 Microsoft Excel 和许多其他应用程序支持。以下是完全有效的 CSV 文件的示例：

```
fruit,cost
apple,1.00
banana,0.30
pear,1.2
```

与 Python 一样，空白在这里很重要：每行由换行符分隔，而行内的列用逗号分隔（因此名称为"逗号分隔"）。其他形式的 CSV 文件（有时称为字符分隔值文件）使用制表符或其他字符来分隔行，但这些文件格式不太常见且支持较少。如果希望直接从 Web 下载 CSV 文件并将其存储在本地，而无须进行任何解析或修改，则不需要制表符或其他字符来分隔行。像下载任何其他文件一样下载上述 CSV 文件并保存。使用 Python 的 csv 库，修改 CSV 文件或从头创建一个文件的示例代码如下：

```
import csv

csvFile = open('test.csv', 'w+')
try:
    writer = csv.writer(csvFile)
    writer.writerow(('number', 'number plus 2', 'number times 2'))
    for i in range(10):
        writer.writerow( (i, i+2, i*2))
finally:
        csvFile.close()
```

如果 test.csv 尚不存在，Python 将自动创建文件（但不是目录）。如果 test.csv 已经存在，Python 将用新数据覆盖它。运行后，可以看到一个 CSV 文件，如图 9-4 所示。

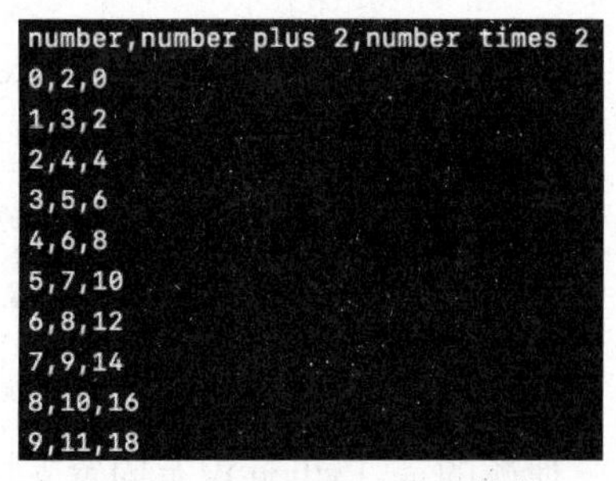

```
number,number plus 2,number times 2
0,2,0
1,3,2
2,4,4
3,5,6
4,6,8
5,7,10
6,8,12
7,9,14
8,10,16
9,11,18
```

图 9-4　articleSpiders.py 输出

一个常见的 Web 爬取任务是检索 HTML 表格并将其写入 CSV 文件。维基百科的文本编辑器提供了一个相当复杂的 HTML 表格，包括颜色编码、链接、排序和垃圾数据，在将 HTML 表格的有用数据写入 CSV 文件之前需要将其垃圾数据丢弃。爬虫程序会大量使用 BeautifulSoup 和 get_text（）函数，程序如下：

```
import csv
from urllib.request import urlopen
from bs4 import BeautifulSoup

html =
['https://books.toscrape.com/catalogue/a-light-in-the-attic_1000/index.html']
bs = BeautifulSoup(html, 'html.parser')
table = bs.findAll('table',{'class':'table'})[0]
rows = table.findAll('tr')
csvFile = open('editors.csv', 'wt+')
writer = csv.writer(csvFile)
try:
    for row in rows:
        csvRow = []
        for cell in row.findAll(['td', 'th']):
            csvRow.append(cell.get_text())
            writer.writerow(csvRow)
finally:
    csvFile.close()
```

3. 将数据存入 MySQL

MySQL 是当今最流行的开源关系数据库管理系统。对于一个拥有强劲竞争对手的开源项目来说，它的流行程度一直与其他两个主要的闭源数据库系统（微软公司的 SQL Server 和甲骨文公司的 DBMS）相当。对于大多数应用程序，MySQL 很少出错。它是一个可扩展的、功能强大且齐全的 DBMS，常被大型网站使用。

通常默认读者的设备上已经安装有 MySQL，并已经在运行中。在 MySQL 服务器运行后，可以使用许多选项来实现与数据库的交互。此时，会有许多软件工具充当“中介”，因此不必处理 MySQL 命令（或者至少不用经常处理它们）。使用 phpMyAdmin 和 MySQL Workbench 等工具可以轻松、快速地查看、排序和插入数据。但是，了解编写命令的方法仍然很重要。除变量名外，MySQL 不区分大小写，例如，SELECT 与 sElEcT 相同。但是，按照惯例，在编写 MySQL 语句时，所有 MySQL 关键字都处于全部大写状态。相反，大多数开发人员更喜欢用小写字母命名他们的表和数据库。第一次登录 MySQL 时没有可以添加数据的数据库，这时可以创建一个，命令如下：

```
> CREATE DATABASE scraping;
```

因为每个 MySQL 实例都可以有多个数据库，所以在开始与数据库交互之前，需要向 MySQL 指定要使用的数据库，命令如下：

```
> USE scraping;
```

从此时开始（至少在关闭 MySQL 连接或切换到另一个数据库之前），输入的所有命令都将针对新的爬取数据库运行。

下面尝试创建一个表来存储一组被爬取的网页，代码如下：

```
> CREATE TABLE pages (id BIGINT(7) NOT NULL AUTO_INCREMENT,
title VARCHAR(200), content VARCHAR(10000),
created TIMESTAMP DEFAULT CURRENT_TIMESTAMP, PRIMARY KEY(id));
```

遗憾的是，Python 没有内置支持 MySQL 数据库的工具。但是，许多开源库（包括 Python 2.x 和 Python 3.x 的开源库）都允许与 MySQL 数据库进行交互。其中最受欢迎的是

PyMySQL。安装 PyMySQL 的命令如下：

```
$ pip install PyMySQL
```

安装后，MySQL 数据库即可自动访问 PyMySQL。当本地 MySQL 数据库运行时，可成功执行以下脚本（请记住为数据库添加 root 密码）：

```
import pymysql
conn = pymysql.connect(host='127.0.0.1', unix_socket='/tmp/mysql.sock',
user='root', passwd=None, db='mysql')
cur = conn.cursor()
cur.execute('USE scraping')
cur.execute('SELECT * FROM pages WHERE id=1')
print(cur.fetchone())
cur.close()
conn.close()
```

在此示例中有两种新类型的对象：连接对象（conn）和游标对象（cur）。这两者通常用于数据库编程，其中连接对象负责连接到数据库，也可以发送数据库信息、处理回滚（当需要中止查询或查询集并且数据库需要返回到先前的状态时）以及创建新的游标对象。连接对象可以有许多游标对象。游标对象可以跟踪某些状态信息，例如正在使用的数据库。如果有多个数据库并且需要在所有数据库中写入信息，则可能有多个游标来处理此问题。游标还包含它已执行的最新查询的结果。通过调用游标上的函数，例如 cur.fetchone()，可以访问此信息。完成使用后连接必须关闭，不执行此操作可能会导致连接泄漏。

以下是爬取某图书网站的页面并将其存储到 MySQL 的示例代码：

```
from urllib.request import urlopen
from bs4 import BeautifulSoup
import re
import pymysql
from random import shuffle

conn = pymysql.connect(host='127.0.0.1', unix_socket='/tmp/mysql.sock',
user='root', passwd=None, db='mysql', charset='utf8')
cur = conn.cursor()
cur.execute('USE Article')
def insertPageIfNotExists(url):
    cur.execute('SELECT * FROM pages WHERE url = %s', (url))
    if cur.rowcount == 0:
        cur.execute('INSERT INTO pages (url) VALUES (%s)', (url))
        conn.commit()
        return cur.lastrowid
    else:
        return cur.fetchone()[0]

def loadPages():
    cur.execute('SELECT * FROM pages')
    pages = [row[1] for row in cur.fetchall()]
    return pages

def insertLink(fromPageId, toPageId):
    cur.execute('SELECT * FROM links WHERE fromPageId = %s ''AND toPageId = %s',
(int(fromPageId), int(toPageId)))
    if cur.rowcount == 0:
        cur.execute('INSERT INTO links (fromPageId, toPageId) VALUES
(%s, %s)',(int(fromPageId), int(toPageId)))
        conn.commit()
```

```
def getLinks(pageUrl, recursionLevel, pages):
    if recursionLevel > 4:
        return
    pageId = insertPageIfNotExists(pageUrl)
    html = urlopen('https://books.toscrape.com{}'.format(pageUrl))
    bs = BeautifulSoup(html, 'html.parser')
    links = bs.findAll('a', href=re.compile('^(/catalogue/category/books/)((?!:).)*$'))
    links = [link.attrs['href'] for link in links]
    for link in links:
        insertLink(pageId, insertPageIfNotExists(link))
        if link not in pages:
    # We have encountered a new page, add it and search
    # it for links
            pages.append(link)
            getLinks(link, recursionLevel + 1, pages)

getLinks('/catalogue/category/books_1/index.html', 0, loadPages())
cur.close()
conn.close()
```

9.2 推荐系统

本节将基于 IMDB（internet movie database，互联网电影数据库） Top 250 相关数据构建简单推荐系统，并进一步增强系统功能，以建立一个知识推荐系统，获取关于电影的流派、时长和语言等用户偏好，并向用户推荐满足其偏好的电影。

IMDB 有一个名为 IMDB Top 250 的列表，此列表根据某个评分指标统计排名前 250 名的电影。此列表中不含纪录片，而是所谓的故事片，且放映时长至少为 45 min。这些电影的评分人数超过 250 000 人。

9.2.1 简单推荐系统

图 9-5 展示了 IMDB Top 250 的部分数据。

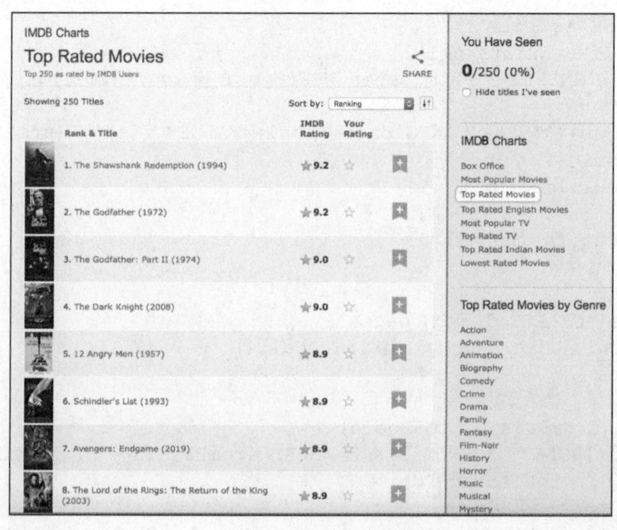

图 9-5　IMDB 截图

可以认为 IMDB Top 250 是最简单的推荐系统，但其没有考虑特定用户的喜好，也没有根据不同电影之间的相似之处进行推荐，只是根据预定义的指标计算每部电影的分数，并根据该分数输出分类的电影列表。

接下来，本小节将使用 Jupyter Notebook 工具来进行程序的构建，该工具可以方便地进行 Python 交互式编程。读者可以搜索其官方说明。

构建简单推荐系统的第一步是设置工作空间，创建一个名为 Simple Recommender 的文件夹；创建一个 Jupyter Notebook 并在 Web 浏览器中打开；导入 pandas 加载电影数据。该数据可以在本书配套资源/源代码中找到，也可以搜索下载该数据的最新版，如图 9-6 所示。

In case you have not downloaded it already, the dataset is available at

```
import pandas as pd
import numpy as np

#Load the dataset into a pandas dataframe
df = pd.read_csv('../data/movies_')

#Display the first five movies in the dataframe
df.head()
```

图 9-6　导入 pandas 加载电影数据

构建简单的推荐系统非常容易，步骤如下：

① 选择一个指标（或分数）来评价电影；

② 确定要在图表上显示电影的先决条件；

③ 计算满足条件的每部电影的分数；

④ 按照分数的降序输出电影列表。

9.2.2　度量规则

度量是进行电影排名的标准。如果某部电影具有比另一部电影更高的度量分数，则认为该电影优于另一部电影。重要的是如何选择一个强大而可靠的度量规则来构建列表，以确保提供高质量的推荐。度量的选择可以人为任意决定，最容易想到的是直接使用电影评级分数。然而，这具有一些缺点。首先，电影评级分数由观众产生，并未完全考虑电影的受欢迎程度。因此，将评分为 9、评分人数为 10 万的电影放在评分 9.5、评分人数为 100 的电影之后，是不可取的。因为只有 100 人观看和评价的电影很可能只是迎合了一个非常小众的群体。

众所周知，随着评分人数的增加，电影评分开始正常化，并且接近一个反映电影质量和普及程度的值。换句话说，观看率极低的电影的评分并不十分可靠。一部由 5 个观众评价为 10 分的电影并不一定意味着它是一部好电影。因此需要一个指标，它可以在一定程度上考虑评分和获得的票数，即参与评分的人数。

可将 IMDB 的加权评分公式作为指标，表示如下：

$$\text{加权评分（WR）} = \frac{v}{v+m} \times R + \frac{m}{v+m} \times C$$

式中：v 是电影获得的票数；m 是电影能在图表中显示所需的最小票数（先决条件）；R 是电影的平均评分；C 是数据集中所有电影的平均评分。

这里，已经为每部电影提供了 v 和 R 的值（vote_count 和 vote_average），而 C 的计算

是非常容易的。

9.2.3 先决条件

IMDB 的加权评分公式还有一个变量 m，需要计算其值。该变量用于确保仅对高于特定人气阈值的电影进行排名。

就像度量一样，m 值的选择也是人为确定的。换句话说，m 值没有绝对正确的选择，最好是尝试各种不同的 m 值，然后选择观众认为最佳推荐的 m 值。唯一需要记住的是 m 的值越大，对电影受欢迎程度的重视程度也就越高，因此推荐排名也就越高。

对于该推荐系统，将使用排名位于前 80%的电影获得的票数作为 m 值。换句话说，对于要在排名中考虑的电影，它必须获得比数据集中至少 80%的电影更多的票数。因此，在先前描述的加权评分公式中使用由排名前 80%的电影获得的票数来得出分数的值。

m 的计算如下列代码所示：

```
In [7]: #Calculate the number of votes garnered by the 80th percentile movie
   m = df['vote_count'].quantile(0.80)
   m
   Out [7]: 50.0
```

可以看到排名位于前第 20%的电影获得了 50 多票，因此设置的 m 值为 50。另一个先决条件是只考虑时长超过 45 min 且不到 300 min 的电影。定义一个新的 DataFrame，即 q_movies，用来保存所有完成剪辑的电影，代码如下：

```
In [13]: #Only consider movies longer than 45 minutes and shorter than 300 minutes
   q_movies = df[(df['runtime'] >= 45) & (df['runtime'] <= 300)]

   #Only consider movies that have garnered more than m votes
   q_movies = q_movies[q_movies['vote_count'] >= m]

   #Inspect the number of movies that made the cut
   q_movies.shape
   Out [13]: (8963, 24)
```

从包含 45 000 部电影的数据集中可看到，大约 9 000 部电影（或 20%）完成了剪辑。

9.2.4 计算和输出

在计算分数之前需要得到 C，即数据集中所有电影的平均评分，代码如下：

```
In [15]: # 计算 C
   C = df['vote_average'].mean()
   C
Out [15]: 5.618207215134185l
```

可以看到电影的平均评分约为 5.6，可见 IMDB 对其评分特别严格。现在有了 C 的值，可以计算每部电影的分数。

首先，定义一个函数来计算电影的评分，给出它的特征以及 m 和 C 的值，然后编写函数计算每部电影的 IMDB 加权评分，代码如下：

```
In [16]: # Function to compute the IMDB weighted rating for each movie
   def weighted_rating(x, m=m, C=C):
```

```
    v = x['vote_count']
    R = x['vote_average']
    # Compute the weighted score
    return (v/(v+m) * R) + (m/(m+v) * C)
```

现在需要根据刚刚计算的分数对 DataFrame 进行排序，并输出热门电影列表，代码如下：

```
In [17]: # Compute the score using the weighted_rating function defined above
    q_movies['score'] = q_movies.apply(weighted_rating, axis=1)
In [20]: #Sort movies in descending order of their scores
    q_movies = q_movies.sort_values('score', ascending=False)

    #Print the top 25 movies
    q_movies[['title', 'vote_count', 'vote_average', 'score', 'runtime']].head(25)
```

代码的运行结果如图 9-7 所示。

out[20]:

	title	vote_count	vote_average	score	runtime
10309	Dilwale Dulhania Le Jayenge	661.0	9.1	8.855148	190.0
314	The Shawshank Redemption	8358.0	8.5	8.482863	142.0
834	The Godfather	6024.0	8.5	8.476278	175.0
40251	Your Name	1030.0	8.5	8.366584	106.0
12481	The Dark Knight	12269.0	8.3	8.289115	152.0
2843	Fight Club	9678.0	8.3	8.286216	139.0
292	Pulp Fiction	8670.0	8.3	8.284623	154.0
522	Schindler's List	4436.0	8.3	8.270109	195.0
23673	Whiplash	4376.0	8.3	8.269704	105.0
5481	Spirited Away	3968.0	8.3	8.266628	125.0
2211	Life is Beautiful	3643.0	8.3	8.263691	116.0
1178	The Godfather: Part II	3418.0	8.3	8.261335	200.0

图 9-7　输出的热门电影列表

一个简单推荐系统的构建到此完成。

9.2.5　知识推荐系统

本小节将基于 IMDB Top 250 简单推荐系统构建知识推荐系统。程序运行之前会调查用户喜好的电影类型、放映时间和发布时间范围等数据，并使用这些数据进行电影推荐。

首先创建一个名为 Knowledge Recommender 的目录和一个 Jupyter Notebook，代码如下：

```
In [1]: import pandas as pd
    import numpy as np

    df = pd.read_csv('../data/movies_metadata.csv')

    #Print all the features (or columns) of the DataFrame
```

```
df.columns
Out [1]: Index(['adult', 'belongs_to_collection', 'budget', 'genres', 'homepage',
'id', 'imdb_id', 'original_language', 'original_title', 'overview', 'popularity',
'poster_path', 'production_companies', 'production_countries', 'release_date',
'revenue', 'runtime', 'spoken_languages', 'status', 'tagline', 'title', 'video',
'vote_average', 'vote_count'], dtype='object')
```

从输出中可以清楚地看出做了什么和不需要哪些功能。现在我们减少 DataFrame，只包含模型所需的功能，代码如下：

```
In [2]: #Only keep those features that we require
   df=df[['title','genres', 'release_date', 'runtime', 'vote_average', 'vote_count']]
   df.head()
```

输出热门电影的部分特征如图 9-8 所示。

Out[2]:

	title	genres	release_date	runtime	vote_average	vote_count
0	Toy Story	[{'id': 16, 'name': 'Animation'}, {'id': 35, '...	1995-10-30	81.0	7.7	5415.0
1	Jumanji	[{'id': 12, 'name': 'Adventure'}, {"id': 14, '...	1995-12-15	104.0	6.9	2413.0
2	Grumpier Old Men	[{'id': 10749, 'name': 'Romance'}, {'id': 35,...	1995-12-22	101.0	6.5	92.0
3	Waiting to Exhale	[{'id': 35, 'name': 'Comedy'}, {'id': 18, "nam...	1995-12-22	127.0	6.1	34.0
4	Father of the Bride Part II	[{'id': 35, 'name': 'Comedy'}]	1995-02-10	106.0	5.7	173.0

图 9-8 输出热门电影的部分特征

接下来，从 release_date 中提取发布年份，代码如下：

```
In [3]: #Convert release_date into pandas datetime format
   df['release_date'] = pd.to_datetime(df['release_date'], errors='coerce')
   #Extract year from the datetime
   df['year'] = df['release_date'].apply(lambda x: str(x).split('-')[0] if x !=
   np.nan else np.nan)
```

年份特征仍然是一个对象，它是一种 pandas 中使用的空值类型。我们需要将这些值转换为整数 0，将年份特征的数据类型转换为 int。为此定义一个辅助函数 convert_int( )，并将其应用于年份特征，代码如下：

```
In [4]: #Helper function to convert NaT to 0 and all other years to integers
   def convert_int(x):
   try:
   return int(x)
   except:
   return 0
In [5]: #Apply convert_int to the year feature
df['year'] = df['year'].apply(convert_int)
```

不再需要 release_date 功能，所以删除它，代码如下：

```
In [6]: #Drop the release_date column
   df = df.drop('release_date', axis=1)
   #Display the dataframe
   df.head()
```

runtime 特征已经是可用的形式，现在把注意力转向 genres。当前电影列表的输出如图 9-9 所示。

out[6]:

	title	genres	runtime	vote_average	vote_count	year
0	Toy Story	[{'id': 16, 'name': 'Animation'}, {'id': 35, '···	81.0	7.7	5415.0	1995
1	Jumanji	[{'id': 12, 'name': 'Adventure'}, {'id': 14, "···	104.0	6.9	2413.0	1995
2	Grumpier Old Men	[{'id': 10749, 'name': 'Romance'}, {'id': 35,···	101.0	6.5	92.0	1995
3	Waiting to Exhale	[{'id': 35, 'name': 'Comedy'}, {'id': 18, "nam···	127.0	6.1	34.0	1995
4	Father of the Bride Part II	[{'id': 35, 'name': 'Comedy'}]	106.0	5.7	173.0	1995

图 9-9　当前电影列表的输出

初步检查后，可以观察到 genres 的格式类似于 JSON 对象（或 Python 字典）。查看一部电影的 genres 对象，代码如下：

```
In [7]: #Print genres of the first movie
        df.iloc[0]['genres']
Out [7]: "[{'id': 16, 'name': 'Animation'}, {'id': 35, 'name': 'Comedy'}, {'id': 10751,
'name': 'Family'}]"
```

可以观察到输出的是一个字符串化的字典。为了使此功能可用，我们将此字符串转换为 Python 字典。Python 允许访问一个名为 literal_eval( )的函数（在 ast 库中可用），literal_eval( )可以分解任何字符串，并且可以将分解后的字符串转换为相应的 Python 对象，代码如下：

```
In [8]: #Import the literal_eval function from ast
    from ast import literal_eval

    #Define a stringified list and output its type
    a = "[1,2,3]"
    print(type(a))

    #Apply literal_eval and output type
    b = literal_eval(a)
    print(type(b))
Out[8]: <class 'str'>
    <class 'list'>
Int[9]: #Convert all NaN into stringified empty lists
    df['genres'] = df['genres'].fillna('[]')

    #Apply literal_eval to convert stringified empty lists to the list object
    df['genres'] = df['genres'].apply(literal_eval)

    #Convert list of dictionaries to a list of strings
    df['genres'] = df['genres'].apply(lambda x: [i['name'].lower() for i in x] if
    isinstance(x, list) else [])
Int [10]: df.head()
```

此外，每个字典代表一种类型，并有两个键：id 和 name（需要的只是 name）。因此，将字典列表转换为字符串列表，其中每个字符串都是一个类型名称。

电影类型的名称列表如图 9-10 所示。

Out[10]:

	title	genres	runtime	vote_average	vote_count	year
0	Toy Story	[animation, comedy, family]	81.0	7.7	5415.0	1995
1	Jumanji	[adventure, fantasy, family]	104.0	6.9	2413.0	1995
2	Grumpier Old Men	[romance, comedy]	101.0	6.5	92.0	1995
3	Waiting to Exhale	[comedy,drama, romance]	127.0	6.1	34.0	1995
4	Father of the Bride Part II	[comedy]	106.0	5.7	173.0	1995

图 9-10　电影类型的名称列表

输出 DataFrame 的头部信息时，应该显示一个新的类型名称列表。如果某部电影可以归类为多种类型，则可创建多个电影数据的副本，每个电影副本归类为一种类型。例如，如果有一部名为 *Just Go With It* 的电影可以归类为浪漫和喜剧两种类型，那么将这部电影分成两行，其中一行认为 *Just Go With It* 为浪漫电影，另一行认为 *Just Go With It* 为喜剧电影。代码如下：

```
In [11]: #Create a new feature by exploding genres
    s = df.apply(lambda x: pd.Series(x['genres']),axis=1).stack().reset_index
    (level=1, drop=True)

    #Name the new feature as 'genre'
    s.name = 'genre'

    #Create a new dataframe gen_df which by dropping the old 'genres' feature and adding
    the new 'genre'
    gen_df = df.drop('genres', axis=1).join(s)

    #Print the head of the new gen_df
    gen_df.head()
```

代码的运行结果如图 9-11 所示。

Out[11]:

	title	runtime	vote_average	vote_count	year	genre
0	Toy Story	81.0	7.7	5415.0	1995	animation
0	Toy Story	81.0	7.7	5415.0	1995	comedy
0	Toy Story	81.0	7.7	5415.0	1995	family
1	Jumanji	104.0	6.9	2413.0	1995	adventure
1	Jumanji	104.0	6.9	2413.0	1995	fantasy

图 9-11　输出 gen_df 的头部信息

现在应该可以看到 3 行 Toy Story，分别代表动画、喜剧和家庭类型。至于 gen_df，是 DataFrame 用来构建知识推荐系统的。接下来开始构建推荐系统。不能使用之前的 m 和 C 的计算值，因为这里不会考虑每部电影，而只考虑符合要求的电影。现在 3 个主要步骤如下：

① 获取用户对电影偏好的信息；

② 提取符合用户设置条件的所有电影；

③ 仅为这些电影计算 m 和 C 的值，然后按照前面的步骤构建列表。

build_chart( )函数只接收两个输入：gen_df 和用于计算 m 值的百分数。默认情况下，将其设置为 80%或 0.8。

接下来测试一下构建的推荐系统。假设需要播放时长在 30 min ~ 2 h 之间并在 1990—2005 年之间的任何地方发布的动画电影。代码如下:

```
In [12]: def build_chart(gen_df, percentile=0.8):
    #Ask for preferred genres
    print("Input preferred genre")
    genre = input()

    #Ask for lower limit of duration
    print("Input shortest duration")
    low_time = int(input())

    #Ask for upper limit of duration
    print("Input longest duration")
    high_time = int(input())

    #Ask for lower limit of timeline
    print("Input earliest year")
    low_year = int(input())

    #Ask for upper limit of timeline
    print("Input latest year")
    high_year = int(input())

    #Define a new movies variable to store the preferred movies. Copy the contents
    of gen_df to movies
    movies = gen_df.copy()

    #Filter based on the condition
    movies = movies[(movies['genre'] == genre) &
              (movies['runtime'] >= low_time) &
              (movies['runtime'] <= high_time) &
              (movies['year'] >= low_year) &
              (movies['year'] <= high_year)]

    #Compute the values of C and m for the filtered movies
    C = movies['vote_average'].mean()
    m = movies['vote_count'].quantile(percentile)

    #Only consider movies that have higher than m votes. Save this in a new dataframe
    q_movies
    q_movies = movies.copy().loc[movies['vote_count'] >= m]

    #Calculate score using the IMDB formula
    q_movies['score'] = q_movies.apply(lambda x:
    (x['vote_count']/(x['vote_count']+m) * x['vote_average']) +
    (m/(m+x['vote_count']) * C), axis=1)

    #Sort movies in descending order of their scores
    q_movies = q_movies.sort_values('score', ascending=False)

    return q_movies
In [13]: #Generate the chart for top animation movies and display top 5
    build_chart(gen_df).head()
```

知识推荐系统的输出结果如图 9-12 所示。可以看到，输出的电影满足输入的所有条件。

由于应用了 IMDB 的指标，也可以观察到电影同时受到高度评价和欢迎。

Out[13]:

	title	runtime	vote_average	vote_count	year	genre	score
723	Ghost in the Shell	83.0	7.8	854.0	1995	action	7.521643
550	True Romance	120.0	7.5	762.0	1993	action	7.231980
3902	O Brother, Where Art Thou?	106.0	7.3	1144.0	2000	action	7.131617
348	The Crow	102.0	7.3	980.0	1994	action	7.106412
3871	CrouchingTiger,Hidden Dragon	120.0	7.2	949.0	2000	action	7.011634

图 9-12　知识推荐系统的输出结果

本节首先构建了一个简单的推荐系统，该系统数据来源于 IMDB Top 250 列表；然后构建了一个改进的知识推荐系统，该系统根据用户喜欢的流派、电影播放时长和发布时间进行推荐。

9.3 图像处理

当前，图像和视频无处不在。在网络上，我们可以获取各种图像；在生活中，我们可以用手机和相机等拍摄照片和视频。通过 Python 的图像库，我们可以方便地处理各种图像和视频。常用的 Python 图像库有 PIL（Python imaging library，Python 图像库）、skimage 和 OpenCV（open source computer vision library，开源计算机视觉库）。

PIL 提供了常用的数字图像处理功能，包括图像读取、缩放、裁剪、旋转、颜色转换、几何变换和滤波等。PIL 只支持 Python 2.x，为了支持 Python 3 又创建了兼容的图像库 Pillow，并加入了许多新的特性。

skimage[scikit-image SciKit（toolkit for SciPy）]是基于 SciPy 的图像处理库。它在 scipy.ndimage 的基础上进行扩展，提供了丰富的图像处理功能，包括几何变换、颜色处理、过滤、检测、分割和特征提取等。

OpenCV 是用 C++语言编写的高性能、跨平台的计算机视觉库。OpenCV 实现了各种通用的图像处理和计算机视觉算法。除了 C++ 接口外，它还提供 Python、Java 和 MATLAB 等多种语言接口。

下面介绍 PIL 库和 skimage 库的图像读取方式，通过比较它们的读取方式，我们可以了解不同图像库处理方式的区别。本节后续内容将重点围绕 skimage 库和 OpenCV 库介绍图像处理算法。

9.3.1　图像的基本操作

1．显示图像

Image 类是 PIL 库的核心类，它提供了图像处理的基本功能，包括图像读/写、合成、裁剪、滤波、获取图像属性等。调用 Image.open( )函数可以打开一个图像文件，并返回一个 Image 对象，代码如下：

```
from PIL import Image

file = r'../../DataSet/Images/building.jpg'

img = Image.open(file)
img.show()
img.save('e:/building.png')  # 保存图像到指定的路径
```

代码的运行结果如图 9-13 所示。

图 9-13　显示图像

在 Jupyter Notebook 中，调用 Image 的 show( )函数会在弹出窗口中显示图像。如果想要在 Jupyter Notebook 中嵌入显示图像，可以调用 matplotlib.pyplot 的 imshow( )函数来实现，代码如下：

```
# 在 Jupyter Notebook 中显示图像
import matplotlib.pyplot as plt

# 为了显示中文标题，设置 rc 参数
# 为了显示中文，设置字体为 SimHei（国标黑体）
plt.rcParams['font.sans-serif']=['SimHei']
# 保证正常显示负号
plt.rcParams['axes.unicode_minus'] = False
plt.figure("building", figsize=(6, 4), dpi=300)
plt.title('图书馆')
plt.axis('off')
plt.imshow(img)
```

通过 matplotlib.pyplot 的 rc 参数配置文件，可以设置图像显示的各种属性。rc 配置参数可设置显示窗口大小、线条宽度、颜色、坐标轴、文本、字体等属性。如果要显示中文标题，需要设置“font.sans-serif”属性。

通过 Image 对象可以获取图像的各种信息，比如类型、格式、大小、模式、图像 RGB 值等，代码如下：

```
print('图像的类型：', type(img))
print('图像的格式：', img.format)
print('图像的大小：', img.size)
print('图像的模式：', img.mode)
print('图像在位置(0,0)的三通道像素值：', img.getpixel((0,0)))  # 显示 RGB 值
```

代码的运行结果如下：

```
图像的类型： <class 'PIL.JpegImagePlugin.JpegImageFile'>
图像的格式： JPEG
图像的大小： (4032, 3024)
图像的模式： RGB
图像在位置(0,0)的三通道像素值： (94, 146, 196)
```

format 属性表示图像的格式，比如 JPEG、PNG 等格式；size 属性表示图像的宽度和高度；mode 属性表示图像的颜色模式，比如 RGB、HSV 等。

与 PIL 库类似，skimage 库通过 io 模块来完成图像的基本操作，其中 imread( )函数用来读入图像，imshow( )函数用来显示图像，imsave( )函数用来保存图像。图像操作代码如下：

```
from skimage import io

file = r'../../DataSet/Images/building.jpg'
img = io.imread(file)
# 显示图像
io.imshow(img)

# 读入图像，同时将其转换为灰度图像
img = io.imread(file, as_gray=True)
io.imshow(img)

# 保存图像
img = io.imsave('e:/building.png', img)
```

imsave(fname, arr)函数的第一个参数用于保存图像的路径和文件名，第二个参数是要保存的图像。在保存图像时，我们还可以指定保存的图像格式，比如读取 JPG 格式的图像，保存时使用“.png”文件扩展名，图像将自动从 JPG 格式转换为 PNG 格式。

对比 PIL 库和 skimage 库的图像读取方式，PIL 读取的图像可转换为自定义的 PIL 类型；而 skimage.io 采用 NumPy 数组存放读取的图像，因此我们可以直接用操作 NumPy 数组的方式来处理图像，代码如下：

```
from PIL import Image
from skimage import io

file = r'../../DataSet/Images/building.jpg'

img_PIL = Image.open(file)
img_skimage = io.imread(file)
```

```
print('PIL读取图像尺寸：', img_PIL.size)
print('skimage读取图像尺寸：', img_skimage.shape)

print('PIL读取图像像素：', img_PIL.getpixel((0, 0)))
print('skimage读取图像像素：', img_skimage[0][0])
```

代码的运行结果如下：

```
PIL读取图像尺寸：　(4032, 3024)
skimage读取图像尺寸：　(3024, 4032, 3)
PIL读取图像像素：　(94, 146, 196)
skimage读取图像像素：　[ 94 146 196]
```

PIL 图像对象的存放格式为(width, height)，其中 width 表示图像的宽度，height 表示图像的高度；而 skimage 图像对象的存放格式为(height, width, channel)，其中 channel 表示图像的通道数，比如RGB图像有3个通道，分别是Red、Green和Blue。调用PIL的getpixel((w,h))函数，可以获取像素（像素在(w, h)位置）的通道值。对于 skimage 图像，可以直接以数组的方式进行操作，比如通过 img_file2[0][0]来获取(0,0)位置像素的通道值。

除了可以读取磁盘上的图像文件，skimage 的 data 模块还内置了一些示例图像，我们可以通过图像的名称来直接得到图像对象。表 9-1 列举了 data 模块中常用的一些示例图像。这些示例图像存放在 skimage 的安装文件夹中，路径名为“data_dir”。

表 9-1　示例图像

名称	图像	名称	图像
astronaut	宇航员	page	书页
coffee	一杯咖啡	chelsea	小猫
camera	拿相机的人	hubble_deep_field	星空
coins	硬币	text	文字
moon	月亮	clock	时钟
checkerboard	棋盘	immunohistochemistry	结肠
horse	马	logo	商标
binary_blobs	斑点	rocket	火箭

下面我们通过 data 模块载入指定的图像，并获取图像的基本信息。获取图像信息的方式与前面类似，都是直接通过 NumPy 数组访问图像元素。图像左上角的坐标位置为坐标原点(0,0)。彩色图像的访问方式为 img[i, j, c]，i 表示图像的行，j 表示图像的列，c 表示图像的通道数（RGB 分别对应数字 0、1、2）；灰度图像的访问方式为 gray[i, j]，代码如下：

```
from skimage import io, data, data_dir

# 读入宇航员图像
img = data.astronaut()
io.imshow(img)
print('示例图像路径：', data_dir)
```

```
print('图像类型: ', type(img))
print('图像尺寸: ', img.shape)
print('图像高度: ', img.shape[0])
print('图像宽度: ', img.shape[1])
print('图像通道: ', img.shape[2])

print('图像总像素个数: ', img.size)
print('图像最大像素值: ', img.max())
print('图像最小像素值: ', img.min())
print('图像平均像素值: ', img.mean())
print('图像(0,0)位置像素值: ', img[0, 0])
print('图像(0,0)位置像素 Green 通道值: ', img[0,0,1])
```

以上代码的运行结果如下：

```
示例图像路径: C:\Anaconda3\lib\site-packages\skimage\data
图像类型: <class 'numpy.ndarray'>
图像尺寸: (512, 512, 3)
图像高度: 512
图像宽度: 512
图像通道: 3
图像总像素个数: 786432
图像最大像素值: 255
图像最小像素值: 0
图像平均像素值: 114.59900410970052
图像(0,0)位置像素值: [154 147 151]
图像(0,0)位置像素 Green 通道值: 147
```

显示的图像如图 9-14 所示。

图 9-14　宇航员图像

2. 裁剪图像

由于 skimage 采用 NumPy 数组形式存放图像，因此可以直接用数组切片的方式对图像进行裁剪操作，代码如下：

```
from skimage import io,data

img = data.astronaut()
roi = img[70:170, 175:275, :]
io.imshow(roi)
```

代码的运行结果如图 9-15 所示。

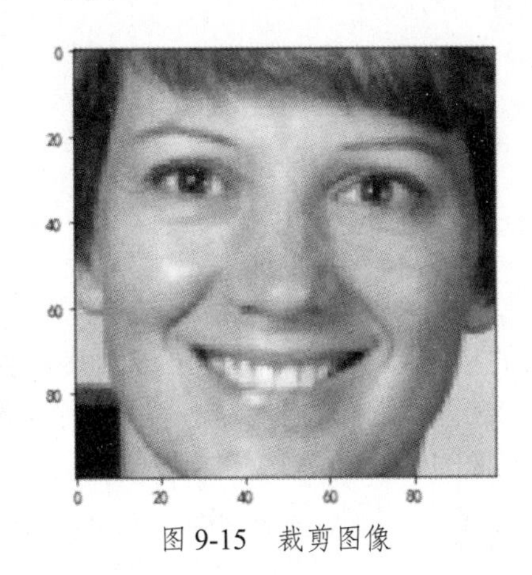

图 9-15　裁剪图像

3. 批量处理图像

skimage 除了能处理单幅图像外，还能同时处理一批图像。skimage 用 ImageCollection( ) 函数来处理图像集合：

```
skimage.io.ImageCollection(load_pattern, load_func=None)
```

该函数有两个参数，其中 load_pattern 是一个字符串，表示多个图像文件的存储路径和图像格式；load_func 是一个回调函数，通过它可以对图像集合进行指定的处理。回调函数默认为 imread( )，用于批量读取图像。批量处理图像的代码如下：

```
import skimage.io as io
from skimage import data_dir

path = data_dir + '\*.png'
path = path + r';f:\DataSet\*.jpg'
print(f'图像路径: {path}')

img_coll = io.ImageCollection(path)
print(f'图像数: {len(img_coll)}')
io.imshow(img_coll[0])
```

代码的运行结果如下：

```
图像路径: C:\Anaconda3\lib\site-packages\skimage\data\*.png;f:\DataSet\*.jpg
图像数: 32
```

在上面的代码中，ImageCollection( )函数将读取的所有图像都存放在 img_coll 中，因为省略了第二个参数，所以默认为批量读取图像。ImageCollection( )可以从多个不同的文件夹中读取不同格式的图像。多个路径用“;”连接在一起，构成路径字符串。首先，获取 skimage 的 data_dir 路径，然后将其与 F 盘的 DataSet 路径合并在一起；路径中的文件扩展名“png”和“jpg”表示读取不同格式的图像。

如果要进行其他批量操作，比如将彩色图像批量转换为灰度图像，我们需要定义一个灰度转换函数，并将其作为 ImageCollection( )的批量操作函数，即将该函数设为 ImageCollection( )的第二个参数。批量转换灰度图像的代码如下：

```
from skimage import data_dir, io, color

def convert_gray(f):
      rgb = io.imread(f)
      return color.rgb2gray(rgb)

str = data_dir + '/*.png'
coll = io.ImageCollection(str, load_func=convert_gray)
io.imshow(coll[10])
```

通过 ImageCollection( )的批量操作，我们也可以对多幅图像进行连接。io 模块的 concatenate_images( )函数可实现连接多幅图像，构成一个高维数组。请注意，所有连接图像必须是一样大小的。连接图像的代码如下：

```
from skimage import data_dir, io, color

path = 'f:\DataSet\*.jpg'
coll = io.ImageCollection(path)
print('连接图像的数量： ', len(coll))
# 进行连接的图像尺寸必须一样
print('单张图像的尺寸： ', coll[0].shape)
# 图像连接
mat = io.concatenate_images(coll)
print('连接后的图像尺寸： ', mat.shape)
```

代码的运行结果如下：

```
连接图像的数量：  10
单张图像的尺寸：  (300, 300, 3)
连接后的图像尺寸：  (10, 300, 300, 3)
```

4. 缩放图像

skimage.transform 模块提供了几何变换等多种图像变换功能，比如缩放、旋转、拉伸、多尺度变换等。skimage.transform.resize(image, output_shape)函数可按照指定的大小对图像进行缩放操作，其中 image 是进行缩放操作的图像，output_shape 是缩放以后图像的大小。图像缩放代码如下：

```
from skimage import transform, data
import matplotlib.pyplot as plt
```

```
plt.rcParams['font.sans-serif']=['SimHei']
plt.rcParams['axes.unicode_minus'] = False

img = data.coins()

# 缩放图像到指定的大小
img_resize = transform.resize(img, (80, 100))

plt.figure('resize', dpi=300)
plt.subplot(121)
plt.title('原图')
plt.imshow(img, plt.cm.gray)

plt.subplot(122)
plt.title('缩放图')
plt.imshow(img_resize, plt.cm.gray)
```

代码的运行结果如图 9-16 所示。

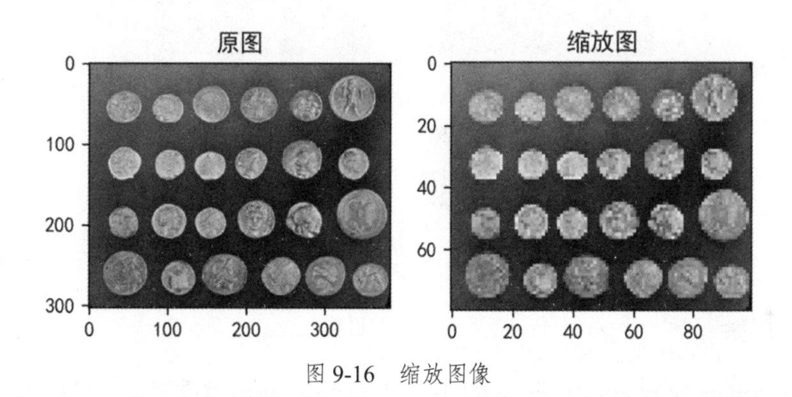

图 9-16　缩放图像

resize( )函数可对图像进行固定大小缩放，而 skimage.transform.rescale(image, scale[, ...])函数是按比例缩放图像的。其中 scale 是浮点数，表示缩放的倍数。同时它也可以是一个浮点型的元组，比如（0.3, 0.6），表示行和列按不同比例缩放。按比例缩放图像的代码如下：

```
from skimage import io, data
from skimage.transform import rescale
import matplotlib.pyplot as plt

plt.rcParams['font.sans-serif']=['SimHei']
plt.rcParams['axes.unicode_minus'] = False

img = data.chelsea()
# 按比例缩放
img_rescale1 = rescale(img, 0.2)
img_rescale2 = rescale(img, [0.3, 0.6])
img_rescale3 = rescale(img, 3)

fig, axes = plt.subplots(nrows=2, ncols=2, dpi=300)
ax = axes.ravel()

ax[0].imshow(img)
ax[0].set_title("原始图像" + str(img.shape))
```

```
ax[1].imshow(img_rescale1)
ax[1].set_title("缩小图像" + str(img_rescale1.shape))

ax[2].imshow(img_rescale2)
ax[2].set_title("缩小图像" + str(img_rescale2.shape))

ax[3].imshow(img_rescale3)
ax[3].set_title("放大图像" + str(img_rescale3.shape))

for ax in axes.ravel():
   ax.axis('off')
```

代码的运行结果如图 9-17 所示。

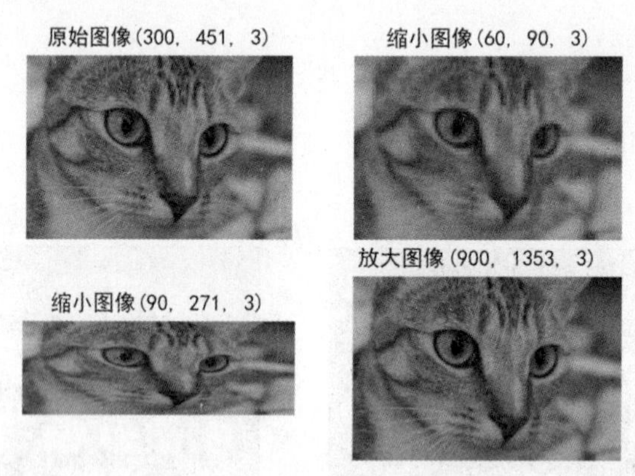

图 9-17　按比例缩放图像

5. 旋转图像

skimage.transform.rotate(image, angle[, …],resize=False)函数用于旋转图像。其中 angle 表示要旋转的角度，取浮点型；resize 表示在旋转时是否改变大小，默认为 False。旋转图像的代码如下：

```
from skimage import transform, data
import matplotlib.pyplot as plt

img = data.chelsea()
print(f'图像原始大小: {img.shape}')

#旋转 90° ，不改变大小
img_90 = transform.rotate(img, 90)
print(f'旋转 90° ，不改变图像的大小: {img_90.shape}')

#旋转 120° ，并且改变大小
img_120 = transform.rotate(img, 120, resize=True)
print(f'旋转 120° ，改变图像的大小: {img_120.shape}')

plt.figure('resize', dpi=300)
plt.subplot(121)
plt.title('旋转 90° ')
plt.imshow(img_90, plt.cm.gray)

plt.subplot(122)
```

```
    plt.title('旋转 120° ')
    plt.imshow(img_120, plt.cm.gray)
    plt.show()
```

代码的运行结果如下：

```
图像原始大小： (300, 451, 3)
旋转 90° ，不改变图像的大小： (300, 451, 3)
旋转 120° ，改变图像的大小： (541, 485, 3)
```

旋转图像如图 9-18 所示。

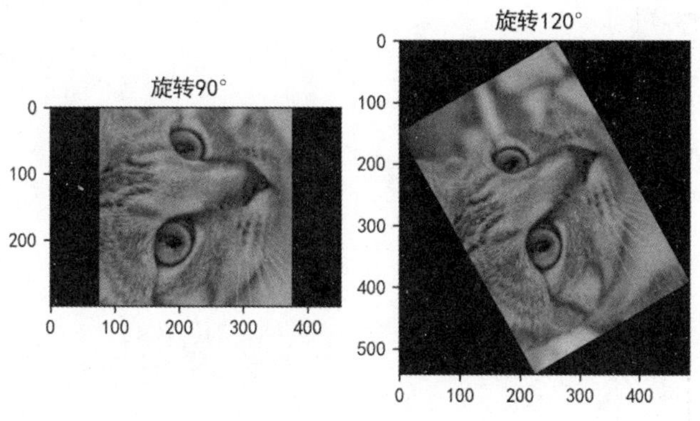

图 9-18　旋转图像

6. 图像金字塔

图像金字塔常用于图像压缩、分割和检测等处理。图像金字塔是同一幅图像的不同分辨率形式，通常将一幅图像的分辨率逐步降低，构成一个图像集合。图像集合以金字塔形状排列，金字塔的底部是高分辨率的图像，越向上，图像的大小和分辨率就越低。

skimage.transform.pyramid_gaussian(image, downscale)函数可生成高斯图像金字塔，downscale 用于控制金字塔的缩放比例。生成图像金字塔的代码如下：

```
import numpy as np
import matplotlib.pyplot as plt
from skimage import util, data, transform

image = data.rocket()
# 裁剪图像
image = image[100:356, 150:406, :]

# 获取图像的行数、列数和通道数
rows, cols, chls = image.shape
print(f'图像的行数、列数和通道数： {rows}, {cols}, {chls}' )

# 生成高斯图像金字塔
pyramid = tuple(transform.pyramid_gaussian(image, downscale=2))
print(f'图像金字塔的数量： {len(pyramid)}')

# 用 fusion 保存所有图像金字塔
fusion = np.ones((rows, cols + int(cols / 2), 3), dtype=np.double)

# 融合原始图像
fusion[:rows, :cols, :] = pyramid[0]
```

```
i_row = 0
# 将所有图像金字塔合成到一幅图像中
for i, p in enumerate(reversed(pyramid[1:])):
    # 图像金字塔的行数、列数和通道数
    print(f'图像金字塔{i+1}: {p.shape}')
    n_rows, n_cols = p.shape[:2]
    fusion[i_row:i_row + n_rows, cols:cols + n_cols] = p
    i_row += n_rows

plt.figure(dpi=300)
plt.imshow(fusion)
plt.show()
```

代码的运行结果如下：

```
图像的行数、列数和通道数: 256, 256, 3
图像金字塔的数量: 9
图像金字塔1: (1, 1, 3)
图像金字塔2: (2, 2, 3)
图像金字塔3: (4, 4, 3)
图像金字塔4: (8, 8, 3)
图像金字塔5: (16, 16, 3)
图像金字塔6: (32, 32, 3)
图像金字塔7: (64, 64, 3)
图像金字塔8: (128, 128, 3)
```

高斯图像金字塔如图 9-19 所示。

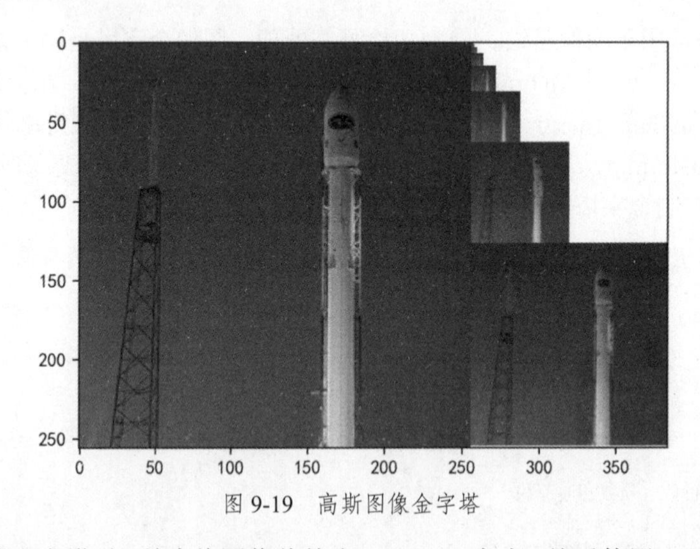

图 9-19　高斯图像金字塔

在生成图像金字塔时，首先将图像裁剪为(256, 256)大小，然后使用 pyramid_gaussian( )函数每次将图像缩减一半（downscale=2），一共生成 8 幅（$\log_2(256)=8$）不同大小的图像金字塔。通过合成，将原图和所有图像金字塔显示在一幅图像中。图 9-19 中左边是原图，右边是图像金字塔，其中每一层图像是下面一层图像的一半大小。

7. 提取公共代码

在本小节的图像处理代码中，图像的显示部分有很多重复的代码，我们将这些代码提取出来单独编写为一个函数，以后在每次显示图像时可以直接调用，减少程序的代码量。下面新建一个 Python 文件 utilimage.py，将所有图像处理的公共代码移到该文件中：

```
import matplotlib.pyplot as plt

def show_image(image, title='', figsize=(6, 6), dpi=300, ftsize=12) :
    """用 matplotlib.pyplot 显示图像，显示时关闭坐标轴"""

    # 设置 rc 参数显示中文标题
    # 设置字体为 SimHei（国标黑体）用来显示中文
    plt.rcParams['font.sans-serif']=['SimHei']
    # 用来正常显示负号
    plt.rcParams['axes.unicode_minus'] = False

    plt.figure(title, figsize, dpi)
    plt.axis('off')
    plt.title(title, fontsize=ftsize)
    plt.imshow(image, plt.cm.gray)

def show_subimage(image):
    '''显示子图像'''
    plt.subplot(image['subplot'])
    plt.title(image['title'], fontsize=8)
    plt.imshow(image['image'], plt.cm.gray)
    plt.axis('off')

def show_images(images):
    '''显示多幅图像

    example:
        imgs = [{'subplot': 131, 'title': 'Origin', 'image': img},
               {'subplot': 132, 'title': 'gam1', 'image': img_gam1},
               {'subplot': 133, 'title': 'gam2', 'image': img_gam2}]
        show_images(imgs)
    '''

    plt.rcParams['font.sans-serif']=['SimHei']
    plt.rcParams['axes.unicode_minus'] = False
    plt.figure(dpi=300)
    # 显示子图像
  [show_subimage(images[x]) for x in range(0, len(images))]
plt.show()
```

show_image( )函数用于显示单幅图像，显示时关闭坐标轴，并且可以设置标题、图像大小、分辨率等参数；show_images( )函数用于同时显示多幅图像。在函数中，它先设置 plt 参数，然后调用 show_subimage( )函数显示每一幅子图像。show_images( )的输入参数 images 是一个列表，列表的每一个元素是一个字典，字典的每一项用来设定每一幅子图像的显示参数，代码如下：

```
imgs = [{'subplot': 131, 'title': 'Origin', 'image': img},
      {'subplot': 132, 'title': 'gam1', 'image': img_gam1},
      {'subplot': 133, 'title': 'gam2', 'image': img_gam2}]
```

只要将 Jupyter Notebook 文件和 utilimage.py 文件放在同一个文件夹中，Jupyter

Notebook 文件中的图像处理函数就可以调用 utilimage.py 文件中的函数。下面我们在 Jupyter Notebook 文件 basic_operations.ipynb 中调用 show_image( )和 show_images( )函数，分别显示单幅图像和多幅图像，代码如下：

```
from skimage import transform, data
import matplotlib.pyplot as plt

# 载入小猫图像
img = data.chelsea()
# 显示单幅图像
show_image(img)

img_90 = transform.rotate(img, 90)
img_120 = transform.rotate(img, 120, resize=True)

imgs = [{'subplot': 121, 'title': '旋转 90° ', 'image': img_90},
      {'subplot': 122, 'title': '旋转 120° ', 'image': img_120}]
# 显示旋转后的多幅图像
show_images(imgs)
```

9.3.2 图像预处理

在对图像进行特征提取、分割、检测和识别之前，通常需要对图像进行预处理。图像预处理的主要目的是简化图像数据，消除图像中的各种噪声，恢复有用信息，增强图像特征，以改善图像质量，提升图像特征提取、分割、检测和识别的可靠性。图像预处理的效果将会直接影响后续图像处理算法的设计和效果。

图像预处理主要包括灰度化与二值化、亮度与对比度调整、颜色空间转换、形态学操作以及图像滤波等。

1．灰度化与二值化

在处理彩色图像时，通常需要对 RGB 3 个通道的数据进行处理，时间开销较大。将彩色图像转换为灰度图像，尽管丢失了颜色信息，但仍能反映原图像整体和局部的亮度、边缘、形状和纹理等特征。因此，可以将彩色图像转换为灰度图像，从而减少后续图像处理的计算量，提高图像处理速度。

图像的灰度化是指将彩色图像转换为灰度图像的过程。彩色图像中每个像素有 3 个值 R、G、B，分别对应 RGB 颜色的 3 个分量 Red、Green、Blue，每个分量的取值范围为 0～255。因此，每个像素的颜色有 1 600 多万（255×255×255）种可能取值。当 R、G、B 这 3 个分量的取值相同时，像素就呈现为一种灰度颜色。将彩色图像转换为灰度图像后，图像中每个像素只用亮度值（intensity）来表示不同的灰度级（也称为灰度值、强度值、亮度值），灰度范围为 0～255，其中 0 表示黑色，255 表示白色。每个像素只用一个字节来存放灰度值。

通常将彩色图像转为灰度图像有 4 种方法，分别是分量法、最大值法、平均值法和加权平均法。以平均值法为例，其转换方式为：将像素的 R、G、B 这 3 个分量进行平均，得到的平均值作为像素的灰度值，根据灰度值输出得到灰度图像。

在 skimage 的 color 模块中，rgb2gray( )函数用于将彩色图像转为灰度图像，转换结果是一个 float64 类型的数组，数组每个元素的取值范围为[0,1]。下面给出图像灰度化的代码：

```
from skimage import io, color
```

```
from utilimage import show_image

file = r'../../DataSet/Images/building.jpg'
img = io.imread(file)

# 用skimage中的color模块灰度化图像
img_gray = color.rgb2gray(img)
print('灰度化图像类型：', img_gray.dtype)
show_image(img_gray)
```

彩色图像转换为灰度图像以后，为了进一步简化图像数据，方便图像的后续处理（比如分割图像），需要将灰度图像转变为二值图像。阈值法是较常用的灰度图像转二值图像方法。它根据灰度图像中目标与背景的差异，选取一个合适的阈值 α。如果图像的像素值（亮度值）大于 α，就将像素值设为 1，否则设为 0，以此来获得二值化的图像。二值化图像的代码如下：

```
from skimage import io, data, color
from utilimage import show_image

img = data.hubble_deep_field()
img_gray = color.rgb2gray(img)
rows, cols = img_gray.shape

for i in range(rows):
    for j in range(cols):
        # 二值化阈值为：0.5
        if (img_gray[i, j] <= 0.5):
            img_gray[i, j] = 0 # 黑色
        else:
            img_gray[i, j] = 1 # 白色

show_image(img_gray)
```

二值化阈值的取值可根据实际需要进行调整，通过设置不同的像素值（1 或 0）来区分图像中的目标和背景。

2. 亮度与对比度调整

在拍摄图像的过程中，可能由于光照的影响以及曝光问题，以致图像的亮度或对比度差距过大，呈现出过亮或过暗的效果，使图像缺乏层次和细节，无法真实反映出物体和场景的纹理和色泽。这些因素会影响后续的图像处理。因此，我们需要调整图像的亮度和对比度，使其更加均衡。

（1）adjust_gamma( )校正函数

在 skimage 中，图像亮度与对比度的调整由 exposure 模块实现。其中，adjust_gamma( )校正函数用于调整图像的亮度和对比度，它通过幂运算将原图中每个像素的取值缩放到[0,1]，其格式为：

```
skimage.exposure.adjust_gamma(image, gamma=1, gain=1)
```

其中，image 是输入图像；gamma 默认取值为 1，表示原图不发生改变，取值大于 1

或小于 1，相应地调整图像的亮度和对比度；gain 默认取值为 1，表示常数乘子。函数的输出为调整后的图像。下面我们用 adjust_gamma( )函数调整 skimage 中硬币图像的亮度和对比度，代码如下：

```
from skimage import data, exposure
from utilimage import show_images

img = data.coins()

# 设置不同的 gamma 参数调整图像
img_gam1= exposure.adjust_gamma(img, 3)     # 调暗
img_gam2= exposure.adjust_gamma(img, 0.2)   # 调亮

images = [{'subplot': 131, 'title': '原图', 'image': img},
        {'subplot': 132, 'title': 'gamma=3', 'image': img_gam1},
        {'subplot': 133, 'title': 'gamma=0.2', 'image': img_gam2}]

show_images(images)
```

代码的运行结果如图 9-20 所示。

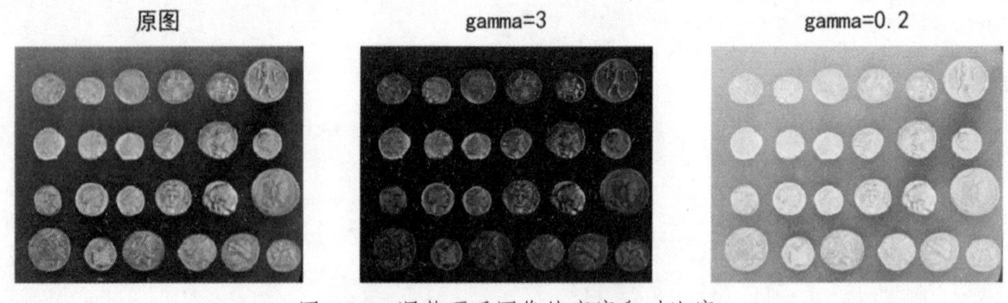

图 9-20　调整硬币图像的亮度和对比度

从图 9-20 中可以看出，设置不同的 gamma 参数，图像的亮度发生了改变。对于灰度过高或灰度过低的图像，通过亮度调整可以减小或增大原始图像的所有像素值（亮度值）。从 adjust_gamma( )函数的校正效果来看，其比较明显地调整了图像的亮度，对低灰度和高灰度区域的对比度调整也比较明显，但是没有明显改善图像整体的对比度效果。

（2）伽马校正

伽马（gamma）校正可对图像中的每一个像素执行幂运算，得到新的像素值，计算公式如下：

$$f(I)=I^{\gamma}$$

在二维坐标中绘制幂运算函数 $f(I)$，伽马校正如图 9-21 所示。

图 9-21 的横坐标是输入图像（I）的原始像素 x，纵坐标是校正变换后的像素 $f(x)$。从图中我们可以看出。

① 当 $\gamma=1$ 时，$f(x)$ 是图上 45°的直线，表示伽马校正不改变原始图像的像素值。

② 当 $\gamma<1$ 时，$f(x)$ 是图上的虚线。对比原始像素值（45°直线），调整后图像整体的灰度值变大了，即校正后的图像比原始图像更亮。另外，输入图像的低灰度区域经过校

正变换以后，灰度值的变化范围增大了。比如原始像素 $x \in [0, 0.218]$，校正后的像素 $f(x)$ 的取值范围从[0, 0.218]扩大到[0, 0.5]，从而增强了该区域的图像对比度。而高灰度区域经过校正变换以后，灰度值的变化范围缩小了。比如原始像素 $x \in [0.8,1]$，校正后的像素 $f(x)$ 的取值范围从[0.8, 1]缩小到[0.9,1]，从而减小了该区域的图像对比度。

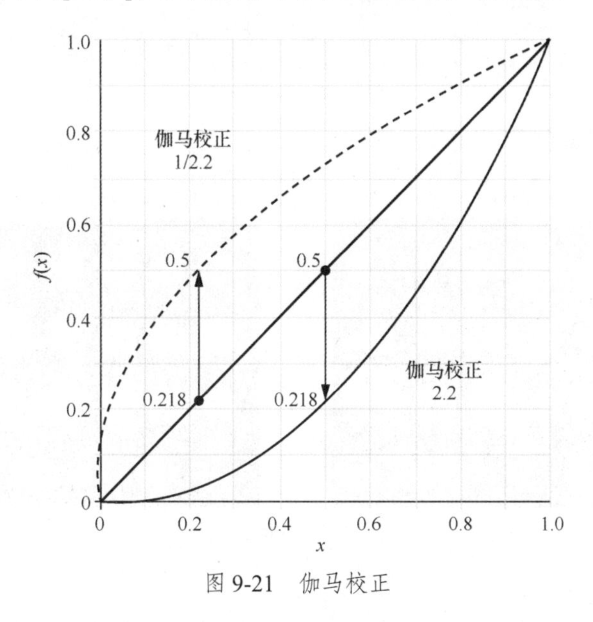

图 9-21　伽马校正

③ 当 $\gamma>1$ 时，$f(x)$ 是图上的实线。对比原始像素（45°直线），调整后图像整体的灰度值变小了，即校正图像比原始图像更暗。另外，与 $\gamma<1$ 类似，缩小输入图像低灰度区域的变化范围，会降低该区域图像的对比度；而扩大高灰度区域的变化范围，会增强该区域图像的对比度。

（3）对数校正

与 adjust_gamma( )函数相对应，skimage.exposure.adjust_log (image, gain=1, inv=False) 用于对图像做对数校正，计算公式如下：

$$f(x) = \text{gain} \times \log(1 + x)$$

其中，gain 默认为 1，表示常数乘子。inv 默认为 False，表示执行对数校正；如果为 True，则表示执行反对数校正，即

$$f(x) = \text{gain} \times (2^x - 1)$$

对比度是图像中灰度差异的大小，差异范围越大表示对比度越大，差异范围越小表示对比度越小。而且对比度还反映了图像亮度的渐变层次。一般来说，对比度越大，图像越清晰，并且能显示更多的细节。在 exposure 模块中，is_low_contrast(img)函数用来判断图像的对比度是否偏小，代码如下：

```
from skimage import data, exposure

img = data.camera()
# 判断图像对比度是否偏小
result = exposure.is_low_contrast(img)
print(result)
```

接下来，在 exposure 模块中，使用 adjust_sigmoid( )函数执行 Sigmoid 校正，用于调整图像的对比度。

```
from utilimage import show_images
# 对比度调整
img_log = exposure.adjust_sigmoid(img)
images = [{'subplot': 121, 'title': '原图', 'image': img},
        {'subplot': 121, 'title': 'Sigmoid校正', 'image': img_log}]
show_images(images)
```

代码的运行结果如图 9-22 所示。

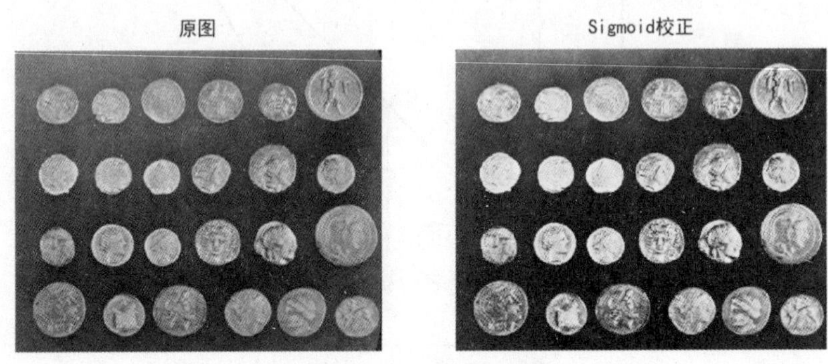

图 9-22　图像 Sigmoid 校正

（4）直方图均衡化

直方图均衡化（histogram equalization）是一种增强图像对比度的方法。它通过调整原始图像的直方图对每一个像素值进行变换，让一定像素值范围内的像素数量大致相等。通过这种方法，变换后的图像直方图呈均匀分布，从而扩大了像素值的变化范围，提升了图像的对比度和层次变化，使图像更加清晰。

在 skimage 中，计算直方图的函数是 skimage.exposure.histogram(image, nbins=256)，它返回 tuple(hist, bins_center)，其中 hist 数组是直方图的统计量，bins_center 数组的每个元素是每个 bin 的中间值。在 NumPy 中，也有计算直方图的函数 histogram( )，它返回直方图统计量以及每个 bin 的边界。直方图计算的代码如下：

```
import numpy as np
from skimage import data, exposure

# 载入图像，并且将图像数据转换为浮点数
img = data.moon() * 1.0

# 计算直方图
hist_np= np.histogram(img, bins=2)
print(f'NumPy库计算直方图: {hist_np}')

hist_ski= exposure.histogram(img, nbins=2)
print(f'skimage库计算直方图: {hist_ski}')
```

与 NumPy 的直方图计算不同，skimage 的 histogram( )函数在统计整数类型的数据时，尽管设定了输入参数 nbins=2，但仍然会给每一个整数值都建立一个 bin，因此输出结果超过了参数 nbins 的限制。在上面的代码中，为了在两个 bin 上进行统计，首先将图像数据转换为浮点数，然后执行直方图计算。

调用 matplotlib.pyplot 的 hist( )函数可以直接绘制图像的直方图，代码如下：

```
import numpy as np
import matplotlib.pyplot as plt

img = data.coins()
# 转换为 ndarray 类型
img_array = np.array(img)

# 先用 flatten( )函数将二维数组序列化成一维数组，然后绘制直方图
plt.hist(img_array.flatten(), bins=256)
plt.show()
```

代码的运行结果如图 9-23 所示。

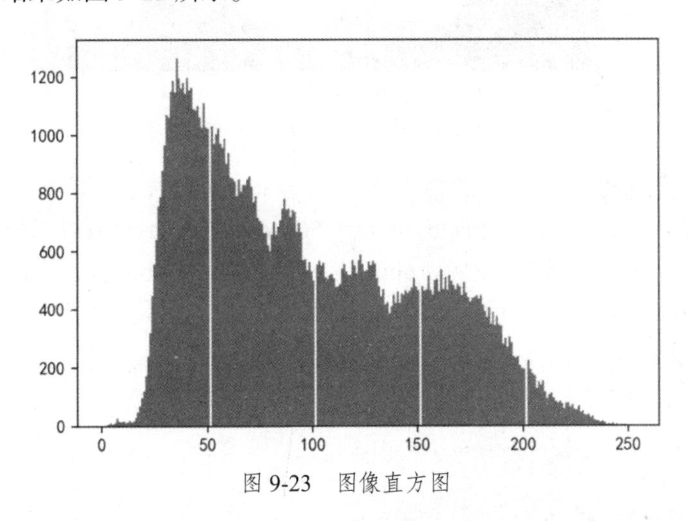

图 9-23 图像直方图

hist( )函数绘制的是一维数组的直方图，因此需要用 flatten( )函数将二维数组“展平”为一维数组。通常我们都是绘制灰度图像的直方图。如果要绘制彩色图像的直方图，需要分别绘制图像 R、G、B 这 3 个通道的直方图。因此彩色图像的直方图是 3 个直方图的叠加，代码如下：

```
from skimage import data
import matplotlib.pyplot as plt

img = data.coffee()

# 绘制彩色图像直方图
# 绘制 R 通道直方图
plt.figure(dpi=300)
R=img[:,:,0].flatten()
plt.hist(R, bins=256, normed=1, facecolor='r', edgecolor='r', alpha=0.5)

# 绘制 G 通道直方图
G=img[:,:,1].flatten()
plt.hist(G, bins=256, normed=1, facecolor='g', edgecolor='g', alpha=0.5)

# 绘制 B 通道直方图
B=img[:,:,2].flatten()
plt.hist(B, bins=256, normed=1, facecolor='b', edgecolor='b', alpha=0.5)
plt.show()
```

代码的运行结果如图 9-24 所示。

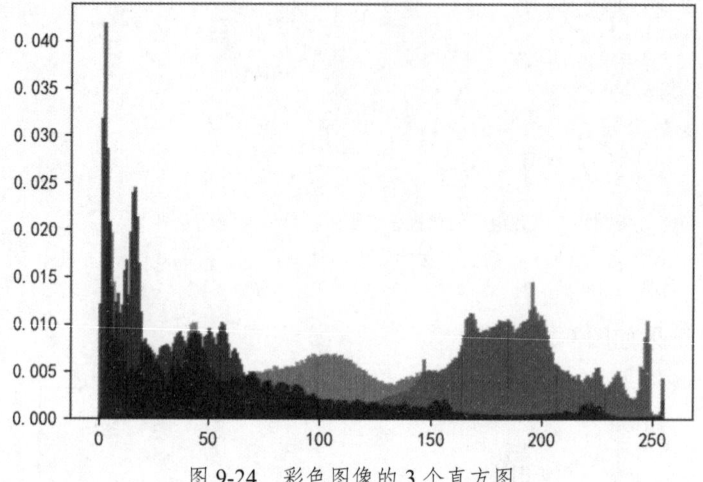

图 9-24 彩色图像的 3 个直方图

从上面的直方图可以看出，图像的像素值分布不均匀，呈现出高低起伏的状态。exposure 模块中的 equalize_hist (image, nbins=256, mask=None)函数可以根据直方图对图像进行均衡化，其中 image 是输入图像，nbins 是图像直方图的 bin 数，mask 是图像的掩码，即只有 mask = True 的像素才执行均衡化。下面给出图像均衡化的代码：

```
from skimage import data, color, exposure, img_as_float
import matplotlib.pyplot as plt

img = data.immunohistochemistry()

img_gray = color.rgb2gray(img)
img_flat = img_as_float(img_gray)
img_flat = img_gray.flatten()

plt.figure("hist", figsize=(8,8), dpi=300)

# 原始图像
plt.subplot(221)
plt.imshow(img_gray, plt.cm.gray)

# 原始图像的直方图
plt.subplot(222)
plt.hist(img_flat, bins=256, normed=1)

# 直方图均衡化
img_equal = exposure.equalize_hist(img_gray)
img_equal_flat = img_equal.flatten()

# 直方图均衡化后的图像
plt.subplot(223)
plt.imshow(img_equal, plt.cm.gray)

# 均衡化图像的直方图
```

```
    plt.subplot(224)
    plt.hist(img_equal_flat, bins=256, normed=1)
    plt.show()
```

代码的运行结果如图 9-25 所示。

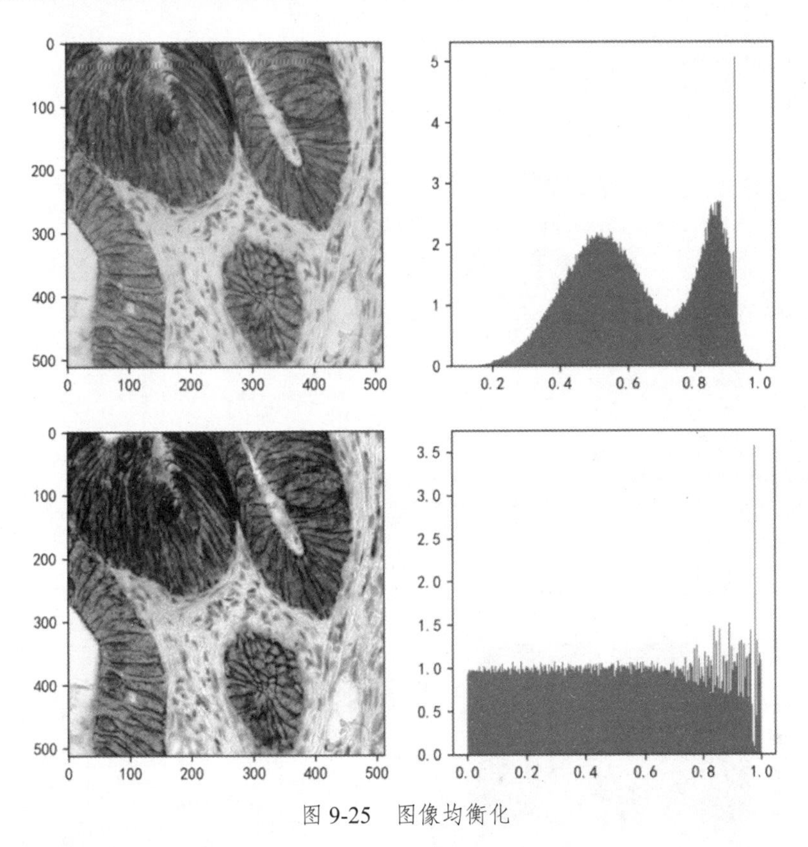

图 9-25　图像均衡化

从图 9-25 中可以看出，原始图像的直方图有两个峰顶，且起伏较大。均衡化以后，图像的直方图转变为一个较平的直方图且分布更加均匀，同时还扩展了图像灰度的变化范围，提高了图像的对比度，图像也更加清晰。但是，均衡化也使图像的部分区域变得过暗或者过亮。

（5）自适应直方图均衡化

为了改善图像的局部对比度，我们可以使用自适应直方图均衡化（adaptive histogram equalization）。自适应直方图均衡化将图像分成若干个部分，然后计算每个部分的直方图并对其进行均衡化，同时还要对图像的边缘像素进行插值处理。

exposure 模块的 equalize_adapthist( )函数可实现 CLAHE（contrast limited adaptive histogram equalization，有限对比度自适应直方图均衡化），代码如下：

```
    from skimage import data,exposure
    import matplotlib.pyplot as plt

    img = data.immunohistochemistry()

    img_gray = color.rgb2gray(img)
    img_flat = img_as_float(img_gray)
    img_flat = img_gray.flatten()
```

```
plt.figure("hist",figsize=(8,8), dpi=300)

# 原始图像
plt.subplot(221)
plt.imshow(img_gray, plt.cm.gray)

# 原始图像的直方图
plt.subplot(222)
plt.hist(img_flat, bins=256)

# 执行有限对比度自适应直方图均衡化
img_adapthist = exposure.equalize_adapthist(img_gray)
img_adapthist_flat = img_adapthist.flatten()

# 均衡化后的图像
plt.subplot(223)
plt.imshow(img_adapthist, plt.cm.gray)

# 均衡化后的直方图
plt.subplot(224)
plt.hist(img_adapthist_flat, bins=256)
plt.show()
```

代码的运行结果如图 9-26 所示。

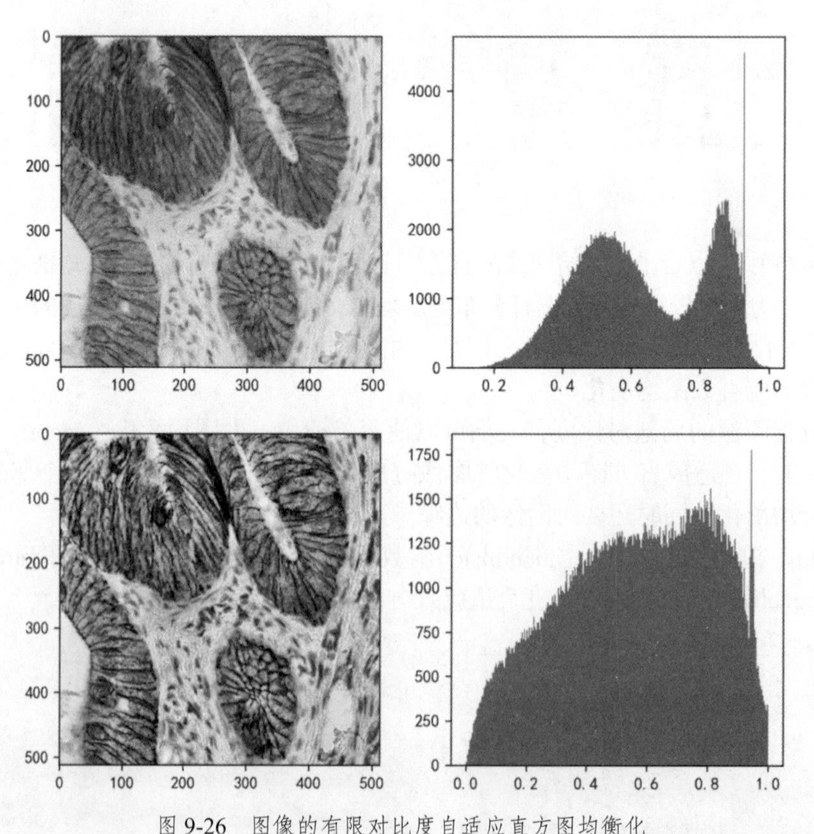

图 9-26　图像的有限对比度自适应直方图均衡化

从图 9-26 中可以看出，采用有限对比度自适应直方图均衡化处理局部区域的对比度，比使用直方图的均衡化效果更好，图像中没有很暗或很亮的区域，而且局部细节也得到了增强。

3. 颜色空间转换

尽管灰度图像能够提升图像的处理效率，但有时我们也需要利用彩色图像的颜色信息来提取颜色方面的特征。在色彩学中，通常用多维空间坐标来表示某一种颜色。不同的坐标系统建立了不同的颜色空间。常见的颜色空间主要有 RGB、CMYK、HSV 和 YUV/YCbCr 等。

根据人的视觉结构，所有颜色都可看成红（red）、绿（green）和蓝（blue）3 种基本颜色的组合。在一幅彩色数字图像中，每个像素包含 R、G、B 这 3 个分量，又称为 3 个通道（channel）。RGB 是最通用的颜色空间，常用于显示器和视频摄像。

在工业印刷中，通常采用 CMYK 颜色空间。与 RGB 相比，RGB 定义的颜色来源于发光物体，而 CMYK 来源于反射光。CMYK 表示的图像由 4 个颜色分量组成，分别是青（cyan）、品红（magenta）、黄（yellow）、黑（black）。在印刷过程中，通过青、品红、黄这三原色油墨的叠印来显示丰富的颜色，而中性灰色则通过黑色进行补偿。

HSV 颜色空间又称为六角锥体模型（hexcone model），它是 1978 年 A. R. Smith 提出的一种颜色空间。HSV 将颜色分量定义为色调（hue）、饱和度（saturation）和亮度（value）。色调用角度来度量颜色，颜色的取值范围为 0°～360°；饱和度表示颜色接近光谱色的程度；亮度表示颜色明亮的程度。HSV 颜色空间类似于画家的配色方法，即通过改变颜色的浓度和深浅来获取不同色调的颜色，比如在某种纯色中加入白色来改变色浓，加入黑色来改变色深，同时加入不同比例的白色和黑色来获取不同的色调。

YUV/YCbCr 颜色空间通过亮度和色差来表示颜色，它将颜色分量和亮度分量分开描述。亮度信号用 Y 表示，色度信号由两个互相独立的信号组成。根据不同的编码格式，两个色度信号称作 UV 和 PbPr 或 CbCr。YUV 颜色空间可以从 RGB 颜色空间推导出来，其转换公式如下：

$$Y = 0.299R + 0.587G + 0.114B$$
$$U = -0.147R - 0.289G + 0.436B = 0.492(B - Y)$$
$$V = 0.615R - 0.515G - 0.100B = 0.877*(R - Y)$$

在 skimage 中，所有的颜色空间转换函数都在 color 模块内，常用的转换函数如下：

```
skimage.color.rgb2gray(rgb)
skimage.color.rgb2hsv(rgb)
skimage.color.hsv2rgb(hsv)
…
```

上面的所有转换函数都可以用一个函数来代替：

```
skimage.color.convert_colorspace(arr, fromspace, tospace)
```

其中，arr 是要转换的图像，fromspace 是 arr 图像的颜色空间，tospace 是要转换的目标颜色空间。下面我们转换彩色图像的颜色空间，注意转换后图像像素的类型都将变为 float 类型。转换代码如下：

```
from skimage import io, data, color
from utilimage import show_image

img = data.astronaut()
```

```
# 将图像从 RGB 颜色空间转换为 HSV 颜色空间
img_hsv = color.convert_colorspace(img, 'RGB', 'HSV')
show_image(img_hsv)
```

代码的运行结果如图 9-27 所示。

图 9-27　彩色图像颜色空间转换

在 color 模块中，skimage.color.label2rgb(arr)函数可以根据不同的标签值对图像中的不同对象进行着色。比如在一幅图像中有猫和狗，将猫和狗从图像中分割出来以后，猫用一种颜色表示，狗用另外一种颜色表示。下面将 skimage 中的咖啡图像根据不同的灰度值分成 3 类，每一类用不同的颜色着色，代码如下：

```
from skimage import io, data, color
import numpy as np
from utilimage import show_image

img = data.coffee()
img_gray = color.rgb2gray(img)
rows, cols = img_gray.shape
# 定义标签数组，标签数组的大小与图像一致
labels = np.zeros([rows, cols])

# 根据灰度值设置不同的标签
for i in range(rows):
    for j in range(cols):
        if(img_gray[i,j] < 0.3):
            labels[i,j] = 0
        elif(img_gray[i,j] < 0.6):
            labels[i,j] = 1
        else:
            labels[i,j] = 2

# 根据标签值对图像着色
```

```
img_label = color.label2rgb(labels)
show_image(img_label)
```

代码的运行结果如图 9-28 所示。

图 9-28　为图像中的不同对象着色

从着色图中可以看出，杯子、碟子和桌子分别显示为不同的颜色。标签根据灰度值进行设置，虽然能够大致区分出不同的对象，但不同对象的某些部分仍显示为 3 种颜色的混合。如果使用更好的分割算法来设置对象的标签，能更好地区分不同的对象。

4．形态学操作

除了颜色以外，图像形态的调整和处理，即改变图像中对象的大小、形状和结构，能够为后续提取边界、连通区域等目标特征提供极大的帮助。改变图像的形态通常称为形态学操作。

形态学（morphology）是建立在集合论和拓扑学基础上，用几何形态学来分析和处理图像的方法。它通过一组代数运算对图像的形状和结构进行处理，主要从图像中提取对于表达和描绘区域形状有意义的图像元素。

形态学发展于 20 世纪 60 年代，G.Matheron 和 J.Serra 建立了数学形态学理论，并将其引入图像处理领域。1982 年，J.Serra 出版的专著 *Image Analysis and Mathematical Morphology* 作为数学形态学发展的重要里程碑，让数学形态学在理论和应用上不断深入和完善。现在，形态学已广泛应用于信号处理、图像分析、模式识别和计算机视觉等多个领域。

形态学操作通常用于对二值图像（1 值表示白，0 值表示黑）进行处理。其中，膨胀和腐蚀是形态学中的基本操作。膨胀操作用于将目标边界向外扩张，使目标区域“变大”。在膨胀时，首先找到像素值为 1 的点（白色），然后将它的邻近像素都设置为 1。膨胀操作可以扩大白色值的范围，同时压缩黑色值的范围。膨胀操作通常用于扩充边缘、填补目标区域中的空洞、消除目标区域中的噪声以及合并某些目标对象等。腐蚀操作与膨胀操作相反，它通过收缩目标边界来缩小目标区域，常用于消除目标区域中一些小的且对图像处理没有作用的对象。

在 skimage 中，形态学操作由 morphology 模块实现，主要包括图像的膨胀、腐蚀和开闭运算等。膨胀函数 dilation( )如下：

```
morphology.dilation(image, selem=None, out=None, shift_x=False, shift_y=False)
```

其中，image 是要进行形态变换的图像；selem 是形态变换的结构元素，用于设置形态变换区域的形状和大小，如果设为 None 就使用十字形结构元素；out 是存储形态结果的数组，类型为 ndarray；shift_x、shift_y 是 bool 类型的，表示中心点是否移位，它只影响偏心结构元素。其他形态学操作函数还有：

```
morphology.erosion(image, selem=None, out=None, shift_x=False, shift_y=False)  # 腐蚀
morphology.opening(image, selem=None, out=None)      # 开运算
morphology.closing(image, selem=None, out=None)      # 闭运算
…
```

下面我们先用 binary_blobs( )函数随机生成一个二维斑点图，然后对斑点图做膨胀操作，代码如下：

```
from skimage import io, data, morphology
from utilimage import show_images

# 随机生成二维斑点图，包含多个盘状结构元素
img = data.binary_blobs(150)

# 设置盘状结构元素
kernel = morphology.disk(2)
# 执行膨胀操作
img_dialtion = morphology.dilation(img, kernel)

imgs = [{'subplot': 121, 'title': '原图', 'image': img},
        {'subplot': 122, 'title': '膨胀图', 'image': img_dialtion}]

show_images(imgs)
```

代码的运行结果如图 9-29 所示。

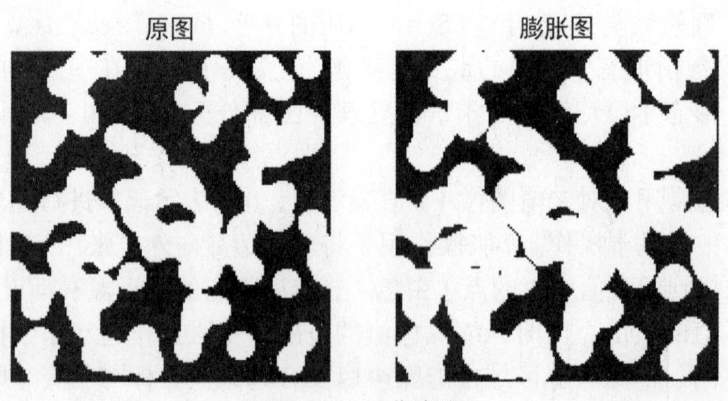

图 9-29　图像膨胀

在执行膨胀操作之前，需要先调用 skimage.morphology.disk(radius, dtype)函数设置膨胀

的盘状结构元素，其中 radius 为整数类型，表示盘状结构元素的半径，函数返回结构元素，类型为 ndarray。调用 dilation( )函数以后，在原图上扩张白色盘状区域，同时缩小黑色区域，最后返回膨胀后的图像。

除了基本的形态学操作以外，skimage 还提供了其他形态学操作，比如删除小区域、提取图像骨架等。下面给出删除小区域的代码：

```
from skimage import data, morphology
from utilimage import show_images

img = data.binary_blobs(100)

# 删除小区域
img_rs = morphology.remove_small_objects(img, 128)

imgs = [{'subplot': 121, 'title': '原图', 'image': img},
      {'subplot': 122, 'title': '删除图中的小区域', 'image': img_rs}]

show_images(imgs)
```

代码的运行结果如图 9-30 所示。

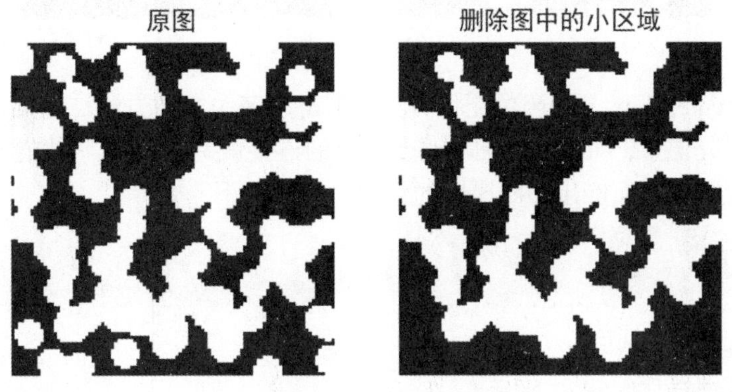

图 9-30　删除图中的小区域

删除小区域函数 remove_small_objects(ar, min_size=64, connectivity=1, in_place=False)返回删除了小区域的二值图像。函数参数 ar 是待处理的图像；min_size 是最小连通区域的尺寸，如果图像上的区域尺寸小于该尺寸将被删除，默认取值为 64；connectivity 是邻接模式，1 表示 4 邻接，2 表示 8 邻接；in_place 为 bool 类型，如果为 True，表示直接从图像中删除小区域，否则复制后再删除，默认取值为 False。

图像骨架化又称为图像细化，它把图像中的目标对象（一个连通区域）细化为仅用一个像素宽度连接的二值图像，就像生成一个物体的骨架。这种操作能够提取目标对象的拓扑结构，常用于图像的特征提取和目标对象的拓扑表示。

morphology 模块提供了两个骨架提取函数，分别是 skeletonize( )函数和 medial_axis( )函数。skeletonize( )函数用于识别和删除边界像素，但不会破坏对象的连通性。下面我们载入 data.horse 图像，原图背景为白色。为了用白色像素显示骨架化的结果，先调用 invert( )函数将原图背景（白）和前景（黑）颜色交换，然后提取马的骨架，代码如下：

```
from skimage.util import invert
```

```
from utilimage import show_images

# 交换背景和前景色
img = invert(data.horse())
# 骨架化
img_sk = morphology.skeletonize(img)

imgs = [{'subplot': 121, 'title': '原图', 'image': img},
        {'subplot': 122, 'title': '骨架', 'image': img_sk}]
show_images(imgs)
```

代码的运行结果如图 9-31 所示。

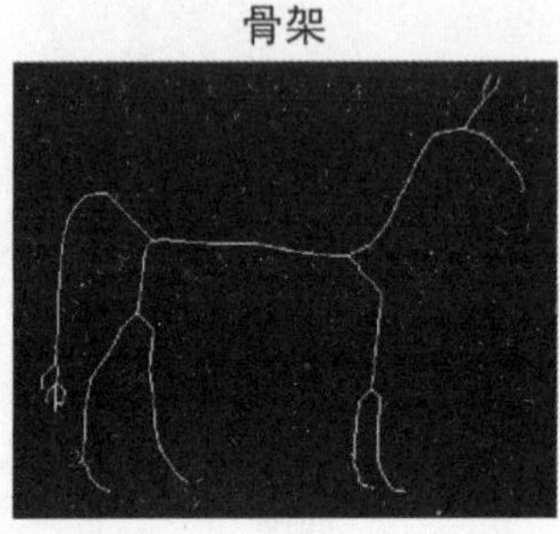

图 9-31　骨架提取

使用 thin(image, max_iter)函数能将对象的形态变薄。它的方法与骨架化类似，每次迭代从边界删除部分像素，同时要保证不改变对象的连接情况。thin( )函数的 max_iter 参数用来设置迭代的次数，从而产生不同厚度的骨架，代码如下：

```
from utilimage import show_image

img_thin = morphology.thin(img, max_iter=20)
show_image(img_thin)
```

代码的运行结果如图 9-32 所示。

图 9-32　生成不同厚度的骨架

5. 图像滤波

图像在采集和传输过程中往往会受到多种噪声的干扰。噪声随机分布在图像上，形成各种形态的亮点、暗点，降低图像质量，影响图像特征提取、目标检测、分割、识别等后续图像处理工作。为了提升图像的质量，在有效去除目标和背景噪声的同时，要保证尽量不改变图像中目标对象的形状、大小、几何和拓扑结构等特征。

（1）添加噪声

在图像上，噪声通常表现为一些孤立像素或像素块。常见的噪声有椒盐噪声（salt-and-pepper noise）、高斯噪声（Gaussian noise）等。椒盐噪声（又称为脉冲噪声）是指随机出现的黑白像素值。高斯噪声也是一种随机噪声，噪声的概率密度函数服从高斯分布。下面我们来生成椒盐噪声和高斯噪声，并将它们分别添加到图像上，代码如下：

```
import numpy as np
from skimage import data, util
from utilimage import show_images

img_coffee = data.coffee()

# 随机生成 5 000 个点（干扰噪声）
rows, cols, chls = img_coffee.shape
img_sp_noise = np.array(img_coffee)

# 添加椒盐噪声
for i in range(5000):
    x = np.random.randint(0, rows)      # 随机选取的 x 坐标
    y = np.random.randint(0, cols)      # 随机选取的 y 坐标
    if i % 2==0 :
        img_sp_noise[x, y, :] = 0       # 0：黑色
    else:
        img_sp_noise[x, y, :] = 255     # 255：白色

# 添加高斯噪声
img_gs_noise = np.array(img_coffee)
img_gs_noise = util.random_noise(img_coffee, mode='gaussian')

imgs = [{'subplot': 131, 'title': '原图', 'image': img_coffee},
        {'subplot': 132, 'title': '添加椒盐噪声', 'image': img_sp_noise},
        {'subplot': 133, 'title': '添加高斯噪声', 'image': img_gs_noise}
       ]
show_images(imgs)
```

代码的运行结果如图 9-33 所示。

添加椒盐噪声

图 9-33　为图像添加噪声

在添加椒盐噪声时，我们用 randint( )函数随机生成了两个整数，范围在 0 到 rows（cols）

之间，以此确定像素的坐标位置。然后修改了该坐标位置的像素值，将原来的 RGB 值改为 0（黑色）或 255（白色）。

在添加高斯噪声时，我们使用了 skimage.util 模块的 random_noise(image, mode='gaussian', seed=None, clip=True, **kwargs)函数，其中 image 是输入图像，类型为 ndarray；mode 是噪声的类型，类型为字符串；seed 是生成噪声时设置的随机种子，类型为 int；clip 表示通过剪切图像，保证图像数据在[0,1]或[−1,1]区间内，类型为 bool。

（2）图像滤波

滤波是消除噪声的常用处理方式。图像滤波通常分为空域滤波和频域滤波。空域滤波通过邻域运算对图像中的每一个像素进行空间变换来处理图像。频率滤波利用傅里叶变换，先将输入图像转换到频域，然后在频域上对图像进行滤波处理，完成后再反变换到空域还原为滤波后的图像。

空域滤波对每一个像素进行邻域运算，即根据每一个像素周围像素的值（RBG 或灰度值）来确定该像素的输出值。空域滤波的公式如下：

$$O(i,j)=\sum_{(m,n)}I(i+m,j+n)\times K(m,n)$$

其中，O 是滤波后的输出图像，它通过输入图像（I）和滤波器 K 计算得出，K 根据不同的需要来定义；i、j 表示图像中像素的位置；m、n 表示当前像素（i、j 所在位置）周围像素的位置。

如果输出像素是输入像素周围像素值的线性组合，那么这种滤波操作称为线性滤波，比如均值滤波和高斯滤波；否则为非线性滤波，比如中值滤波。

在 skimage 中，通过 filters 模块实现图像的滤波操作。gaussian_filter(image, sigma) 函数执行高斯滤波，通过调节 sigma 参数可以调整滤波效果。下面给出不同 sigma 取值的高斯滤波处理，代码如下：

```
from skimage import data,filters
from utilimage import show_images

# 设置不同的 sigma 参数进行高斯滤波
img_filter1 = filters.gaussian(img_gs_noise, sigma=1)   # sigma=1
img_filter2 = filters.gaussian(img_gs_noise, sigma=3)   # sigma=3

imgs = [{'subplot': 131, 'title': '原图', 'image': img_coffee},
        {'subplot': 132, 'title': '高斯滤波 sigma=1', 'image': img_filter1},
        {'subplot': 133, 'title': '高斯滤波 sigma=3', 'image': img_filter2}
       ]
show_images(imgs)
```

代码的运行结果如图 9-34 所示。

原图　　高斯滤波 sigma=1　　高斯滤波 sigma=3

图 9-34　高斯滤波

从图 9-34 中可以看出，当 sigma=1 时，滤波操作只消除了部分噪声；当 sigma=3 时，基本消除了噪声，但同时输出图像相比原图更加模糊。

skimage.filters.median( )函数可实现中值滤波。在滤波操作前，需要用 skimage.morphology 模块来设置滤波器的形状和大小，代码如下：

```
from skimage import data, filters, color
from skimage.morphology import disk
from utilimage import show_image

# 将加入椒盐噪声的咖啡杯图像转换为灰度图像
img_sp_noise = color.rgb2gray(img_sp_noise)

# 设置不同的滤波器大小进行中值滤波
img_filter1 = filters.median(img_sp_noise, disk(1))
img_filter2 = filters.median(img_sp_noise, disk(5))

imgs = [{'subplot': 131, 'title': '原图', 'image': img_sp_noise},
        {'subplot': 132, 'title': '中值滤波 disk=1', 'image': img_filter1},
        {'subplot': 133, 'title': '中值滤波 disk=5', 'image': img_filter2}
       ]
show_images(imgs)
```

代码的运行结果如图 9-35 所示。

图 9-35　中值滤波

从图 9-35 中可以看出，中值滤波很好地去除了椒盐噪声。与高斯噪声处理类似，给 median( )函数设置不同的滤波参数，可以调整滤波效果，同时也会改变图像的清晰度。

另外，filters.rank 子模块还提供了其他滤波方法。这些方法需要使用者自己定义滤波器的形状和大小，与中值滤波处理类似，都需要使用 morphology 模块来设置。

9.3.3　提取特征

人在识别目标对象时，不需要对目标对象中的所有内容进行区分。比如在识别动物图像时，只需要根据动物的头部特征就可以判断是什么动物，而不需要观察整幅图像的细节。计算机在处理图像时，读入的图像以矩阵的形式进行存储，灰度图像用二维数组存储图像灰度值，彩色图像用三维数组存储图像 R、G、B 三个通道的像素值。如果要从图像矩阵的像素值中分辨图像的内容，一方面很难辨别图像中的对象，另一方面需要用到大量的存储和计算资源来处理图像矩阵。而从图像中提取目标对象的特征，不仅可减少图像处理的数据量，而且有利于后续的图像处理。

特征提取的主要目的是去除数据中的冗余信息，获取目标对象的某方面特征，比如识别动物图像时，关注动物的轮廓、颜色等特征。不同的特征维度可从不同的角度描述目标对象。在图像处理领域，常见的特征包括边缘特征、角点特征、纹理特征、直方图特征以及组合特征。底层特征（如角点特征、边缘特征等）通常表现为图像特征的子集，这些子集通常是像素集、连续的曲线以及连续的区域；较为高层的特征（如纹理特征、直方图特征等）通常用特征向量（数组）来描述。

1．边缘特征

人在观察事物时，通过关注边缘就能够很快地分辨出事物的形状和特征。在图像中，边缘由两个图像区域之间的边界像素组成，通常位于目标与目标以及目标与背景之间。目标对象的边缘可以是任意形状的，也可能包含角点。从图像特征来说，边缘表现为图像局部的不连续性，即图像颜色或灰度的突变。从像素上来看，边缘是由图像上颜色或灰度（即像素值）变化很快的像素组成的集合。提取这些像素集合的方法称为边缘检测或边缘特征提取。通过边缘检测去除图像中不相关的信息，只保留图像的结构信息，可极大地减少图像的数据量。

（1）Sobel 算子

Sobel 算子是一个离散一阶差分算子。它提供了两种边缘检测方法，一种用来检测水平边缘，另一种用来检测垂直边缘。在提取图像的边缘特征时，我们用两个 Sobel 算子（又称为滤波模板）分别对图像进行滤波处理。假设 $\boldsymbol{I}$ 表示原始图像，$\boldsymbol{G}_x$ 及 $\boldsymbol{G}_y$ 分别表示经过水平和垂直边缘检测后得到的图像，Sobel 算子的公式如下：

$$\boldsymbol{G}_x = \begin{bmatrix} -1 & 0 & +1 \\ -2 & 0 & +2 \\ -1 & 0 & +1 \end{bmatrix} \times \boldsymbol{I}$$

$$\boldsymbol{G}_y = \begin{bmatrix} -1 & -2 & -1 \\ 0 & 0 & 0 \\ +1 & +2 & +1 \end{bmatrix} \times \boldsymbol{I}$$

在 Sobel 算子的输出图像 $\boldsymbol{G}$ 中，每个像素结合了水平方向和垂直方向的灰度检测值，计算公式如下：

$$\boldsymbol{G} = \sqrt{\boldsymbol{G}_x^2 + \boldsymbol{G}_y^2}$$

为了提高边缘检测的速度，通常采用绝对值的方式来计算 $\boldsymbol{G}$ 的近似值：

$$|\boldsymbol{G}| = |\boldsymbol{G}_x| + |\boldsymbol{G}_y|$$

在 skimage 中，filters 模块提供了各种边缘检测算法。sobel(image, mask=None)函数使用 Sobel 算子来检测图像的边缘特征，其中 mask 是图像掩码，用来屏蔽图像的某些区域，使边缘检测只在一些限定的区域内执行，代码如下：

```
from skimage import data, filters
from utilimage import show_image

img = data.camera()
# Sobel 算子
```

```
edges = filters.sobel(img)
show_image(edges, '边缘特征')
```

代码的运行结果如图 9-36 所示。

图 9-36 使用 Sobel 算子检测图像的边缘特征

（2）Canny 算子

Canny 算子不仅可以执行滤波操作，它还是一个多阶段边缘检测算子。Canny 算子的目标是消除图像噪声，尽可能标志出图像中的边缘，并且保证标志的边缘与真实边缘尽可能地接近。Canny 边缘检测算法包括 5 个步骤：

① 用高斯滤波器消除噪声，平滑图像；

② 用边缘检测算子（比如 Sobel 算子）获取图像边缘；

③ 用非极大值抑制方法消除检测错误的边缘；

④ 用双阈值检测确定真实边缘和潜在边缘；

⑤ 抑制孤立的弱边缘。

非极大值抑制是一种边缘稀疏方法，其作用是缩减已检测的边缘，使剩下的边缘像素能更准确地表示图像中的真实边缘。通过边缘检测算子获取的图像边缘通常不太准确，检测出来的结果只是可能的边缘。这是因为灰度变化的地方可能是边缘，也可能不是边缘。对于所有可能是边缘的集合，需要用非极大值抑制方法来去除误检的边缘。使用非极大值抑制方法时，将比较每个像素和它的相关像素。如果该像素更像边缘，则保留该像素为边缘点；否则删除该像素，即该像素被抑制。

虽然使用非极大值抑制方法能够去除一些像素，但图像中仍然会存在一些由噪声和颜色变化引入的伪边缘像素。双阈值检测通过设定两个阈值（边缘上界和边缘下界）来区分强边缘、弱边缘和非边缘像素。如果像素坐标值大于边缘上界，则该像素为边缘像素（即强边缘）；如果小于边缘下界，则该像素为非边缘像素；如果在上、下界之间，则该像素作为边缘候选项（即弱边缘），需要进行再次判断，以确定是否为边缘。

对于边缘候选项，可能是真实边缘，也可能是由噪声或颜色变化导致的非边缘。为了获得准确的结果，需要对边缘候选项做进一步的判断。如果边缘候选项靠近真实边缘，那么判定它为边缘像素。即查看边缘候选项及其邻域像素，只要有一个领域像素为强边缘像素，则该边缘候选项被判定为真实的边缘像素，否则判定为非边缘像素。

在skimage中，feature模块的canny (image, sigma=1.0, low_threshold=None, high_threshold=None, mask=None, use_quantiles=False) 函数采用Canny算子提取图像的边缘特征，其中sigma用于设置高斯滤波器的标准偏差，其他参数请查阅skimage的开发文档。下面我们给出Canny边缘检测算法的代码：

```
from skimage import data, feature, util
from utilimage import show_images

img = data.camera()
img_gs_noise = util.random_noise(img, mode='gaussian')

# Canny 边缘检测
edges1 = feature.canny(img_gs_noise, sigma=2)   # sigma=1
edges2 = feature.canny(img_gs_noise, sigma=4)   # sigma=4

imgs = [{'subplot': 221, 'title': '原始图像', 'image': img},
        {'subplot': 222, 'title': '加入高斯噪声的图像', 'image': img_gs_noise},
        {'subplot': 223, 'title': 'Canny 边缘检测 sigma=2', 'image': edges1},
        {'subplot': 224, 'title': 'Canny 边缘检测 sigma=4', 'image': edges2}]
show_images(imgs)
```

代码的运行结果如图9-37所示。

原始图像

加入高斯噪声的图像

Canny边缘检测sigma=2

Canny边缘检测sigma=4

图9-37　使用Canny算子提取图像的边缘特征

从图 9-37 中可以看出，sigma 越小，canny( )函数检测出的边缘越多；而 sigma 越大，检测出的边缘越少。

（3）Gabor 滤波器

Gabor 是一个可用于边缘提取的线性滤波器，它能够提取图像的边缘特征和纹理特征。Gabor 滤波器对方向和尺度敏感，具有空间局部性和方向选择性，能够在图像局部区域提取不同尺度的结构特征。

skimage.filters.gabor_filter(image, frequency)函数返回一对过滤后的图像，一个是滤波器实部的滤波结果，另一个是滤波器虚部的滤波结果；frequency 参数用来调整滤波效果。代码如下：

```
from skimage import data, filters
from utilimage import show_images

img = data.camera()

# Gabor 滤波器
filter_real, filter_imag = filters.gabor(img, frequency=0.6)

imgs = [{'subplot': 131, 'title': '原始图像', 'image': img},
        {'subplot': 132, 'title': 'Gabor 滤波器 实部', 'image': filter_real},
        {'subplot': 133, 'title': 'Gabor 滤波器 虚部', 'image': filter_imag}]
show_images(imgs)
```

代码的运行结果如图 9-38 所示。

图 9-38　使用 Gabor 滤波器提取图像的边缘特征和纹理特征

从生物学角度来说，Gabor 滤波器与人眼的作用相似，对光照变化具有较好的鲁棒性，能适应一定程度的图像旋转和形变，在纹理特征提取、人脸识别等应用上取得了较好的效果。

2. 角点特征

在图像中，角点经常出现。比如在室内场景中，门窗、桌子等物体都随处可见角点。角点位于两条边缘的交汇处，是在两个边缘方向上灰度急剧变化的点。与物体边缘上的点不同，角点具有稳定性。比如在同一场景中，当视角发生变化时，通常很难确定变化后的边缘上的点。而对于角点来说，由于其附近区域的灰度存在较大变化，并且在两个不同方向上构成夹角，因此能够在物体上精确定位。角点特征广泛应用于图像配准、相机标定等图像处理任务。比如在两幅不同视角的图像上，通过定位对应的角点可以实现物体的配准。

从图像局部来看，设置一个窗口在任意方向上移动，如果窗口移动到角点，就会发现图像灰度有明显的变化。Harris 角点检测就是采用滑动窗口来提取角点特征的。它的基本思想是使用一个固定的窗口在图像任意方向上滑动，通过比较滑动前和滑动后灰度的变化，来判断当前窗口是否存在角点。滑动窗口的灰度变化用下面的 $E(u,v)$ 函数来计算：

$$E(u,v)=\sum_{x,y}w(x,y)\left[I(x+u,y+v)-I(x,y)\right]^2$$

其中，(u,v) 是滑动窗口的偏移量，即滑动位移；(x,y) 是窗口中像素的位置；$w(x,y)$ 是窗口函数（权重函数），通常设置为常数或者高斯函数；$I(x,y)$ 是图像 (x,y) 位置的灰度；$I(x+u,y+v)$ 是从图像 (x,y) 位置平移到 (u,v) 后的灰度。

在图像灰度变化平缓的区域，通常 $E(u,v)$ 的值都比较小；而在灰度变化比较剧烈的区域，$E(u,v)$ 的值较大。当窗口在各个方向滑动时，如果图像灰度几乎不变，说明窗口所在的局部图像是一个灰度平坦区域；如果图像灰度发生较大变化，说明窗口存在角点。

skimage.feature.corner_harris(image, method='k', k=0.05, eps=1e-06, sigma=1)函数用于提取 Harris 角点特征。其中，image 是输入图像；method 代表所选方法；k 是灵敏度因子，用于分离边缘的角点，取值范围为 0～0.2，使用较小的 k 值会检测到尖角；eps 是归一化因子；sigma 是高斯核的标准偏差，用作加权函数。Harris 角点检测的代码如下：

```
from skimage import data, feature, io, morphology, color
from utilimage import show_images, show_image

file = r'../../DataSet/Images/building.jpg'
img = io.imread(file)
img_gray = color.rgb2gray(img)

# Harris 角点检测
img_harris = feature.corner_harris(img_gray)

# 执行膨胀操作，让检测到的角点更加清晰
kernel = morphology.disk(2)
img_dil = morphology.dilation(img_harris, kernel)

# 设置显示角点的阈值
img[img_harris > 0.01*img_harris.max()] = [255, 0, 0]

imgs = [{'subplot': 131, 'title': '原始图像', 'image': img_gray},
       {'subplot': 132, 'title': 'Harris 角点检测', 'image': img_dil},
       {'subplot': 133, 'title': 'Harris 角点检测', 'image': img}]
show_images(imgs)
```

代码的运行结果如图 9-39 所示。

原始图像　　Harris角点检测　　Harris角点检测

图 9-39　Harris 角点检测

Harris 角点检测可以精确定位图像中“角”的二维特征，并且对图像亮度和对比度的仿射变化具有部分不变性和旋转不变性，但不具有尺度不变性。

3. 纹理特征

纹理特征作为图像的全局特征，描述了图像中前景或背景的表面性质。与边缘特征和角点特征不同，纹理特征不是像素级特征，而是一种统计特征。我们可以对图像区域（像素集合）执行统计计算来提取纹理特征。虽然纹理特征具有旋转不变性，并且不容易受噪声影响，但是由于受到光照、反射等环境因素的影响，统计得出的纹理特征可能会有较大偏差，不能完全准确地反映物体表面的真实纹理，比如水中的物体、特殊金属表面反射造成的光影效果等都会影响纹理特征的提取。

LBP（local binary pattern，局部二值模式）特征可以用来描述图像的局部纹理。它具有灰度不变性和旋转不变性等良好特性。提取特征时，LBP 算子首先定义一个 3×3 的滑动窗口，通过窗口限定要观察的图像区域；然后以窗口中心的像素值为阈值，将其与相邻的 8 个像素的像素值进行比较；如果相邻像素值大于中心像素值，则在相邻像素的位置上标记 1，否则标记 0。LBP 算子特征提取如图 9-40 所示。

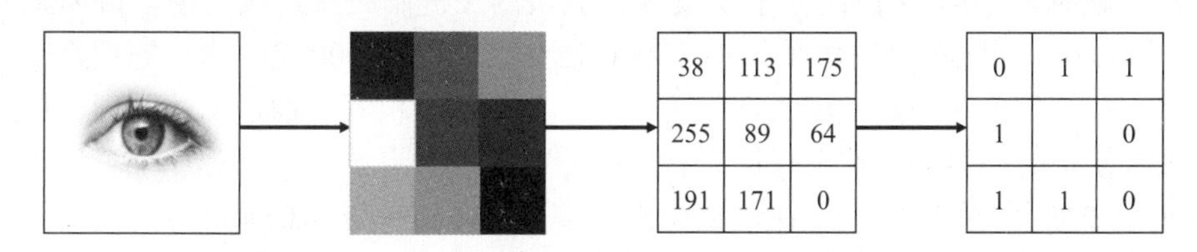

$(01100111)_{10} = 103$

图 9-40 LBP 算子特征提取

图 9-40 给出了提取 LBP 算子特征的过程，最终在一个 3×3 的邻域内，8 个像素与中心像素比较生成一个 8 位二进制数。这个二进制数（01100111）通常转换为十进制数（103），称为 LBP 码（一共有 256 种可能的编码）。通过滑动窗口计算得到的 LBP 值反映了该图像区域的纹理特征。

LBP 算子的最大缺陷在于它只覆盖了一个固定半径范围内的小区域，不能提取不同尺寸和不同频率的纹理特征。从 LBP 的定义可以看出，LBP 算子具有灰度不变性和旋转不变性。当图像旋转时，会提取出不同的 LBP 值。为了适应不同尺度的纹理特征，并满足旋转不变性的要求，研究人员对 LBP 算子进行了扩展，提出了具有旋转不变性的 LBP 算子。该算子通过不断旋转圆形邻域得到一系列初始定义的 LBP 值，取其最小值作为该邻域的 LBP 值。

改进后的 LBP 算子用圆形邻域代替了正方形邻域，并且将 3×3 邻域扩展到任意邻域，同时允许在半径为 R 的圆形邻域内有任意多个采样点。比如在半径为 R 的圆形区域内包含 P 个采样点，如图 9-41 所示。

在图 9-41 中，LBP 的下标 P（如 8 和 16）表示采样点个数，上标 N（如 1 和 2）表示 LBP 算子所产生的第 N 种模式。

一个 LBP 算子可以产生多个二进制模式。对于半径为 R 的圆形邻域，如果邻域内有 P 个采样点，LBP 算子将会产生 2^P 种模式。随着采样点的增加，二进制模式的种类将急剧增多。比如在 5×5 邻域内取 8 个采样点时，有 $2^8 = 256$ 种二进制模式；取 16 个采样点时，有 $2^{16} = 65\ 536$ 种二进制模式。太多的二进制模式会影响纹理的提取、识别、分类以及信息的存取。此外，在一幅图像中，旋转不变 LBP 的模式分布差异较大，提取的特征效果较差。为了解决以上问题，研究人员又提出了“等价模式”（uniform pattern）来减少 LBP 算子的模式。

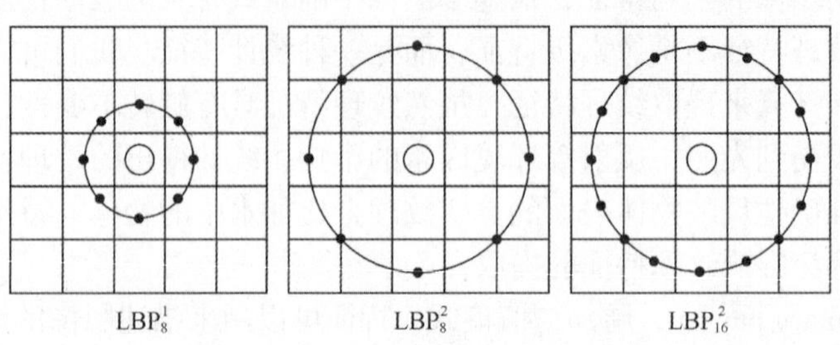

图 9-41　圆形邻域采样

等价模式是指用均匀环形结构的空间转换数来表示 LBP 算子模式，即通过记录二进制数的 0-1 转换次数，来确定要保留的模式。当某个 LBP 所对应的循环二进制数从 0 变到 1 或从 1 变到 0，0-1 转换次数小于或等于 2 次的二进制码就构成一个等价模式。比如 10111111，其 0-1 变化次数是 2 次，00000000 是 0 次，11100000 是 1 次，它们都是等价模式。所有不是等价模式的其他模式都归为一类，称为混合模式。通过上述处理，极大地减少了二进制模式的种类，并且没有损失有效的特征信息。

通过 LBP 算子提取的特征，在每个像素上都可以得到一个 LBP 码。对一幅图像用 LBP 算子处理以后，得到的 LBP 特征仍然是一幅图像（即 LBP 特征图），它的每一个像素就是一个 LBP 值。在实际应用中，比如在纹理分类、人脸识别等应用中，一般都不会直接使用“LBP 特征图”作为特征向量来进行分类识别，而是采用 LBP 特征的统计直方图作为特征向量，用于分类识别。

由于 LBP 特征与位置紧密相关，因此如果直接使用 LBP 特征对图像进行分析，可能会因为位置对应关系而产生较大的误差。比如用 LBP 特征对两幅图像进行相似度比较，由于位置没有完全对应，两幅图像的特征会相差较大。因此，我们通常将一幅图像划分为若干个子区域，对每个子区域内的每个像素提取 LBP 特征；然后在每个子区域内建立 LBP 特征的统计直方图；每一个子区域用一个统计直方图来进行描述，整幅图像的特征统计直方图则由若干个子区域的统计直方图构成。比如将一幅 64×64 像素大小的图像划分为 8×8=64 个子区域，每个子区域的大小为 8×8 像素，然后在 64 个子区域提取 LBP 特征向量，最终形成 64 个统计直方图。

提取 LBP 特征向量分为如下 4 个步骤。

① 首先将滑动窗口划分为 16×16 的小区域，称为一个单元（cell）。

② 对于每一个 cell 中的像素，将它与相邻的 8 个像素（3×3 邻域内）进行比较；如果它的值大于相邻像素的值，则相邻像素的值标记为 1，否则标记为 0；相邻像素标记完以后将产生一个 8 位二进制数，这个二进制数就是该像素的 LBP 值。

③ 根据像素的 LBP 值计算每个 cell 的统计直方图（即每个 LBP 值出现的频率），然后对该直方图进行归一化处理。

④ 每个 cell 的统计直方图都是一个特征向量，它们构成了整幅图像的 LBP 特征向量。

skimage.feature.local_binary_pattern(image, P, R, method='default'))函数用来提取 LBP 特征，其中，image 是输入图像，P 是相邻像素的个数，R 是子区域的半径，method 用来选择不同的 LBP 算子，“default”表示采用原始的局部二值模式，它具有灰度不变性但不具有旋转不变性。其他 LBP 算子还有 ror、uniform、nri_uniform、var。下面我们提取图像的 LBP 特征，同时显示 LBP 特征图，代码如下：

```
from utilimage import show_images
from skimage.feature import local_binary_pattern
from skimage import io

file = r'../../DataSet/Images/lena.tiff'
img = io.imread(file, as_gray=True)

# 提取 LBP 特征
lbp_feature = local_binary_pattern(img, 6, 4)

images = [{'subplot': 121, 'title': '原图', 'image': img},
          {'subplot': 122, 'title': 'LBP特征', 'image': lbp_feature}]
show_images(images)
```

代码的运行结果如图 9-42 所示。

图 9-42　提取 LBP 特征

LBP 特征简单，特征维度低，容易计算。它采用局部二值模式来描述图像的局部特征，具有灰度不变性，在一定程度上消除了光照变化的影响。在引入旋转不变性以后，LBP 特征对图像旋转具有鲁棒性，但也使它失去了方向信息。目前，LBP 特征主要用于纹理分类、人脸检测和目标跟踪等。

4. 直方图特征

HOG（histogram of oriented gradient，方向梯度直方图）是一种用于目标检测的直方图特征。在一幅图像中，梯度能反映物体的边缘信息，并且梯度或边缘的方向密度分布能够描述物体的表面特性和形状特性。HOG 就是通过计算和统计图像局部区域的梯度方向来描述目标的特征的。

HOG 特征与 LBP 特征类似，也采用滑动窗口的方式，在局部窗口执行特征提取操作。

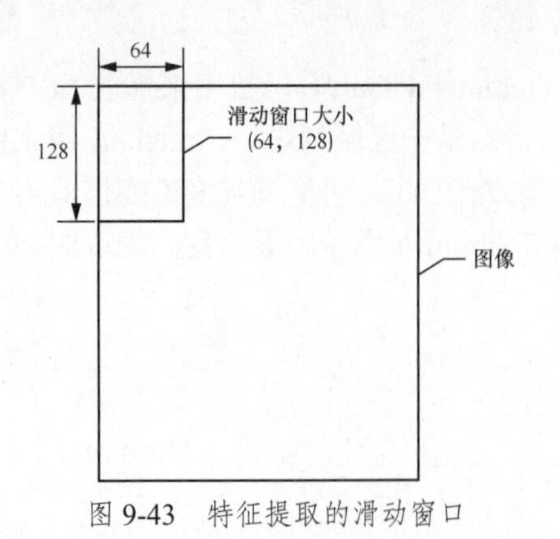

图 9-43　特征提取的滑动窗口

特征提取的滑动窗口如图 9-43 所示。

HOG 特征提取算法的步骤如下。

① 由于颜色信息不会影响梯度的计算，因此先将彩色图像转为灰度图像。

② 采用伽马校正对图像做归一化处理，通过调节图像(I)的亮度和对比度，降低图像局部阴影和光照的影响，同时抑制图像中的噪音干扰。伽马校正公式如下：

$$f(I)=I^{\gamma}$$

③ 计算图像中每个像素的梯度，包括大小和方向。像素(x, y)的梯度为：

$$G_x(x,y)=I(x+1,y)-I(x-1,y)$$

$$G_y(x,y)=I(x,y+1)-I(x,y-1)$$

其中，$I(x, y)$是输入图像的像素值；$G_x(x, y)$、$G_y(x, y)$分别是(x, y)处像素的水平方向梯度和垂直方向梯度。

像素的梯度幅值和梯度方向分别为：

$$G(x,y)=\sqrt{G_x(x,y)^2+G_y(x,y)^2}$$

$$\alpha(x,y)=\arctan\left[\frac{G_y(x,y)}{G_x(x,y)}\right]$$

为了简化梯度计算，首先用[−1,0,1]梯度算子对输入图像做卷积运算，得到像素水平方向的梯度分量 $G_x(x, y)$。水平方向梯度的计算如图 9-44 所示。

然后，用$[1,0,-1]^{\mathrm{T}}$梯度算子对输入图像做卷积运算，得到像素垂直方向的梯度分量 $G_y(x, y)$。接着计算该像素的梯度大小和方向。

④ 将图像划分为多个较小的连通区域，它们也称为 cell（细胞单元），每个 cell 中有 8×8 个像素。

⑤ 根据 cell 中各个像素的梯度大小和方向，统计每个 cell 的 HOG（即统计不同方向区间中梯度的个数），以此作为每个 cell 的特征向量。HOG 划分为 9 个区间（即 9 个 z 块），这些区间均匀分布在 0°～360°，如图 9-45 所示。

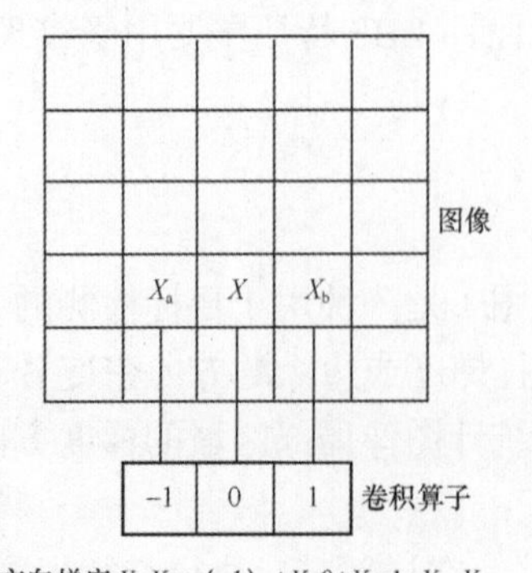

图 9-44　水平方向梯度的计算

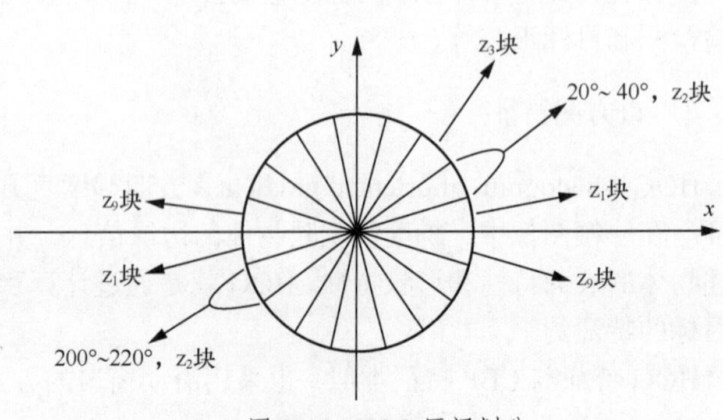

图 9-45　HOG 区间划分

在统计 HOG 时，每一个像素都代表一个方向梯度，向方向区间投票。而梯度大小作为投票的权值，比如一个像素的方向梯度是 25°，它属于方向区间 20°～40°，那么将该区间的计数加 1（投上一票）。假设它的梯度大小为 3，那么该区间的计数加 3（1×3）。方向区间的投票加权方式也可以采用各种函数来计算，比如采用梯度大小的平方根、平方或截断形式等。

⑥ 在更大范围内组合多个 cell 的 HOG。把多个 cell 组合成更大的、空间上连通的 block（块）。在一个 block 内，将所有 cell 的特征组合起来，就能得到该 block 的 HOG 特征。图 9-46（a）给出了一个包含 3×3 个 cell 的 block，图 9-46（b）给出了滑动窗口中 block 的划分方式。

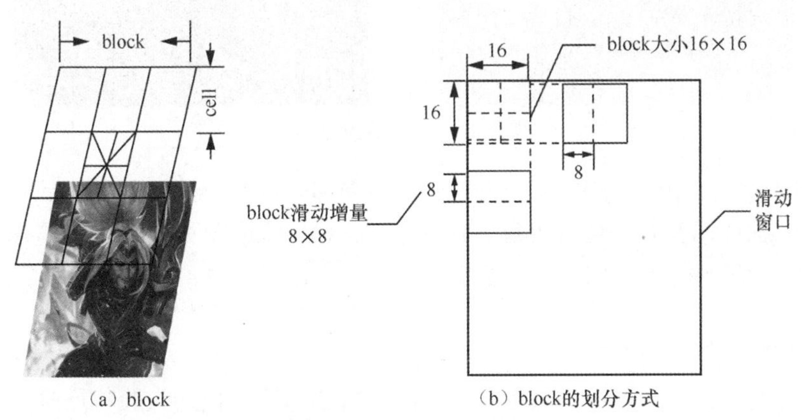

图 9-46　block 及其划分方式

由于局部光照以及对比度变化的影响，使梯度的变化范围非常大，因此需要对梯度做归一化处理。首先对 block 的直方图进行归一化，然后根据归一化的结果对 block 中各个 cell 进行归一化。归一化以后，HOG 特征能适应环境中阴影和光照的变化。

⑦ 将图像中所有 block 的 HOG 特征组合起来，得到整幅图像的 HOG 特征。block 之间互有重叠，因此每一个 cell 的直方图将多次出现在图像的 HOG 特征中。

skimage.feature.hog(image, orientations=9, pixels_per_cell=(8, 8), cells_per_block=(3, 3), block_norm='L1', visualise=False, transform_sqrt=False, feature_vector=True, normalise=None) 函数用于提取 HOG 特征，其中 image 是输入图像，orientations 是直方图的 bin 数，其他参数可查阅 skimage 的相关文档。提取图像 HOG 特征的代码如下：

```
    from skimage import feature as ft
    from utilimage import show_images
    from skimage import io
    from skimage.transform import rescale

    file = r'../../DataSet/Images/building.jpg'

    img = io.imread(file)
    img = rescale(img, 0.2)

    # 提取 HOG 特征
    fd, img_hog = ft.hog(img, orientations=8, pixels_per_cell=(4, 4), cells_per_block=(1,
1),
    transform_sqrt=True, visualise=True)
```

```
    images = [{'subplot': 121, 'title': '原图', 'image': img}, {'subplot': 122, 'title':
'HOG 特征图', 'image': img_hog}]
    show_images(images)
```

代码的运行结果如图 9-47 所示。

图 9-47　图像 HOG 特征

与其他图像特征相比，HOG 特征反映了图像局部区域的特性。通过大范围的空域抽样、小区域的方向抽样以及归一化等处理，HOG 特征对几何形变和光学形变都有较好的适应性。现在 HOG 特征常用于图像的检测和识别。

5. 组合特征

在实际应用中，通常需要提取更复杂的图像特征。比如描述人脸特征时，要用到边缘特征、线性特征、中心特征和对角线特征等各种特征元素。复杂特征是多个特征的组合。在构造组合特征时，通常将图像均匀地划分为若干个子块，然后提取每个图像子块的特征，最终构成图像的特征向量。

（1）Haar 特征

Haar 特征是一种包含边缘特征、线性特征、中心特征等多种特征元素的组合特征。在提取 Haar 特征时，需要先构造特征模板。特征模板由白色和黑色两种矩形构成，计算特征值的方式是：分别累加两个矩形中像素的灰度值，然后用白色矩形的灰度值减去黑色矩形的灰度值，计算结果就是一个 Haar 特征值。Haar 特征模板如图 9-48 所示。

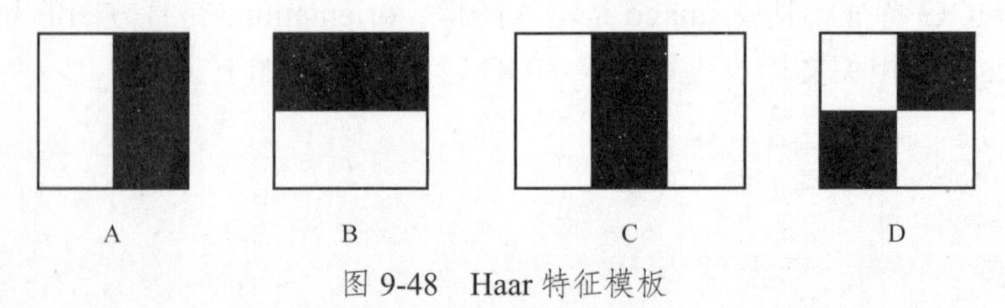

图 9-48　Haar 特征模板

图 9-48 给出了 A、B、C、D 共 4 种特征模板。矩形 A、B、D 的特征值计算公式如下：

$$v = \sum_{\text{Pixel} \in \text{White}} \text{Pixel} - \sum_{\text{Pixel} \in \text{Black}} \text{Pixel}$$

矩形 C 的特征值计算公式为：

$$v = \sum_{\text{Pixel} \in \text{White}} \text{Pixel} - 2 \times \sum_{\text{Pixel} \in \text{Black}} \text{Pixel}$$

在计算矩形C的特征值时，为了使黑、白两种矩形区域的像素数目一致，需要将黑色矩形像素值的和乘2。

（2）Haar-like 特征

除了上面的Haar特征以外，通过改变矩形的大小、位置和方向，可以在图像的子窗口中提取扩展的矩形特征。这些特征类似于Haar特征，称为Haar like特征。扩展后的特征主要分为4种类型，分别是边缘特征、线性特征、中心特征和对角线特征，如图9-49所示。

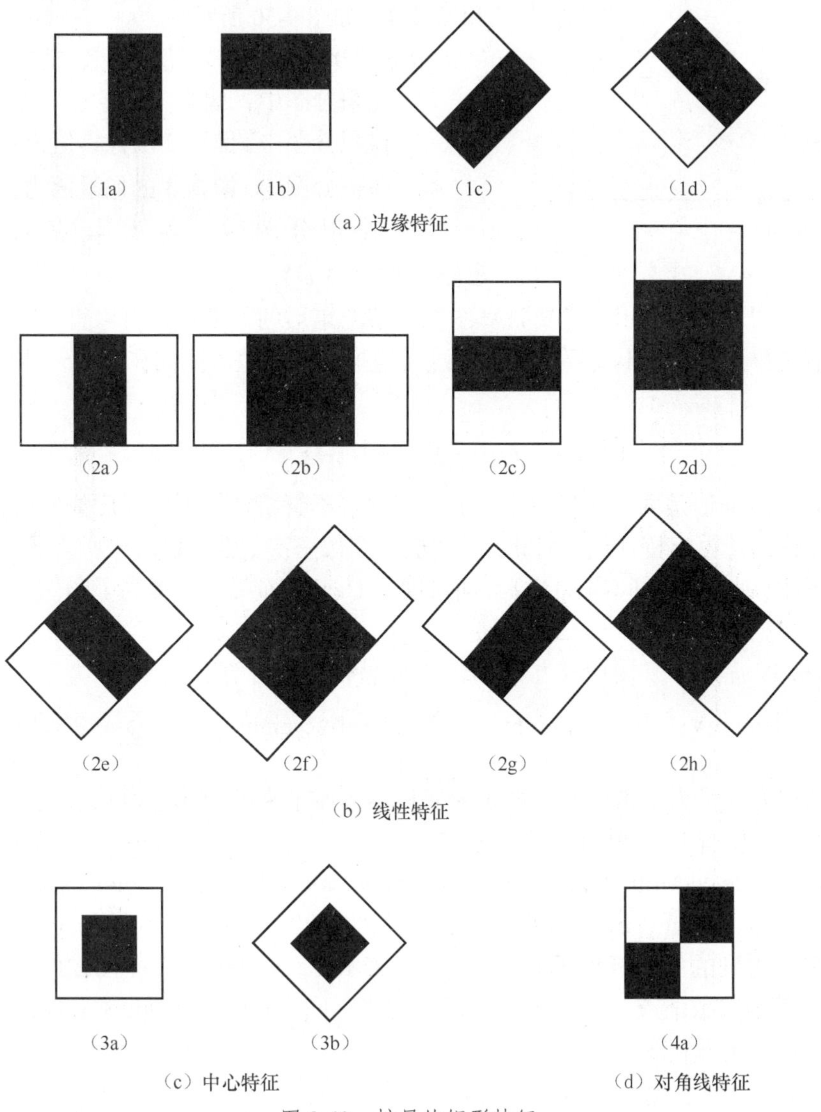

图9-49　扩展的矩形特征

（3）特征值的计算

我们可以在图像上的任意位置提取Haar特征，其大小也可以任意改变，因此矩形特征值由矩形位置、矩形大小和特征模板3个因素决定。在提取特征时，设置不同的矩形大小、矩形位置以及特征模板，可以得到大量的矩形特征，这就造成计算Haar特征需要花费大量的时间。因此，快速计算矩形特征是提取Haar特征的关键。

积分图（integral image）是一种快速计算 Haar 特征的方法，其基本思想是从图像的左上角开始，每一个像素到左上角像素都构成一个矩形，然后累加这个矩形中的像素值，将累加结果保存在积分图中。在积分图中，每一个像素的像素值设置为矩形（该像素与左上角像素构成的矩形）像素值的累加。

在一幅图像上，假设有 4 个矩形 A、B、C、D，每个矩形的右下角分别对应像素 1、像素 2、像素 3 和像素 4，如图 9-50 所示。

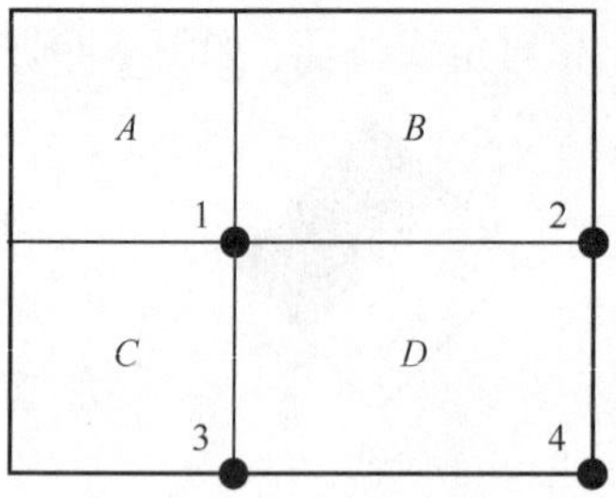

图 9-50　计算积分图

根据图 9-50，我们来计算图像的积分图。

① 在积分图中，像素 1 的像素值为：$\sum A$。

② 在积分图中，像素 2 的像素值为：$\sum(A+B)$。

③ 在积分图中，像素 3 的像素值为：$\sum(A+C)$。

④ 在积分图中，像素 4 的像素值为：$\sum(A+B+C+D)$。

得到积分图以后，如果我们要计算图像中某个矩形的像素值，可以直接从积分图中取出对应的值进行计算，而不需要重新累加这个矩形的像素值。比如在图 9-50 中，矩形 D 的像素值为：

$$\sum(A+B+C+D)-\sum(A+C)-\sum(A+B)+\sum A$$

Haar-like 特征值是两个矩形像素值的差，并且不管特征矩形的尺度如何变换，通过积分图都可以快速计算出特征值。因此，只要遍历图像一次，就可以求出所有子图的特征值。使用积分图能够在常数时间内，计算不同尺度的 Haar 特征，大大提高了图像特征值的计算效率。

在 OpenCV 库中，采用加权方式计算 Haar 特征值，计算公式如下：

$$\text{featureValue}(x)=\text{weight}_{\text{all}}\times\sum_{\text{Pixel}\in\text{all}}\text{Pixel}+\text{weight}_{\text{black}}\times\sum_{\text{Pixel}\in\text{black}}\text{Pixel}$$

采用加权方式是为了抵消黑、白矩形面积不等而带来的影响。通常让权值与矩形面积成反比，以保证所有 Haar 特征值均匀分布。

OpenCV 的 detectMultiScale(const Mat& image, vector& objects, double scaleFactor=1.1, int minNeighbors, int flag，cvSize)函数可执行多尺度的特征检测，其中 image 是输入图像，objects 是检测得到的目标矩形框（以向量形式表示），scaleFactor 是图像的尺度参数，默认值为 1.1，其他参数请查阅 OpenCV 的相关文档。下面我们使用 OpenCV 库来检测图像中的人脸和人眼，代码如下：

```
import cv2

# 载入人脸和人眼的 Haar 特征
face_haar = 
cv2.CascadeClassifier(r'..\..\DataSet\haarcascade_frontalface_default.xml')
eye_haar = cv2.CascadeClassifier(r'..\..\DataSet\haarcascade_eye.xml')

file = r'../../DataSet/Images/lena.tiff'

img = cv2.imread(file)
gray = cv2.cvtColor(img, cv2.COLOR_BGR2GRAY)
```

```
# 检测图像中的人脸
faces = face_haar.detectMultiScale(gray, 1.3, 5)

# 在图像中检测人脸和人眼的位置
for (x, y, w, h) in faces:
    # 用矩形框出人脸的位置
    img = cv2.rectangle(img, (x,y), (x+w,y+h), (255,0,0), 2)
    face_gray = gray[y:y+h, x:x+w]
    face_color = img[y:y+h, x:x+w]

    # Haar 特征
    # 在人脸区域检测人眼的位置
    eyes = eye_haar.detectMultiScale(face_gray)
    for (ex, ey, ew, eh) in eyes:
        cv2.rectangle(face_color, (ex,ey), (ex+ew, ey+eh), (0,255,0), 2)

cv2.imshow('haar detection', img)
cv2.waitKey(0)
cv2.destroyAllWindows()
```

代码的运行结果如图 9-51 所示。

图 9-51　人眼和人脸检测

为了显示检测出的人脸和人眼，我们用 rectangle( )函数来绘制检测出的目标矩形框。

由于图像大小不一，并且图像中的目标也有大有小，如果采用固定大小的特征模板来检测，会漏检图像中的一些目标。因此，在检测时，需要使用多尺度检测方法来搜索目标，即通过不断缩放图像大小，让目标与特征模板匹配；然后通过滑动窗口来搜索目标特征。在同一幅图像中，多尺度检测函数 detectMultiScale( )会提取不同尺度的多个匹配值，然后将多个尺度的结果进行合并，最后把检测到的多个目标的位置和大小输出到 objects 向量中。

9.3.4　图像检测

形状特征有两种表示方法，一种是轮廓特征，另一种是区域特征。图像的轮廓特征主要表现为目标的外边界。通过描述目标的边界，可以提取出目标的形状参数，从而检测出某些特定的形状。图像的区域特征除了目标的边界外，还涉及目标的整体显示区域。下面针对轮廓特征和区域特征介绍图像中几何形状的检测。

1．霍夫变换

在图像处理中，有时需要检测图像中的几何形状。比如图像中有表格，就需要检测表格线；在手工绘制的流程图中，需要检测圆、椭圆等形状。霍夫变换（Hough transform）是一种常用的图像检测方法。1962 年，Paul Hough 首次提出了霍夫变换，随后该方法得到了进一步的推广和应用。霍夫变换的核心思想是利用点与线的对偶性，通过坐标变换来检测直线，后来经过改进也可以检测椭圆等多种形状。

在笛卡儿坐标系中，平面上的一条直线可以用 $y = ax+b$ 来表示，其中 a 是斜率，b 是截距。如果直线是一条垂直线，$y = ax+b$ 形式的直线方程无法表示 $y = c$ 形式的直线，即直线的斜率无穷大。因此，通常用极坐标来表示直线，表示方式如下：

$$r = x\cos\theta + y\sin\theta$$

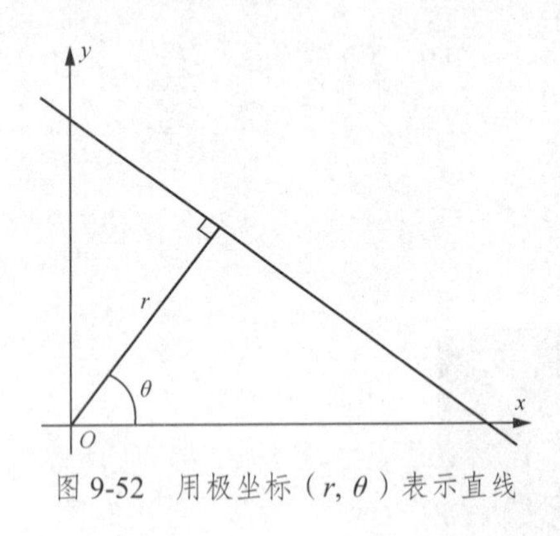

图 9-52　用极坐标（r, θ）表示直线

其中，r 是直线到原点的距离；θ 是直线的垂线与 x 轴的夹角，如图 9-52 所示。

在极坐标系下，一个点 (r,θ) 就代表笛卡儿坐标系中的一条直线。而在笛卡儿坐标系中的一个点 (x,y)，经过它的直线可以有无数条。如果将这些直线都变换到极坐标系中（变成极坐标系中的点），就会形成一条正弦曲线。

如果将图像中一条直线上的所有像素（笛卡儿坐标系）变换到极坐标系中，这些点在极坐标系中将显示为不同的正弦曲线，而且这些正弦曲线将会有一个共同的交点，如图 9-53 所示。

极坐标系中的一条正弦曲线对应于笛卡儿坐标系中的一个点；相应地，极坐标系中的一个点则对应于笛卡儿坐标系中的一条直线。当极坐标系中的 n 条正弦曲线（即笛卡儿坐标系中的 n 个点）相交时，说明它们都具有同样的 (r,θ)。由于极坐标系中的点 (r,θ) 对应于笛卡儿坐标系中的一条直线，因此，在笛卡儿坐系标中的这 n 个点都在一条直线上。霍夫变换就是利用不同坐标系下点与直线的对偶性来检测图像中的直线的。

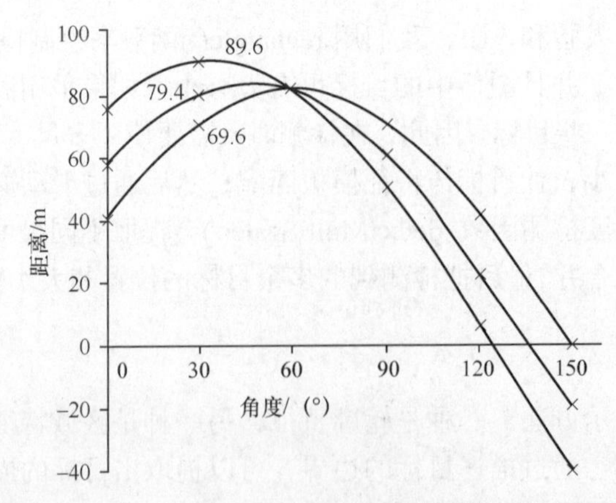

图 9-53　笛卡儿坐标系下的点和直线在极坐标系下的表示

如果一幅图像中的多个像素构成一条直线（这条直线在笛卡儿坐标系中），那么可以将这些像素转换为参数空间（极坐标系）中的多条曲线，这些曲线会相交于一点。因此，我们只需要将图像中的所有像素变换为参数空间中的曲线，并且在参数空间中检测这些曲线是否有交点，就可以确定图像中有哪些像素在一条直线上。在参数空间中，交于一点的曲线越多，就意味着图像中构成直线的像素越多。因此，在检测直线时，我们会在参数空间设置相交曲线的阈值，如果参数空间的相交曲线数小于阈值，那么对应图像上的像素就不构成一条直线（即构成直线的像素太少）；只有相交曲线数超过阈值，我们才认为检测出一条直线。

在笛卡儿坐标系中，经过一个点有无数条直线或者说有任意方向的直线。但是，在图像中，我们必须限制经过像素的直线数量，即限制经过像素的直线方向，这样才能进行直线检测。因此，我们选取有限个等间距的直线方向 θ，参数 r 取固定值，参数空间被划分为一个个相等大小的网格单元。当图像中每个像素（坐标值）变换到参数空间（极坐标系）以后，变换后的曲线经过多个网格单元。曲线每经过一个网格单元，相应地将该网格单元的累加计数加 1。当图像空间中所有像素都经过霍夫变换以后，检测程序会检查参数空间的每个网格单元。如果网格单元的累加计数大于设定的阈值，则该网格单元对应图像空间中的一条直线，即通过检测网格单元的累加计数，可以检测出图像中的直线。

skimage. transform 模块的霍夫变换函数 hough_line(img)用于检测直线，它返回 3 个值：h，theta，distance。其中 h 是霍夫变换的累加计数值；theta 是像素与 x 轴的夹角集合，一般为 0°～179°；distance 是点到原点的距离，即极坐标半径 r。下面我们用霍夫变换来检测图像中的直线，代码如下：

```
from skimage import transform
import numpy as np
import matplotlib.pyplot as plt

# 生成测试图像
image = np.zeros((100, 100))   # 图像背景
idx = np.arange(10, 90)         # 生成序列
# 生成两条相交的直线
image[idx[::-1], idx] = 255     # 生成直线“/”
image[idx, idx] = 255           # 生成直线“\”

# 霍夫变换
h, theta, d = transform.hough_line(image)

#生成一个一行两列的窗口（可显示两幅图像）
plt.rcParams['figure.dpi'] = 300
fig, (ax_img, ax_hough) = plt.subplots(1, 2, figsize=(8, 8))

# 显示原始图像
ax_img.imshow(image, plt.cm.gray)
ax_img.set_title('原始图像')
ax_img.set_axis_off()

# 显示霍夫变换后的图像
```

```
    ax_hough.imshow(np.log(1 + h))
    ax_hough.set_title('霍夫变换')
    ax_hough.set_xlabel('角度 (degrees)')
    ax_hough.set_ylabel('距离 (pixels)')
    plt.show()
```

代码的运行结果如图 9-54 所示。

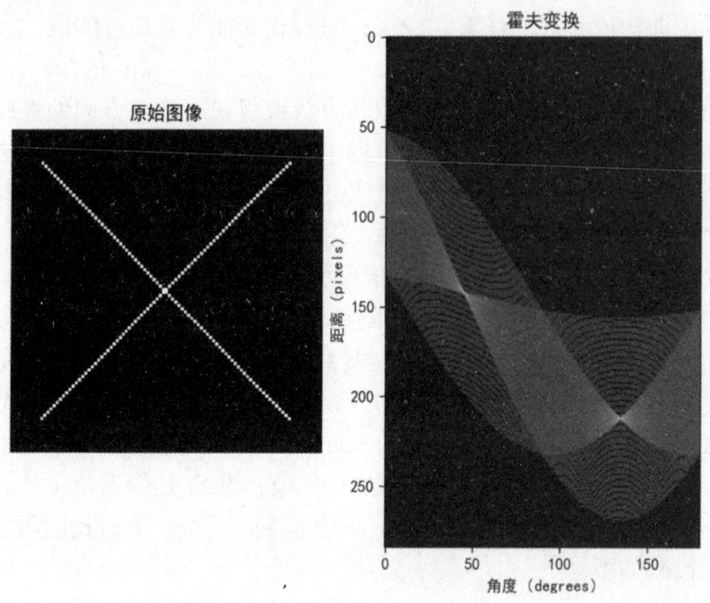

图 9-54　利用霍夫变换检测图像中的直线

图 9-54（a）是我们生成的两条交叉直线。从图 9-54（b）可以看出极坐标系中有两个很明显的交点，说明原图像上有两条直线。

2. PPHT

在检测图像时，霍夫变换通过寻找边像素的对齐区域来检测直线。当像素偶然排列成直线时，霍夫变换可能会产生错误的结果。有时可能参数相近的多条直线穿过同一像素对齐区域，这会导致出现重复的检测结果。针对上述问题，概率霍夫变换不再逐行扫描图像，而是随机选择像素，当累加器到达设定的阈值时，就沿着对应的直线扫描图像，并移除这条直线上的所有像素。概率霍夫变换可以在扫描时清除部分像素，减少投票的像素。

PPHT（progressive probabilistic Hough transform，渐进概率霍夫变换）算法是 SHT（standard Hough transform，标准霍夫变换）算法的改进，它采用概率的方式来选取检测像素，而不是计算所有像素，从而减少了计算量，缩短了计算时间。在检测中，PPHT 设置了两个参数，即 minLineLengh 和 maxLineGap。minLineLengh 表示线段的最短长度，如果检测出的线段比 minLineLengh 短，就忽略掉；maxLineGap 表示两条线段之间的最大间隔，如果检测出的两条线段的间隔小于 maxLineGap，就将两条线段连成一条线段，即认为它们是同一条直线。

PPHT 的实现步骤如下。

① 随机获取图像边缘上的点，将其映射到极坐标系上并绘制曲线。

② 如果极坐标系中有交点达到设定阈值（最小投票数），那么确认该点对应图像中的直线 l。

③ 搜索图像边缘上的点；如果是在直线 l 上的点，且点与点之间间隔小于 maxLineGap，则将其连成一条线段；然后删除这些点，并且记录该线段的参数（起始点和终止点）。

④ 重复上述 3 步，直到完成检测。

skimage.transform.probabilistic_hough_line(img, threshold=10, line_length=5,line_gap=3) 函数可实现渐进概率霍夫变换。其中，img 是输入图像；threshold 是阈值，默认值为 10；line_length 是检测到的最短线段长度，默认值为 50；line_gap 是线段间的最大间隔，增大它可以合并更多的线段，默认值为 10。该函数返回线段列表，用（$(x_0, y_0)(x_1, y_1)$）表示线段的起始点和终止点。

下面我们用渐进概率霍夫变换来检测医学图像中的直线，代码如下：

```
from skimage import transform
import matplotlib.pyplot as plt
from skimage import data, feature, io

file = r'../../DataSet/Images/medical_image.BMP'
image = io.imread(file, as_gray='gray')

# 用 Canny 算子提取边缘
edges = feature.canny(image)

# 用概率霍夫变换检测直线
lines = transform.probabilistic_hough_line(edges, threshold=10, line_length=20,
line_gap=8)
print(f'检测出的直线数量: {len(lines)}')

plt.rcParams['font.family'] = 'SimHei'
plt.rcParams['figure.dpi'] = 300
fig, (ax0, ax1, ax2) = plt.subplots(1, 3, figsize=(16, 8))

# 显示原始图像
ax0.imshow(image, plt.cm.gray)
ax0.set_title('原始图像', fontsize=14)
ax0.set_axis_off()

# 显示图像边缘
ax1.imshow(edges, plt.cm.gray)
ax1.set_title('图像边缘-Canny算子', fontsize=14)
ax1.set_axis_off()

# 绘制所有检测出的直线
ax2.imshow(edges * 0)
for line in lines:
    p0, p1 = line
    ax2.plot((p0[0], p1[0]), (p0[1], p1[1]))

ax2.set_title('概率霍夫变换', fontsize=14)
ax2.set_axis_off()
plt.show()
```

代码的运行结果如下：

```
检测出的直线数量: 409
```

利用渐进概率霍夫变换检测医学图像中的直线如图 9-55 所示。

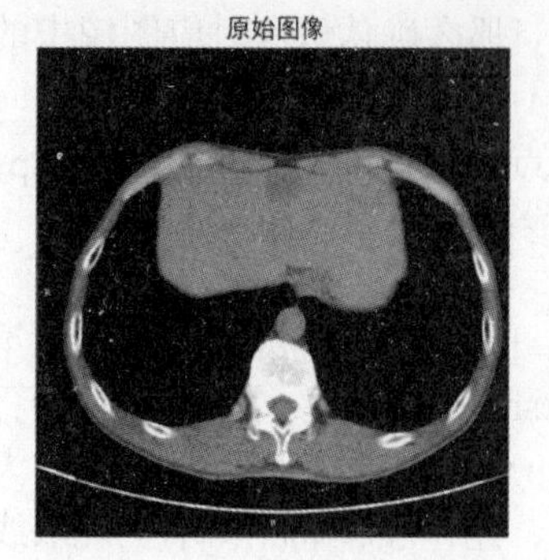

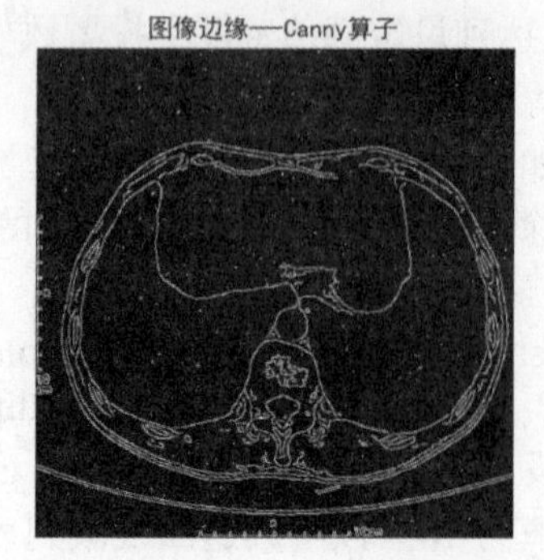

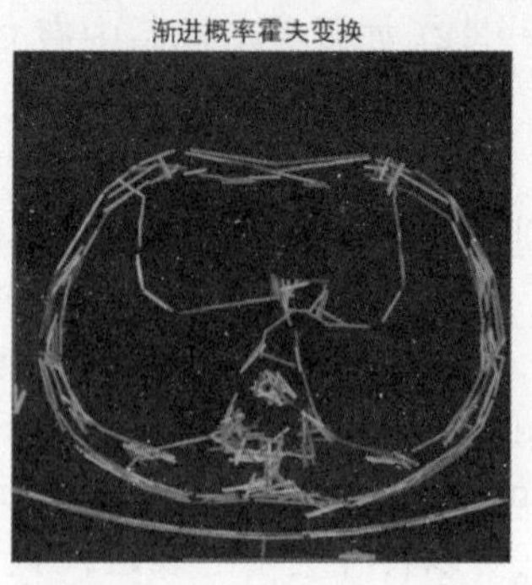

图 9-55　利用渐进概率霍夫变换检测医学图像中的直线

3. 霍夫圆检测

与霍夫线检测一样，霍夫圆检测可以检测图像中的圆。其基本思想是：图像上每一个像素都可能是一个圆上的一点，将像素变换到极坐标系后，通过投票生成累积计数，设置一个累积权重来检测图像中的圆。

在笛卡儿坐标系中，圆的方程为：

$$(x-a)^2+(y-b)^2=r^2$$

其中，(x, y)为圆上的坐标点；(a, b)为圆心；r 为圆半径，如图 9-56 所示。

在极坐标系中，圆的表示方式为：

$$x=a+r\cos\theta$$
$$y=b+r\sin\theta$$

其中，(a, b)为圆心；r 为半径；θ 为旋转度数，其取值范围为 0° ~ 359°。

在三维坐标系（极坐标系）中，一个点(a, b, r)可以唯一确定笛卡儿坐标系中的一个圆；而在笛卡儿坐标系（二维）中，经过一个点(x, y)可以作无数个圆。将经过某一点的所有圆映射到三维坐标系中，就能得到一条曲线，如图 9-57 所示。

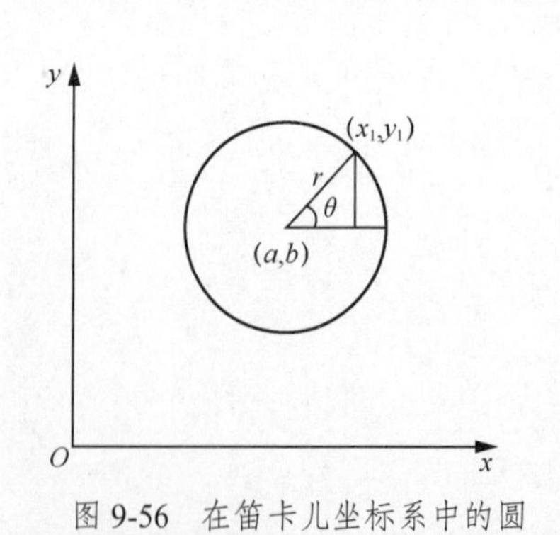

图 9-56　在笛卡儿坐标系中的圆

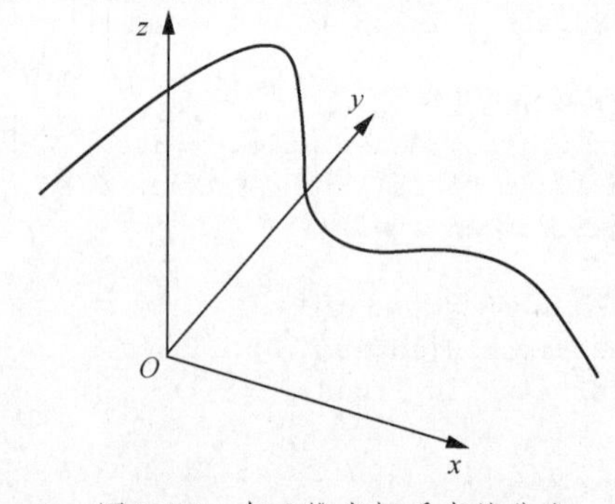

图 9-57　在三维坐标系中的曲线

通过坐标系变换，经过图像中像素的圆转换为三维坐标系中的很多条曲线。在笛卡儿坐标系中，同一个圆上所有点的圆方程是一样的，它们映射到三维坐标系中是同一个点。因此，笛卡儿坐标系中一个圆上有很多点（在图像上是很多像素），这些点在三维坐标系中表示为很多条曲线（笛卡儿坐标系中的一个点对应三维坐标系中的一条曲线），并且这些曲线都交于一点（这个点就对应于笛卡儿坐标系中的圆），即在三维坐标系中有圆的总像素（N）条曲线相交。判断三维坐标系中每一个点的相交（累积）数量，当其大于设定的阈值时就认为检测到原始图像中有圆。

skimage.transform.hough_circle(image, radius, normalize=True, full_output=False) 函数执行圆霍夫变换，其中，image 是输入图像，radius 是圆半径的集合。该函数返回一个三维数组(radius, M, N)，radius 表示半径的索引，(M, N)表示图像的尺寸。代码如下：

```
import numpy as np
import matplotlib.pyplot as plt
from skimage import data, color, draw, transform, feature, util

image = util.img_as_ubyte(data.coins())

# 检测图像边缘
edges = feature.canny(image, sigma=3, low_threshold=10, high_threshold=50)

fig, (ax0, ax1) = plt.subplots(1,2, figsize=(8, 6))

# 显示 Canny 边缘
ax0.imshow(edges, cmap=plt.cm.gray)
ax0.set_title('图像边缘', fontsize=12)

# 检测图像中的硬币
hough_radii = np.arange(10, 40, 2)                                  # 设置检测的圆半径范围
hough_res = transform.hough_circle(edges, hough_radii)  # 霍夫圆检测

accums, cx, cy, radii = transform.hough_circle_peaks(hough_res,
hough_radii, total_num_peaks=20)

# 绘制检测出的圆
image = color.gray2rgb(image)
for center_y, center_x, radius in zip(cy, cx, radii):
   c_y, c_x = draw.circle_perimeter(center_y, center_x, radius)
   image[c_y, c_x] = (255, 0, 0)

ax1.imshow(image)
ax1.set_title('圆检测结果', fontsize=12)
plt.show()
```

代码的运行结果如图 9-58 所示。

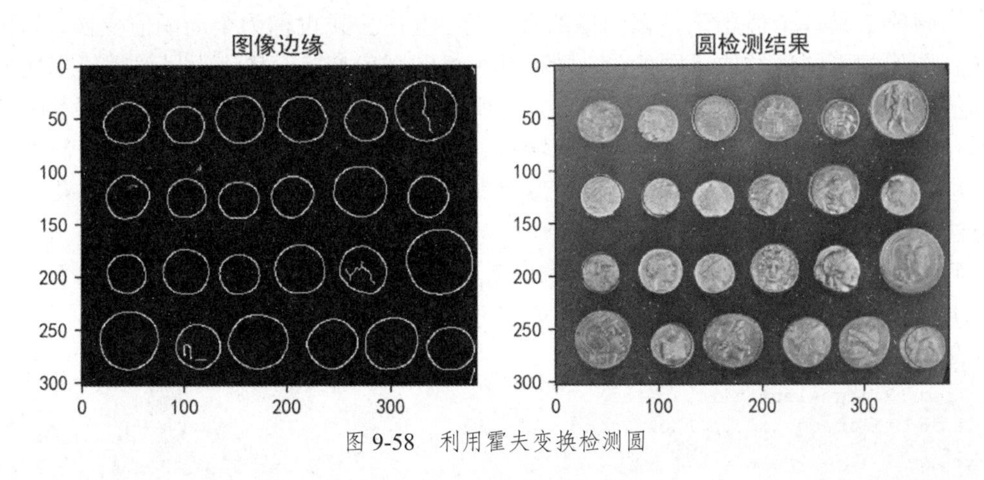

图 9-58　利用霍夫变换检测圆

transform.hough_circle_peaks(hough_res, hough_radii, total_num_peaks=20) 函数根据峰值识别出霍夫空间中显著的圆，其中 hough_res 是 hough_circle( )函数返回霍夫空间，hough_radii 是半径，total_num_peaks 是最大峰值数量。

9.3.5 图像分割

在图像处理和模式识别中，有时为了有效地分析和判别目标，首先要对图像进行分割，划分出图像中的对象或颜色区域；然后根据这些区域提取图像特征，并对特征进行分析、测量和识别。

图像分割（segmentation）是指根据灰度、颜色、纹理和形状等特征把图像划分成若干个互不相交的区域，在同一区域内的图像特征具有相似性，而在不同区域的图像特征差异较大。图像分割的目的是分割出有意义或我们感兴趣的局部区域，这些区域通常包含各种目标对象，通过分割可以进一步简化图像的特征描述，使图像更容易分析和理解。图像分割常用于定位目标和划分目标边界，目前广泛应用于医学图像处理、生物图像分析和视频监控等多个领域。

图像分割方法一般分为基于区域的分割方法和基于边缘的分割方法。前面我们已经介绍了一些边缘检测的方法，下面主要介绍基于区域的分割方法。

1．阈值分割算法

（1）阈值分割算法的步骤

阈值分割是一种交互式的分割技术，它的基本原理是利用图像中目标与背景在灰度特征上的差异，把图像看作不同灰度级的两种区域，即目标区域和背景区域。通过选取一个合理的阈值，可以确定图像中的每个像素是属于目标区域还是背景区域，从而生成二值化的分割图像。阈值分割定义为输入图像 $f(x, y)$到输出图像 $g(x, y)$的变换，变换公式如下：

$$g(x,y)=\begin{cases}a, & f(x,y)>T\\ b, & f(x,y)\leqslant T\end{cases}$$

其中，T 为阈值；通常 $a=1$，用白色标注；$b=0$，用黑色标注。

标注为 a 的像素对应于目标对象，而标注为 b 的像素对应于图像背景。因此，目标对象的像素值 $g(x, y)=1$，图像背景的像素值 $g(x, y)=0$。

当阈值 T 是一个适用于整幅图像的常数时，上述公式也称为全局阈值变换；如果阈值 T 在图像的不同区域取不同的值，则称其为可变阈值变换，又称为局部阈值变换或区域阈值变换。全局阈值适用于目标和背景有明显区别的图像，但是全局阈值只考虑了像素本身的灰度值，没有考虑图像的空间特征，因此对噪声比较敏感。常用的全局阈值选取方法有直方图峰谷法、最小误差法、最大类间方差法、最大熵自动阈值法以及其他一些方法。

下面通过分析图像的灰度直方图，选取适当的阈值对图像进行分割，步骤如下。

① 首先读入图像，然后查看它的灰度直方图，代码如下：

```
import matplotlib.pyplot as plt
from skimage import io, data
from utilimage import show_image
```

```
img = data.camera()

show_image(img)

# 绘制图像的灰度直方图
fig, ax = plt.subplots(1, 1, dpi=300)
ax.hist(img.ravel(), bins=32, range=[0, 256])
ax.set_xlim(0, 256)
```

代码的运行结果如图 9-59 所示。

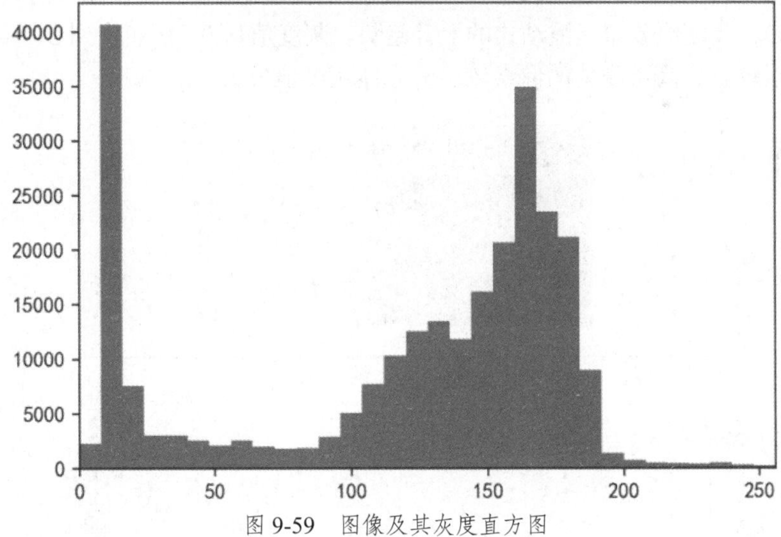

图 9-59　图像及其灰度直方图

② 从图像的灰度直方图可以看出，灰度值出现了两个峰值，在两个峰值之间的谷底可以选取某个特定的值作为分割的阈值，也就是选取 50～100 的某个数字作为阈值。下面我们选取 80 作为分割阈值，代码如下：

```
from utilimage import show_images

# 交互式确定阈值
# 根据直方图，可选的阈值为 50～100
img_segmented = img > 80
```

```
images = [{'subplot': 121, 'title': '原图', 'image': img},
        {'subplot': 122, 'title': '分割阈值: 80', 'image': img_segmented}]
show_images(images)
```

代码的运行结果如图 9-60 所示。

原图

分割阈值：80

图 9-60　使用阈值分割图像

③ 接下来读入另外一幅图像 page，如图 9-61 所示。首先观察原图，可以看到图像的背景整体比较亮，但部分区域比较暗；接着观察图像的灰度直方图，图像的灰度值没有明显的双峰分布，灰度值分布呈波动式的上升趋势。灰度值从 0（黑色）到 255（白色），低灰度值的像素较少，高灰度值的像素较多，总体灰度值较大。

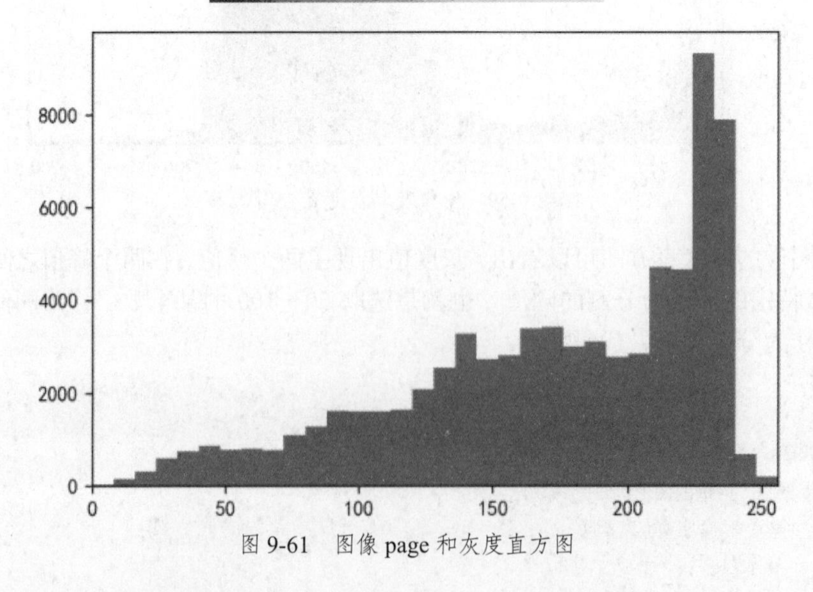

图 9-61　图像 page 和灰度直方图

④ 由于图像 page 的灰度直方图没有明显的谷底，因此难以确定分割阈值。对于灰度直方图分布不均匀的情况，考虑使用直方图均衡化进行处理，代码如下：

```
img_equal = exposure.equalize_adapthist(img)
img_equal = img_as_ubyte(img_equal)

show_image(img_equal)
# 均衡化以后的灰度直方图
fig, ax = plt.subplots(1, 1, dpi=300)
ax.hist(img_equal.ravel(), bins=32, range=[0, 256])
ax.set_xlim(0, 256);
```

代码的运行结果如图 9-62 所示。

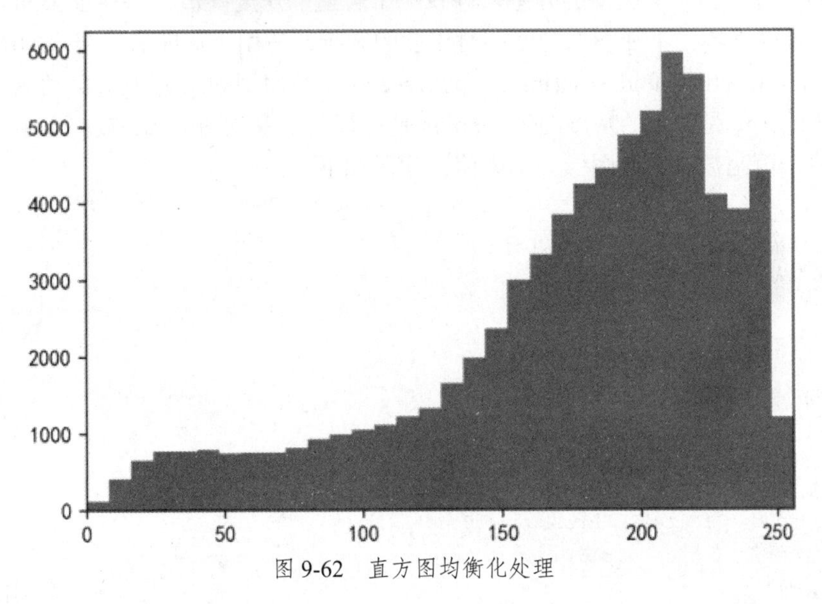
Region-based segmentation

Let us first determine markers of the coins and the background. These markers are pixels that we can label unambiguously as either object or background. Here, the markers are found at the two extreme parts of the histogram of grey values:

>>> markers = np.zeros_like(coins)

图 9-62　直方图均衡化处理

⑤ 使用直方图均衡化对图像的对比度进行调整以后，图像中没有特别亮和特别暗的区域。灰度直方图的分布虽然仍然呈现上升趋势，但上升没有波动，并且 50～100 的范围可以作为一个谷底来选取分割阈值。代码如下：

```
img_segmented = img_equal > 85

images = [{'subplot': 121, 'title': '原图', 'image': img_equal},
        {'subplot': 122, 'title': '阈值分割，阈值：80', 'image': img_segmented}]
show_images(images)
```

代码的运行结果如图 9-63 所示。

原图　　　　阈值分割，阈值：80

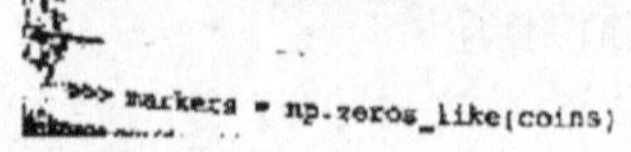

图 9-63　选取阈值分割图像

（2）otsu 阈值法

从上面的例子可以看出，在分割时需要交互式地设置阈值（有监督分割），即需要通过观察灰度直方图来选择特定的阈值。除此以外，也可以让程序自动生成一个阈值（无监督分割）。在 skimage 中，filters 模块提供了多种自动阈值选取方法，常用的方法有最大类间方差法、自适应阈值法等。

otsu 阈值法（又称为大津算法或最大类间方差法）使用聚类的思想，将图像像素按灰度值分成两个类，每个类内部的灰度值相差较小，而两个类之间的灰度值相差较大。在划分类时，通过计算图像灰度值的方差来寻找一个合适的灰度阈值，并保证类间方差最大。otsu 阈值法计算简单，不受图像亮度和对比度的影响，适用于灰度值呈双峰的图像。

skimage.filters.threshold_otsu(image, nbins=256)函数使用 otsu 阈值法自动返回一个分割阈值，其中 image 是输入的灰度图像，nbins 是计算灰度直方图的 bin 数。下面我们调用多种自动选取阈值函数来获取图像分割阈值，代码如下：

```
from skimage import data, filters
import matplotlib.pyplot as plt
from utilimage import show_images

img = data.camera()

# 多种自动阈值选取函数
threshold = filters.threshold_otsu(img)
# threshold = filters.threshold_yen(img)
# threshold = filters.threshold_li(img)
# threshold = filters.threshold_isodata(img)
print(f'阈值：{threshold}')

img_segmented = (img <= threshold)  # 背景为黑色，前景为白色
# img_segmented = (img > threshold) # 背景为白色，前景为黑色

images = [{'subplot': 121, 'title': '原图', 'image': img},
        {'subplot': 122, 'title': '自动阈值分割', 'image': img_segmented}]
show_images(images)
```

代码的运行结果如下：

```
阈值：87
```

自动选取阈值分割图像如图 9-64 所示。

图 9-64　使用自动选取阈值函数分割图像

threshold_otsu( ) 返回的阈值为 87，与交互式选取的阈值接近。另外，skimage 还提供了 threshold_li( )、threshold_yen( )、threshold_isodata( )等多种自动计算阈值的函数。其中，threshold_yen( )函数返回的阈值为 198，threshold_li( )函数返回的阈值为 62.97，threshold_isodata( )函数返回的阈值为 87，与 threshold_otsu( )函数的返回结果一样。

（3）局部自适应阈值法

以上方法都采用全局阈值，因此需要图像满足灰度直方图具有较明显的双峰或多峰的假设条件。但是，在很多情况下，目标和背景的灰度值不是单纯地分布在两个灰度区间，而是在不同的位置有不同的灰度值分布。这时很难用全局阈值对目标和背景进行分割。因此，通常针对具体的问题，并根据图像的局部特征，将图像划分成若干个子区域，分别选取阈值，或者在一定的邻域范围内动态地选取每一点的分割阈值。通过这种方式选取的多个阈值称为自适应阈值。采用多阈值的方式，图像中同一个灰度区间内的像素属于同一个分割区域，分割计算公式如下：

$$g(x,y)=\begin{cases}1, & T_1\leqslant f(x,y)\leqslant T_2\\0, & \text{其他}\end{cases}$$

局部自适应阈值是在具有不同亮度、对比度、纹理的局部区域，选取的该区域的局部二值化阈值。如果要选取更细粒度的像素级分割阈值，则需要根据每个像素邻域的像素值分布，来确定该像素位置上的阈值。因此，采用这种方式时，每个像素位置处的阈值不是固定不变的，而是由其周围邻域像素的分布来决定的。采用局部自适应阈值，亮度较高的区域，分割阈值通常会较高；而亮度较低的区域，分割阈值则会自适应地变小。因此，它能更好地对不同区域进行分割。常用的局部自适应阈值有邻域均值阈值和邻域高斯加权阈值。

skimage.filters.threshold_local(image,block_size,method='gaussian',offset=0,mode='reflect', param=None)函数使用局部邻域计算像素级分割阈值。其中，image 是输入图像，block_size 是奇数，比如 3、5、7 等，用于确定像素邻域的大小；method 是自适应阈值方法，包括 generic、gaussian、mean 和 median；offset 是偏移量，默认为 0；mode 是处理数组边界的方式，包括 reflect、constant、nearest、mirror、wrap；param 是自适应阈值方法的参数。下面用局部自适应阈值方法来分割图像，代码如下：

```
img = data.page()
```

```
print(f'图像大小：{img.shape}')

# 局部自适应阈值
threshold = filters.threshold_local(img, block_size=101, offset=10)
print(f'阈值图像大小：{threshold.shape}')

img_segmented = img > threshold
images = [{'subplot': 121, 'title': '原图', 'image': img},
        {'subplot': 122, 'title': '局部自适应阈值', 'image': img_segmented}]
show_images(images)
```

代码的运行结果如下：

```
图像大小：(191, 384)
阈值图像大小：(191, 384)
```

使用局部自适应阈值分割图像的结果如图 9-65 所示。

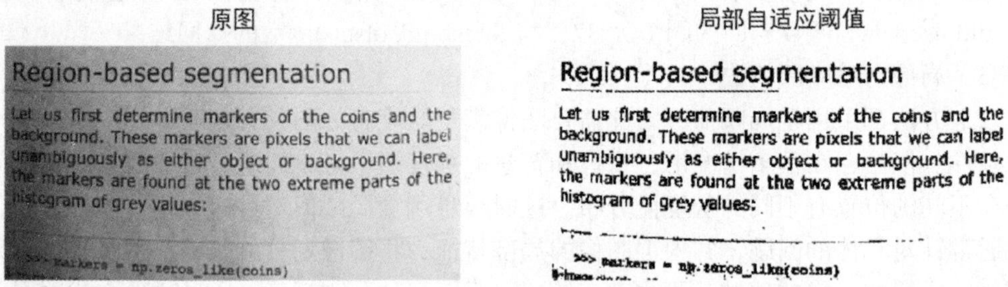

原图　　局部自适应阈值

图 9-65　使用局部自适应阈值分割图像

阈值分割方法计算简单，运算效率高，速度快，在需要快速分割的场景下有广泛的应用。阈值分割方法的关键是确定阈值，如果阈值选取过大，则过多的目标区域会被划分为背景；相反地，如果阈值选取过小，则过多的背景会被划分为目标区域。通常需要根据具体的问题来确定阈值。通过分析直方图进行分割是常用的方法。如果图像中目标与背景的对比度反差较大，采用直方图分析、选取阈值，通常能较好地分割目标和背景。但是，对于多通道图像、特征相关性不高的图像、不存在明显灰度差异或各目标的灰度值范围有较大重叠的图像分割，采用阈值分割方法将难以获取准确的结果，并且会造成部分边界信息丢失。

2. 超像素分割算法

通常在一幅图像中，局部区域的像素在某些特征方面具有相似性，比如人的衣服在颜色、亮度、纹理等特征上非常相似；而不同局部区域的像素，它们的特征有较大的差异，比如衣服和帽子、衣服和鞋子在颜色、纹理等特征上差异明显。将相似的像素组合成有意义的局部区域，可消除图像的冗余信息，为描述图像特征提供了基本的原语（primitive），并且为后续复杂的分析和处理提供了方便。

超像素（super pixel）是由一系列位置相邻且颜色、亮度、纹理等特征相似的像素组成的图像子区域（像素的集合）。它们抽象出图像中的信息单元，表示图像局部区域的共同特征，同时保留图像分割的有效信息，成为许多图像处理的关键组件。

超像素分割算法是指将像素级（pixel-level）的图像划分成多个子区域，每个子区域是对某个对象特征的表示。对一幅图像进行超像素分割之后，将得到很多大小不一的子区域，从这些子区域中可以提取出各种特征和有效信息。比如对于一个人体图像，可以提取人体各个局部区域的颜色直方图、纹理信息；也可以根据每个子区域的特征，识别出这些子区域是人体的哪个部分（头部、肩部、腿部），进而建立人体骨架图。

SLIC（simple linear iterative cluster，简单线性迭代聚类）是一种超像素分割算法。它使用 *K*-means 聚类算法（*K*-means clustering algorithm，*K* 均值聚类算法），将图像的所有像素划分到给定数量的子区域中。SLIC 算法的实现过程如下：首先生成 *K* 个种子点，即 *K* 个超像素；然后在每个种子点的邻域搜索距离该种子点最近的若干个像素，将它们与该种子点归为一类；接着计算 *K* 个超像素中所有像素的平均值，得到新的 *K* 个聚类中心；这 *K* 个聚类中心继续搜索周围与其相似的若干个像素，将图像中所有像素都划分到这 *K* 个超像素，然后再次更新聚类中心；通过不断地迭代，直到分割完成。

如果图像中有 N 个像素，要分割成 K 个超像素，即超像素的个数为 K，那么每个超像素的大小为 N/K。在超像素形状比较规则的情况下，超像素之间的距离，即超像素的边长，为 $\sqrt{N/K}$ 。

skimage.segmentation.slic( )函数使用 *K*-means 聚类算法来分割图像。下面我们用该函数来生成超像素划分，并用 mark_boundaries( )函数标志出各个超像素的边界，代码如下：

```
from skimage.segmentation import slic,mark_boundaries
import numpy as np

img = data.astronaut()

# SLIC
image_slic = slic(img, n_segments=100)
image_seg = color.label2rgb(image_slic, img, kind='avg')
image_seg_reg = mark_boundaries(img, image_slic)

images = [{'subplot': 131, 'title': '原图', 'image': img},
        {'subplot': 132, 'title': '超像素分割', 'image': image_seg},
        {'subplot': 133, 'title': '超像素分割区域', 'image': image_seg_reg}]
show_images(images)
```

代码的运行结果如图 9-66 所示。

图 9-66　超像素分割图像

基于聚类的分割方法还有 felzenszwalb( )方法，该方法使用最小生成树聚类算法来分割图像，代码如下：

```
from skimage.segmentation import mark_boundaries, felzenszwalb

img = data.astronaut()

# felzenszwalb( )方法
image_seg = felzenszwalb(img, scale=100, sigma=0.5, min_size=50)
image_seg_reg = mark_boundaries(img, image_seg)

images = [{'subplot': 131, 'title': '原图', 'image': img},
        {'subplot': 132, 'title': '超像素分割', 'image': image_seg},
        {'subplot': 133, 'title': '超像素分割区域', 'image': image_seg_reg}]
show_images(images)
```

代码的运行结果如图 9-67 所示。

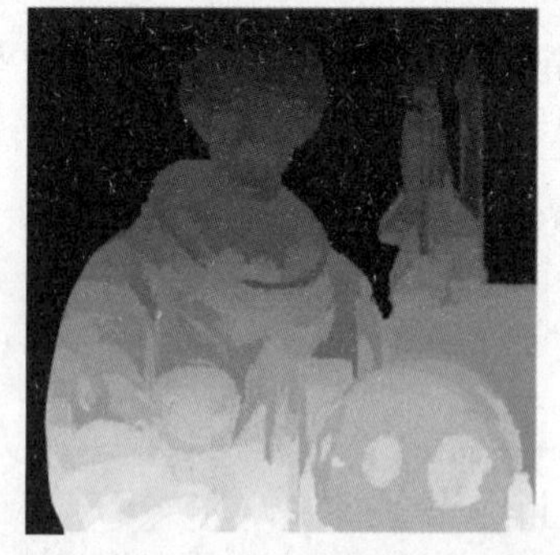

图 9-67　最小生成树聚类算法分割图像

其他图像分割方法还有区域生长法、基于图论的方法、基于分类的方法、结合聚类和分类的方法等，本书不再赘述。

9.4 机器学习

学习是人通过与世界的互动，将世界在自己头脑中进行内化的过程，结果体现在人的知识、行为以及价值观念等的改变。通过学习，我们从数据中总结和归纳出各种知识和规律，从而指导我们的生活和工作。当遇到未知的问题或者需要对未来进行推测的时候，人们依靠复杂的大脑搜索和联想已有的知识，通过思考总结出规律，产生新的想法或思路。人们使用这些“知识和规律”，对各种问题进行判断、预测和决策。

人工智能（artificial intelligence，AI）通过模仿人类的智能行为，能比人类更好地完成复杂任务。这些任务通常涉及学习、判断、推理和决策。机器学习（machine learning，ML）是对人类“学习”行为的模拟，机器学习中的“训练”与“预测”可以对应到人类思维过程中的“归纳”和“推测”。比如机器像人一样通过训练后，能够从数据中发现各种特征和模式、识别出照片中的对象、过滤垃圾邮件、为客户推荐要购买的商品、进行医疗诊断等。现在，机器学习已广泛应用于自然语言处理、图像识别、语音和手写识别、搜索引擎、量化交易等各个领域。

9.4.1 概述

机器学习是人工智能的一个分支，它从数据中学习、分析、解释数据的模式和结构，无须人工交互即可完成学习、推理和决策。机器学习算法接收大量的信息，然后对各种信息进行处理并给出解释，再利用这个解释做出判断和预测。例如，机器学习不会给出“老虎”看起来是什么样的描述，而是通过大量的老虎图像来训练学习模型；模型在这些图像中自动地寻找重复出现的模式，通过学习到的模式来判断图像中目标的类别。

机器学习用到的数据又称为样本，通常样本包括训练样本和测试样本。样本又分为有标签样本和无标签样本。对于有标签样本，它会标注图像中有什么对象。比如对于一幅猫的图像，会标注这幅图像中有猫。在机器学习中，机器学习算法处理数据的过程叫作“训练”，训练的结果称为“模型”。通过模型可以对新的样本进行预测。总体来说，训练和预测是机器学习的两个过程，模型则是机器学习的中间输出结果。训练产生模型，模型用于预测。

传统的编程方式是人们通过编写程序指令让机器完成一项指定的工作，它需要事先定义好各种程序逻辑，然后机器根据程序流程来执行。这种方式是人定义规则，机器只执行运算。与传统编程方式不同，机器学习是一种新的编程方式。它不是通过人们编写指令来指挥机器运行的，而是先根据要解决的问题构造一个模型，在已有数据的基础上，通过不断训练，让模型归纳出数据中隐含的知识，从而准确地判断和预测在训练时没有出现过的新数据。

通常机器学习分为无监督学习和有监督学习，无监督学习主要包括聚类和降维，而有监督学习主要包括分类和回归，如图 9-68 所示。

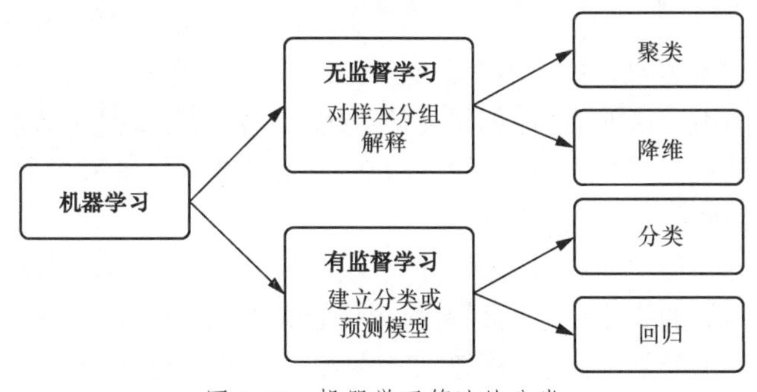

图 9-68　机器学习算法的分类

1．有监督学习和无监督学习

人们一般有两种学习方式，一种是老师给学生讲解各种知识和例题，学生通过模仿老师解题的方法来求解问题。在学习过程中，学生可能会出错，可通过查看答案或通过老师的解答和反馈，纠正自己的理解偏差，最终掌握所学的知识，并且在头脑中建立起知识模型。另一种是学生没有老师的指导，并且练习题目也没有答案，这时学生通过参考教材或资料中的类似题目看它们是如何求解的，从而学会解答问题。类似地，机器学习也有两种学习方式，有指导的学习称为有监督学习，无指导的学习称为无监督学习。

有监督学习需要很多训练样本，并且样本都带有标签（类别或预测值），就像课堂上老师给出的题目，题目全部都有答案。在训练时，样本标签提供了反馈信息来表明分类或预测是否正确，从而不断地调整学习模型，使模型能够对输入数据做出合理预测。模型训练好以后，就可以对新的数据进行分类或预测。好的模型要尽可能对训练样本以外的数据做出准确判断，就像学生在掌握了知识以后，要能够解答以前没有见过的题目，这样才能达到学习的目的。例如，就像临床医生预测某位患者的发病情况，有监督学习也可以根据已有的患者数据，预测患者未来的发病情况。首先，有监督学习算法根据大量已经标注过（比如标注 0 表示患者一年内没有发病，标注 1 表示患者一年内有发病）的患者数据（比如年龄、体重、身高、心率、血压以及以前患者是否发病等）进行学习，当模型达到指定的学习要求时就停止学习。学习效果较好的模型能够像医生一样，根据患者的各项数据，预测出患者未来是否可能发病。

常用的有监督学习方法有 K 最近邻分类、决策树、朴素贝叶斯、支持向量机、神经网络和逻辑回归等。

在无监督学习中，所有的训练样本都没有标签，就像学生在课后完成的练习题一样，题目都没有答案。在训练时，模型需要对没有标签的样本进行学习。也就是说，在学习过程中，模型不会收到任何反馈信息，它只是根据样本自身的特征进行分析和归纳，从中找出隐藏的模式或内在的结构，从而发现样本中的结构性知识。无监督学习的主要作用在于发现数据模式和样本之间的相关性。就像喜欢看电影的人，他们能够从很多电影中提取出电影的特征，比如动作元素、爱情元素、喜剧元素等，然后将相似的电影归类到一起。常用的无监督学习方法有聚类、主成分分析等。

2. 分类与回归

根据模型输出数据的不同，有监督学习方法又分为回归（regression）和分类（classification）。

回归是指通过样本学习，找出多个自变量与因变量之间的关系，并根据这些关系以及新的自变量值来预测因变量的值。比如通过学习建立广告费与商品销售额之间的数量关系，然后根据它们之间的数量关系来预测新投入的广告费将在未来带来多少商品销售额。常用的回归方法包括线性回归、非线性回归等。

分类是指根据已知类别的样本数据进行学习，通过提取分类规则建立分类模型，然后将新的样本输入训练好的模型，让模型来判断它们的类别。例如，根据已有的正常器官图像和病变器官图像训练分类模型，让模型来判断器官是否发生病变。典型的应用包括医学图像分析、自然语言处理、语音识别和信用评估等。常用的分类方法有决策树、支持向量机、神经网络等。

回归问题的输出数据是连续值，通常是一个定量的结果，比如气温、降水量、股票价格、服务器正常运行时间等；分类问题的输出数据是离散值，通常是一个定性的结果，比如动物的分类、患者是否生病等。在实际应用中，可能会同时出现分类问题和回归问题，比如预测明天的温度、考试成绩，这些是回归问题；而预测明天的天气、考试成绩划分等级（A、B、C、D），这些是分类问题。

3. 学习框架

下面我们以有监督学习为例，说明机器学习的学习框架。有监督学习框架通常包括预处理、学习（训练）、评估和预测 4 个步骤，如图 9-69 所示。

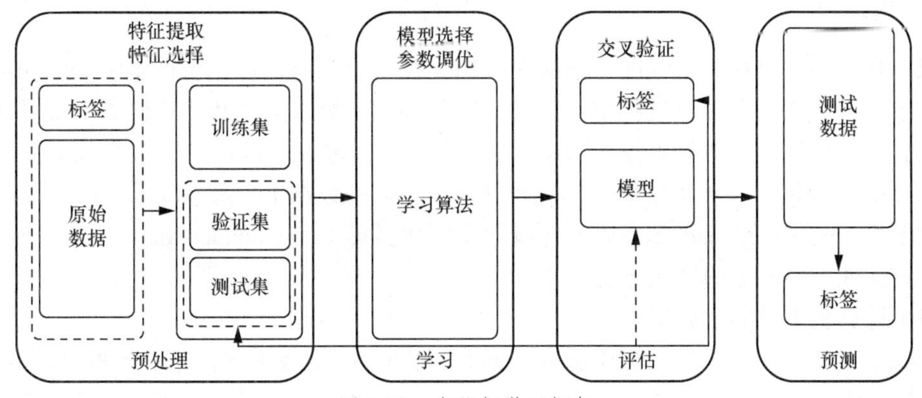

图 9-69 有监督学习框架

（1）预处理

由于大多数样本数据都存在质量问题，因此在学习之前需要对数据进行预处理，比如对重复值、异常值进行数据清洗，然后进行特征提取和特征选择等。如果是图像数据，还需要进行图像增强、均衡化、归一化等预处理。数据集在训练之前还需要根据不同的数据规模和应用需求划分训练集、验证集和测试集。训练集用于模型学习数据的特征和模式，验证集用于调整模型的参数，测试集用于评估模型的性能。

（2）学习

机器学习的核心是训练模型。学习之前需要根据数据和不同的应用需求选择不同的模型。模型不同，采用的训练方式也不同。比如使用线性回归模型时，通过函数拟合来计算模型参数；而使用朴素贝叶斯模型时，通过计算各种条件概率来学习。在训练的过程中，首先要设定学习目标，即确定损失函数；然后通过不断迭代，调整模型参数，逐渐减小预测值与真实值之间的差距（损失），来达到学习目标。

（3）评估

在模型训练完成以后，预测值与真实值之间的差距已经很小，说明学习过程已经收敛，模型已训练好。接下来，还要对模型参数做进一步的调整，以优化模型，并且要通过评估模型的性能来检查模型的学习效果。通常采用交叉验证的方法对模型进行评估。交叉验证是指把样本数据划分为多个小块，然后将它们组合为训练集和测试集。交叉验证可以重复组织数据，以生成多组不同的训练集和测试集。由于训练集中的样本在下次模型验证中可能成为测试集中的样本，因此称为 “交叉”。

（4）预测

最后，使用训练好的模型对新获取的样本数据进行判断和预测，检验模型的泛化能力、运行性能等指标。

4. 开源库

scikit-learn 简称 sklearn，是基于 NumPy、SciPy 和 Matplotlib，用 Python 语言实现的开

源机器学习算法库。sklearn 提供了机器学习整个过程的处理方法，包括数据预处理、特征提取、特征选择和特征降维等特征工程方法，回归、聚类、分类等各种机器学习算法，以及模型选择、模型组合以及模型评估等功能。

5. 数据集

机器学习的效果在一定程度上取决于数据。在学习之前，首先根据要解决的问题选取合适的数据；其次，在学习过程中，需要使用各种数据集来测试和验证机器学习算法的效果；最后，还要尽可能地收集各种历史数据，数据越多越有可能提升模型的准确性。

sklearn 库提供了 3 种数据集，分别是计算机生成的数据集（generated dataset）、自带的小数据集（packaged dataset）以及在线下载的数据集（downloaded dataset）。下面我们分别介绍这 3 种数据集的使用方式。

（1）计算机生成的数据集

sklearn 的数据生成功能可以生成用于回归、聚类、分类等不同任务的模拟测试数据集，以验证机器学习算法的效果。scikit-learn.datasets.make_<name>函数提供了一系列数据集生成功能，用于生成样本特征矩阵以及对应的类别标签集合。其中，make_blobs( )函数用于生成多类单标签数据集，代码如下：

```
import numpy as np
import matplotlib.pyplot as plt
from sklearn.datasets.samples_generator import make_blobs

# 数据中心的坐标位置
center = [[1,1], [-1,-1], [1,-1]]
cluster_std = 0.3

# 生成多类单标签数据集，共 300 个样本
X, labels = make_blobs(n_samples=300, centers=center,n_features=2,
                       cluster_std=cluster_std, random_state=0)

num_lables = set(labels)

print(f'样本维度：{X.shape}')
print(f'样本标签：{num_lables}')

plt.rcParams['font.sans-serif']=['SimHei']
plt.rcParams['axes.unicode_minus'] = False
fig = plt.figure(figsize=(6,6), dpi=300)
colors = plt.cm.Spectral(np.linspace(0, 1, len(num_lables)))
markers=['*', 'o', 'D']

for l, col, marker in zip(num_lables, colors, markers):
    x = X[labels==l]
    plt.scatter(x[:,0], x[:,1], marker=marker)

plt.title('用make_blob()函数生成数据集', fontsize=16)
plt.show()
```

代码的运行结果如下：

```
样本维度：(300, 2)
样本标签：{0, 1, 2}
```

多类单标签数据集如图 9-70 所示。

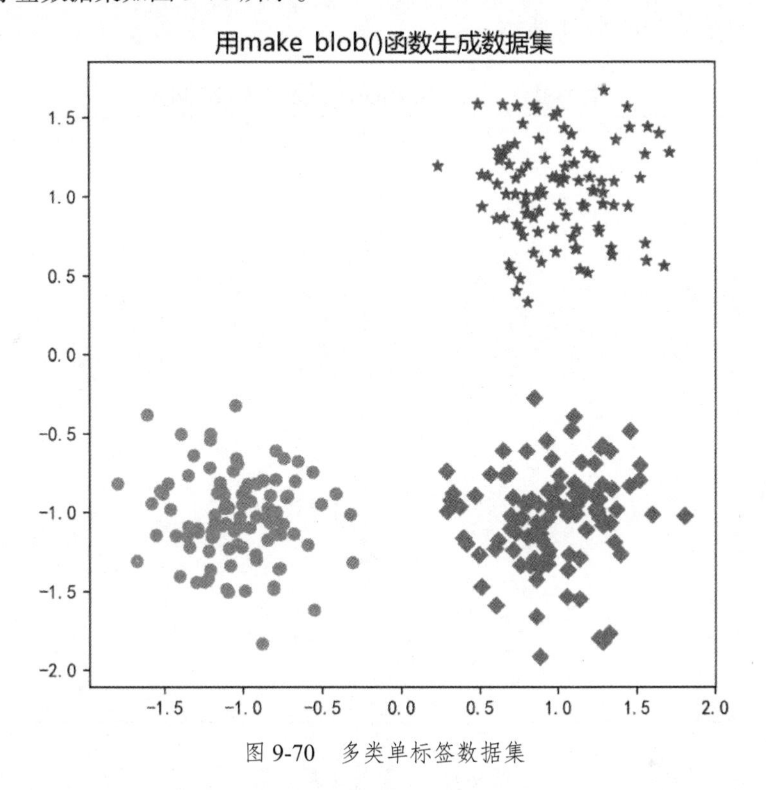

图 9-70　多类单标签数据集

make_classification( )函数用于生成多类单标签数据集，可以为每个类生成正态分布的数据集，并且提供多种添加数据噪声的方式，包括增加维度相关性、无效特征以及冗余特征等。数据集的生成代码如下：

```
from sklearn.datasets.samples_generator import make_classification

# 生成用于分类的数据集
X, labels = make_classification(n_samples=300, n_features=2, n_redundant=0,
n_informative=2, random_state=1, n_clusters_per_class=2)

# 伪随机数生成器
rng = np.random.RandomState(5)
X += 2 * rng.uniform(size=X.shape)

plt.rcParams['font.sans-serif']=['SimHei']
fig = plt.figure(figsize=(8, 6), dpi=300)

num_lables = set(labels)
colors =plt.cm.Spectral(np.linspace(0, 1, len(num_lables)))
markers = ['*', 'o', 'D']

for l, col, marker in zip(num_lables, colors, markers):
    x = X[labels==l]
    plt.scatter(x[:,0], x[:,1], marker=marker)
```

```
plt.title('用make_classification()函数生成数据集', fontsize=16)
plt.show()
```

代码的运行结果如图 9-71 所示。

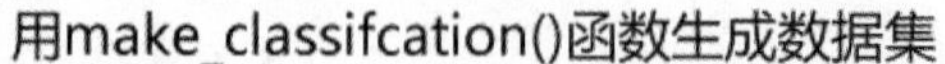

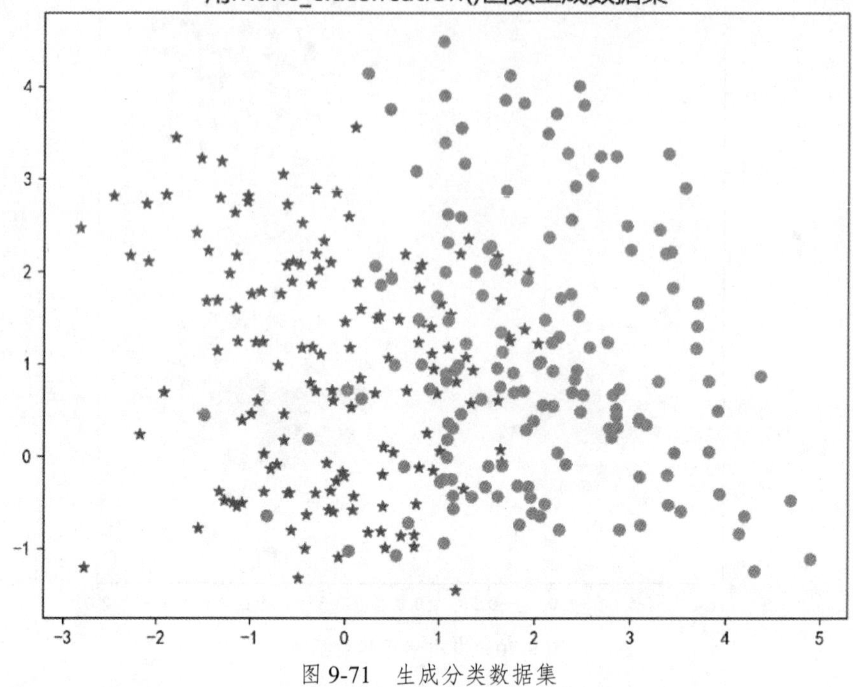

图 9-71　生成分类数据集

make_circle( )函数和 make_moons( )函数用于生成二元分类数据集，其数据分布类似于球形等特殊形状，也可以为数据集添加噪声。代码如下：

```
from sklearn.datasets.samples_generator import make_circles

# 生成球形数据集
X,labels = make_circles(n_samples=200, noise=0.2, factor=0.2, random_state=1)

plt.rcParams['font.sans-serif']=['SimHei']
fig = plt.figure(figsize=(8, 6), dpi=300)

num_lables = set(labels)
colors = plt.cm.Spectral(np.linspace(0,1,len(num_lables)))
markers = ['*', 'o', 'D']

for l, col, marker in zip(num_lables,colors, markers):
    x = X[labels==l]
    plt.scatter(x[:,0], x[:,1], marker=marker)

plt.title('用make_circles()函数生成球形数据集', fontsize=18)
plt.show()
```

代码的运行结果如图 9-72 所示。

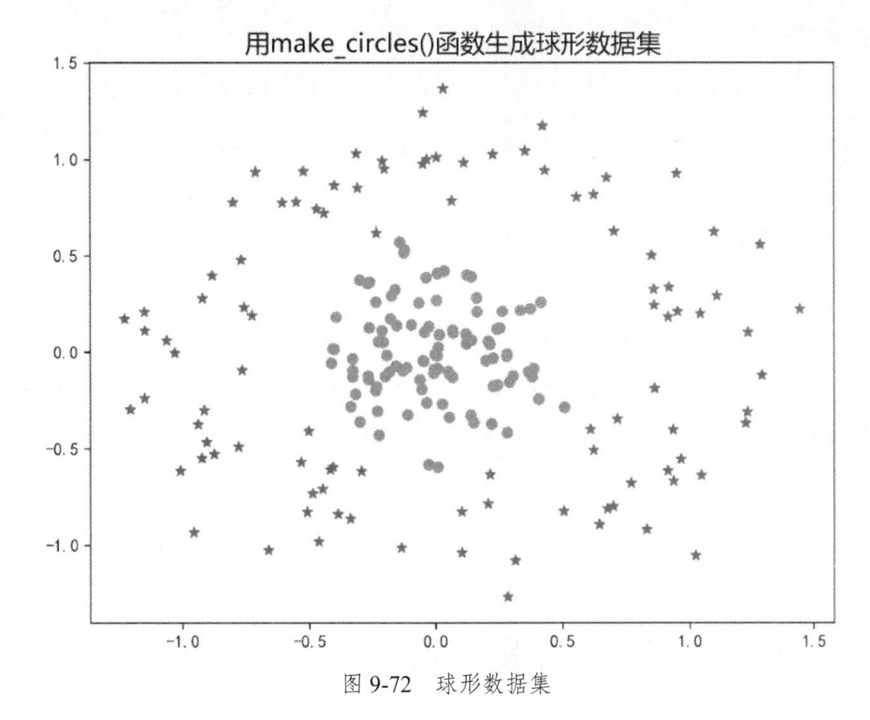

图 9-72　球形数据集

（2）自带的小数据集

sklearn 自带的小数据集使用 scikit-learn.datasets.load_<name>形式的函数，提供多种用于回归、聚类和分类的数据集。常用的数据集如下：

① load_breast_cancer( )函数载入乳腺癌数据集，主要用于二分类任务；

② load_iris( )函数载入鸢尾花数据集，主要用于分类任务；

③ load_digits( )函数载入手写数字数据集，主要用于分类任务或者降维任务；

④ load_diabetes( )函数载入糖尿病数据集，主要用于回归任务；

⑤ load_boston( )函数载入波士顿房价数据集，主要用于回归任务；

⑥ load_linnerud( )函数载入体能训练数据集，主要用于多变量回归任务。

下面我们载入糖尿病数据集，并显示它的相关信息，代码如下：

```
from sklearn import datasets

# 加载数据集
diabetes = datasets.load_diabetes()

# 显示数据集描述
print(f"[DESCR]\n{diabetes.DESCR}")
# 显示数据集特征名称
print(f"[feature_names]\n{diabetes.feature_names}" )
# 显示数据集特征数据
print(f"[data]\n{diabetes.data}")
# 显示数据集标签数据
print(f"[target]\n{diabetes.target}")
```

代码的运行结果如下。

```
[DESCR]
.. _diabetes_dataset:
Diabetes dataset
```

```
----------------

Ten baseline variables, age, sex, body mass index, average blood
pressure, and six blood serum measurements were obtained for each of n =
442 diabetes patients, as well as the response of interest, a
quantitative measure of disease progression one year after baseline.

**Data Set Characteristics:**
…
```

（3）在线下载的数据集

sklearn 还提供了规模较大的在线下载的数据集。调用 sklearn.datasets.fetch_<name>形式的函数可以载入多种数据集，其中 fetch_20newsgroups( )函数和 fetch_20newsgroups_vectorized( )函数用于载入 20 类新闻文本数据集。这是一种常用于文本分类和信息检索的标准数据集，代码如下：

```
from sklearn.datasets import fetch_20newsgroups

news_train = fetch_20newsgroups(subset='train', shuffle=True, random_state=42)

print(f'标签（话题）名称：{news_train.target_names}')
print(f'标签（话题）信息：{news_train.target[:10]}')

#查看新闻数据
print(f'新闻样本数据量：{len(news_train.data)}')
```

代码的运行结果如下。

```
标签（话题）名称：['alt.atheism', 'comp.graphics', 'comp.os.ms-windows.misc',
'comp.sys.ibm.pc.hardware', 'comp.sys.mac.hardware', 'comp.windows.x', 'misc.forsale',
'rec.autos', 'rec.motorcycles', 'rec.sport.baseball', 'rec.sport.hockey', 'sci.crypt',
'sci.electronics', 'sci.med', 'sci.space', 'soc.religion.christian',
'talk.politics.guns', 'talk.politics.mideast', 'talk.politics.misc',
'talk.religion.misc']
标签（话题）信息：[ 7  4  4  1 14 16 13  3  2  4]
新闻样本数据量：11314
```

新闻文本数据集中包括大约 18 000 份新闻文档，这些文档根据主题划分为 20 个不同的新闻类别。该数据集分为训练集和测试集两个部分。

6. 预处理

由于不同的数据集具有不同的格式，而且在某些数据集中，样本可能存在缺失数据，可能包含不需要或无关的特征，因此大量的数据集不能直接用于模型训练。为了保证数据集的可用性和训练结果的可靠性，通常需要在模型训练之前对数据集进行预处理。本书在数据分析和图像预处理中已经介绍了部分数据清洗和预处理的方法，更多的数据集处理方法可查阅相关的文档资料。

接下来，我们将已经处理过的数据集进一步划分为训练集、验证集和测试集，有时为了简化也可以只划分为训练集和测试集。在划分数据集时，划分数据的比例通常取决于数据集的规模。此外，还要考虑数据集中样本的特征数，如果一个数据集中有 500 个样本，每个样本有 2 个特征。使用这些数据进行回归分析，样本的数据量能够满足模型训练的需要。但是，如果一个数据集中同样也有 500 个样本，但每个样本的特征数是 100，即每个样本有 100 维特征，那么样本的数据量将很难满足模型训练的需要。因此，在划分数据集时，除了要考虑数据规模以外，还要考虑样本特征的数量，以便采用不同的方法来划分数据集。

如果将数据集划分为训练集和测试集，通常采用 8∶2 或 7∶3 的划分方式；如果划分为训练集、验证集和测试集，通常采用 6∶2∶2 的划分方式。如果拥有大量的样本数据，那么在划分数据集时，训练集可以占据 90%以上的数据，验证集和测试集平分剩下的数据。以有监督学习为例，训练数据和测试数据都包含一个输入数据（特征向量）和一个目标输出数据（比如类别）。对于训练数据，用 x_i 表示第 i 个输入数据，用 y_i 表示第 i 个输出数据，用 (x_i, y_i) 表示第 i 个训练样本。在学习过程中，训练数据一般表示为 $n \times m$ 的矩阵，n 表示样本的数量，m 表示样本特征的数量；矩阵的一行代表一组训练样本，一列代表所有样本在某个特征上的取值。比如下面有一个 4×2（n=4，m=2）的样本矩阵，总共有 4 个样本，每个样本有 2 个特征。

\	f_1	f_2
s_1	1	0.6
s_2	0	0.3
s_3	3	0.5
s_4	7	0.1

7．学习算法

机器学习通过训练数据学习函数 f（将输入数据 x 映射为输出数据 y 的函数），这个函数 f 称为模型或假设（hypothesis）。在训练数据准备好以后，首先要确定模型，也就是选择 $y = f(x;\theta)$ 的函数形式。比如对于回归问题，最简单的函数形式就是一条直线，它表示输入变量和输出变量之间的线性关系。对函数的形式做出假设（比如为一条直线），这一方面限定了模型学习的范围（f 所在的函数空间），另一方面也简化了学习过程。函数的形式可以是线性的，也可以是非线性的。函数形式（模型）的选取会对学习会造成极大的影响。如果数据集表现为非线性特性，而选取的函数 f 是一个线性函数。在这种情况下，对模型做错误的假设，会导致学习效果很差。

确定了模型以后，接下来计算函数 f 的参数 θ 是整个机器学习的核心，也就是通过训练数据来学习参数 θ。在学习参数 θ 之前，我们需要确定一个学习目标，即构造一个目标函数，让它来衡量函数 f 将输入数据 x 映射到输出数据 y 的准确性。从直观上来说，衡量的方式是用根据 f 计算出的预测值 $\hat{y}$ 与真实值 y（已经标注）进行比较，如果 $\hat{y}$ 与 y 接近，说明模型正在接近学习目标。通常这个衡量方式称为损失函数（loss function）或代价函数（cost function），如下所示：

$$L(y, \hat{y})$$

常用的损失函数是平方误差函数（squared error function）。如果数据集中有 N 个样本，第 i 个样本的输入 $x^{(i)}$ 对应的输出为 $y^{(i)}$，那么平方误差函数的定义为：

$$J(\theta) = \frac{1}{N}\sum_{i=1}^{N}\left[f\left(x^{(i)};\theta\right) - y^{(i)}\right]^2$$

确定了模型和损失函数后，接下来需要求出 f 的参数 θ。在模型学习时，首先初始化参数 θ，然后使用训练数据不断地调整参数 θ，让预测值与真实值之间的差距（损失函数值）尽可能小。调整的方法是使用预测值 $\hat{y}$ 与真实值 y 的误差来调节函数 f。训练是不断迭代的过程，每一个训练样本都将执行上述的参数更新过程。通过多轮迭代，模型不断减小损失函数的值，直到它达到一定的水平，比如 $L(y,\hat{y})<\varepsilon$，或者达到预先设定的迭代次数，这时完成训练。模型训练方式如图 9-73 所示。

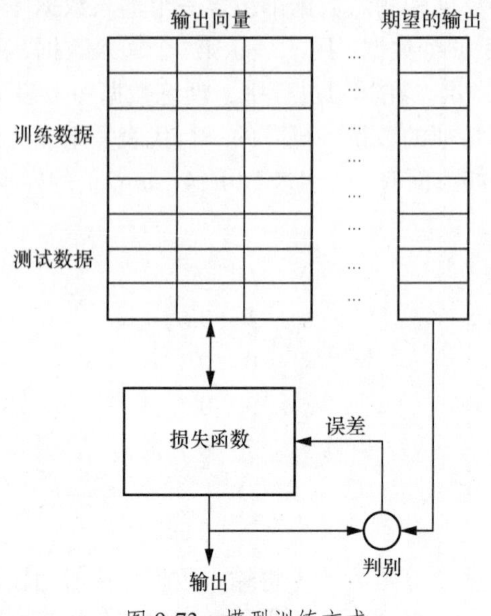

图 9-73　模型训练方式

在训练的每一次迭代过程中，模型都要检查损失函数，看是否已经达到设定的目标。因此，通过可视化损失函数，可以进一步了解算法的学习过程。下面我们来了解一下有两个参数(θ_1,θ_2)的平方误差函数，它的图像如图 9-74 所示。

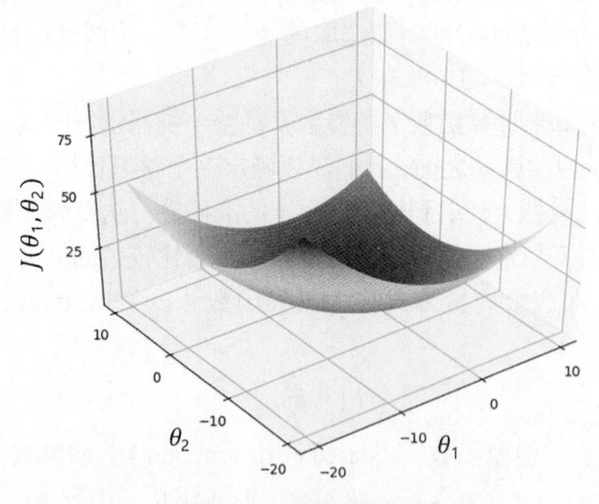

图 9-74　平方误差函数图像

在图 9-74 中，参数(θ_1,θ_2)构成了二维平面，平方误差函数 $J(\theta_1,\theta_2)$ 的图像是一个四周高、中间低的凹形曲面。这个凹形曲面的最低点就是参数(θ_1,θ_2)的最优解。模型的每一次训练过程就是不断地从凹形曲面较高的位置往下走，即不断降低误差，直到到达平方误差函数的最低点，这时参数(θ_1,θ_2)的取值就是满足函数 f 要求的最优解。

函数 f 在训练过程中经常会出现不收敛、欠拟合、过拟合等问题。收敛是指模型采用梯度下降算法不断降低误差，使损失函数达到局部或者全局最小值，从而求出问题的最优解。如果模型在不断调整参数的过程中，误差不降低，算法就不会收敛，也就无法找到问题的解。

欠拟合（under-fitting）是指模型在训练过程中没有学到数据的模式和规律，并且在训练集和测试集上的预测效果都很差。欠拟合的主要原因是对于复杂任务选取的模型过于简单，也就是模型的复杂度过低，造成无法学到数据本身的模式和规律。就像人们在学习时，没有理解所学的知识，无法总结解题规律和思路，没有在头脑中建立起知识模型。

过拟合（over-fitting）是指模型在训练集上有很好的预测效果，但是在测试集上预测效果很差。过拟合的主要原因是模型过于复杂，导致模型只记住已有数据的特征，甚至是部分不必要的特征，而没有学到数据本身的模式。具体来说，这一方面是因为模型的参数过多，模型学习了训练集中过多的噪声，学到了很多没必要的特征；另一方面，由于样本数据太少，而特征太多，模型难于提取数据的模式。比如只用几幅已标注的图像来识别不同的物品，由于图像特征非常多，因此很难训练出可预测各种物品的学习模型。

模型在训练集和测试集上的预测值与样本真实值之间的差值，称为训练误差和泛化误差。在模型刚开始训练时，模型在训练集和测试集上的性能都比较差，即损失函数的值（样本累积误差）较大，这时模型还没有学习到数据的模式，处于欠拟合状态。随着训练迭代次数的增加，模型在训练集和测试集上的误差将逐渐减小。当误差减小到一定程度时，随着训练迭代次数的进一步增加，模型在训练集上的效果会越来越好，即训练误差减小；但是在测试集上的误差（泛化误差）将会增大，此时模型处于过拟合状态。随着训练迭代次数的继续增加，训练误差将低于泛化误差。模型欠拟合和过拟合的状态变化如图 9-75 所示。

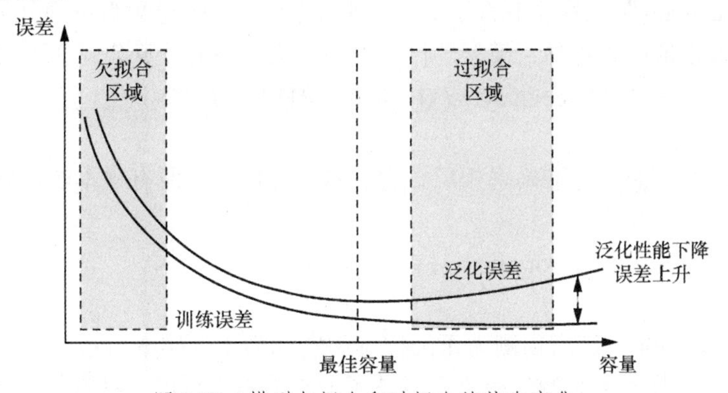

图 9-75　模型欠拟合和过拟合的状态变化

为了解决欠拟合的问题，我们首先选取复杂的模型，当模型训练好以后，对模型进行评估。如果模型过拟合，就简化模型（通过添加先验知识）或在损失函数中加入对模型复杂度的惩罚项；然后重新训练模型，通过不断地调整模型的参数来逐步优化模型，直到测试误差满足设定的目标。

8. 评价指标

模型训练完以后，我们需要检测模型（函数 f）是否能准确地预测和判断新的样本数据，即从未见过的样本数据；而且，多个机器学习算法可以用来解决同一个问题，我们也需要对不同的算法进行比较，从中选择性能最好的模型。因此，模型性能评估是机器学习中的必要步骤。

在进行模型性能评估之前，需要确定模型性能的评价指标。混淆矩阵是有监督学习中常用于模型评估的一种可视化工具，它通过显示样本数据的预测情况，反映预测值与真实值之间的数量关系。混淆矩阵中的每一行表示样本的预测值，每一列表示样本的真实值。下面以二分类（正/负两类）为例，给出混淆矩阵和 4 个评价指标。混淆矩阵是一个 2×2 的矩阵，如图 9-76 所示。

混淆矩阵		真实值	
		正（阳性）	负（阴性）
预测值	正（阳性）	TP	FP
	负（阴性）	FN	TN

图 9-76　混淆矩阵表示

混淆矩阵给出了 4 个数量关系：TP、FP、FN 和 TN。

TP（true positive）：模型预测值为正（阳性），且真实值为正的样本数。

FP（false positive）：模型预测值为正，且真实值为负的样本数。

FN（false negative）：模型预测值为负（阴性），且真实值为正的样本数。

TN（true negative）：模型预测值为负，且真实值为负的样本数。

模型的性能评价指标通常需要使用混淆矩阵中的数据。常用的模型性能评价指标如下。

（1）准确率

准确率（accuracy）是最常用的分类性能评价指标。它的定义为正确分类的样本占所有样本的比例。通常准确率越高，模型的性能越好。准确率的计算公式如下所示：

$$\text{accuracy} = (TP+TN)/(TP+FN+FP+TN)$$

（2）错误率

错误率（error rate）与准确率相反，它表示错分样本占所有样本的比例，其计算公式如下所示：

$$\text{error rate} = (FP+FN)/(TP+TN+FP+FN)$$

（3）查准率

查准率（precision）是指预测为正的样本中实际为正的样本所占的比例，即正确预测的正样本数/预测正样本的总数。查准率反映了预测的精准程度，其计算公式如下：

$$P = TP/(TP+FP)$$

（4）召回率

召回率（recall）又称为查全率，它是正确预测的正样本数与实际正样本数的比值。召回率表示在实际正样本中，分类器能预测出多少，它反映了正确预测的覆盖程度。召回率的计算公式如下所示：

$$\text{recall}=TP/(TP+FN)=TP/P$$

（5）F1 值

查准率和召回率往往存在矛盾，比如如果想提高分类器的查准率，需要设置更高的阈值来排除预测错误的样本；但是，同时也可能减少预测正确的样本数，这就会造成预测的覆盖面缩小。当综合考虑查准率和召回率时，常用的方法是 F-Measure。F-Measure 是查准率和召回率的加权调和平均，计算公式如下：

$$F=\frac{\left(\alpha^2+1\right)P\times R}{\alpha^2\left(P+R\right)}$$

其中，P 代表查准率；R 代表召回率。

当参数 α=1 时，就是 F1 值，计算公式如下：

$$F1=\frac{2\times P\times R}{P+R}$$

（6）ROC 曲线

在分类器判别正、负样本时，通常会设置一个阈值，大于阈值的为正类，小于阈值的为负类。如果减小阈值，更多的样本将被判别为正类，从而提高正类的识别率，但同时也会使更多的负类被错误判别为正类。为了更有效地评价分类器的性能，通常使用 ROC（receiver operating characteristic，受试者操作特征）曲线来判断分类器的分类效果。

在绘制 ROC 曲线时，X 轴是 FPR（false positive rate，假阳率），Y 轴是 TPR（true positive rate，真阳率）。

TPR 又称为灵敏性，它是预测为正且实际为正的样本占所有正样本的比例，计算公式如下：

$$\text{TPR}=\frac{\text{TP}}{\text{TP}+\text{FN}}$$

FPR 是预测为正但实际为负的样本占所有负样本的比例，计算公式如下：

$$\text{FPR}=\frac{\text{FP}}{\text{FP}+\text{TN}}$$

分类器在判别样本时，通常会计算一个用于判定分类结果的得分；然后将这个得分与一个设定的阈值进行比较，确定样本属于哪一类。因此，可以通过预测结果计算出分类器的 FPR 和 TPR 值。当改变阈值以后，分类器将给出不同的分类结果，从而得出不同的 TPR 和 FPR 值。设置不同的阈值，计算 TPR 和 FPR 值，将它们作为 ROC 图上点的坐标，连接这些点就构成了 ROC 曲线，如图 9-77 所示。

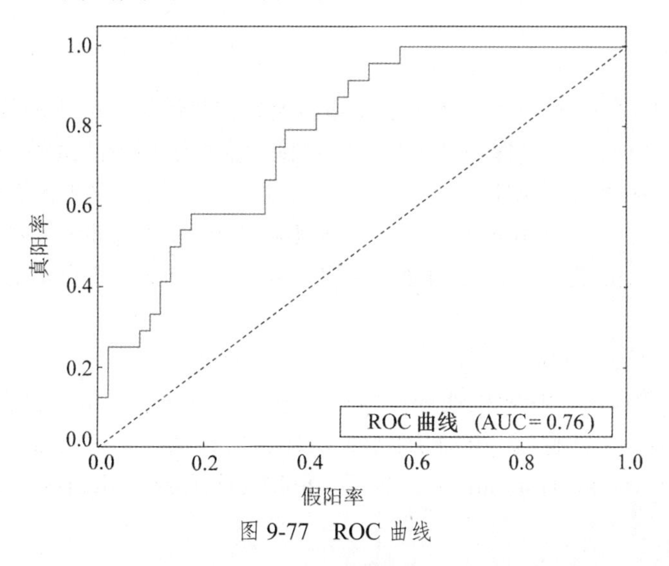

图 9-77 ROC 曲线

在 ROC 曲线中，有 4 个点和一条直线具有特定的意义。

① 点(0,0)：FPR=TPR=0，它表示分类器把所有样本都预测为负类。

② 点(0,1)：TPR=1，说明正样本被判断为正类的比例为 1，即所有正样本都判断正确；FPR=0，表示所有负样本都判断正确。这就是完美的分类器，它正确分类了所有的样本。

③ 点(1,0)：FPR=1，TPR=0，这是最差的分类器，它把所有正样本判断为负类，把所有负样本判断为正类。

④ 点(1,1)：分类器把所有样本都预测为正类。

如果分类器的分类效果较好，ROC 曲线将位于(0,0)点和(1,1) 点连线（45°直线）的上方，即 ROC 曲线越接近左上角，说明分类器的性能越好。

（7）AUC

在比较多个分类器时，ROC 曲线并不能明确地指出哪个分类器的分类效果更好。通常我们使用 AUC（area under curve，曲线下方面积）作为多个分类器的评价标准。AUC 值是 ROC 曲线下的面积，即 ROC 曲线的积分。AUC 的值越大，则分类器的分类效果越好，如图 9-78 所示。

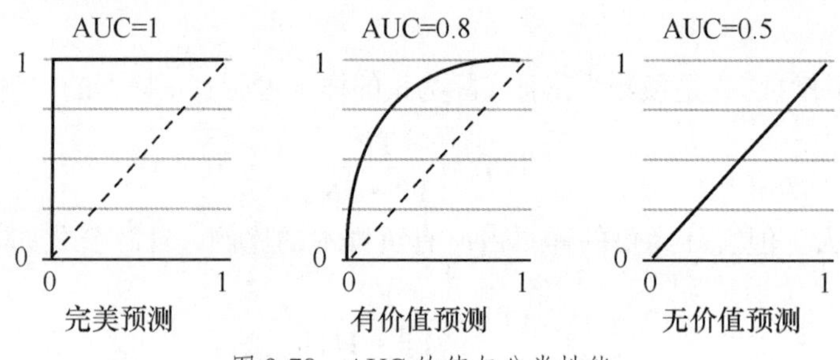

图 9-78　AUC 的值与分类性能

① 如果 AUC = 1，表示这是完美分类器。

② 如果 0.5 < AUC < 1，说明分类器的分类效果优于随机猜测。

③ 如果 AUC = 0.5，说明分类器和随机猜测的效果一样。

④ 如果 AUC < 0.5，说明分类器比随机猜测的效果还差。

9．模型评估

定义了模型的评价指标以后，我们还要知道模型在测试集上的预测效果，从而对模型的性能进行评估，也就是要确保用训练集训练得到的模型适用于测试集。

交叉验证是一种衡量模型性能的常用方法，通常我们使用它来挑选最适用于某个任务的模型。在进行模型交叉验证时，首先将样本数据集划分为训练集和验证集，然后使用验证集来评估模型的性能。常用的交叉验证方法有 Holdout 交叉验证法和 K 折交叉验证法。

（1）Holdout 交叉验证法

Holdout 交叉验证法是指随机地选择样本集中的一部分数据作为训练集，再保留一部分数据作为验证集，比如保留 30%的样本数据作为验证集；训练集仅用于模型训练，而验证集仅用于模型评估。Holdout 交叉验证（holdout cross-validation）法的实现流程如图 9-79 所示。

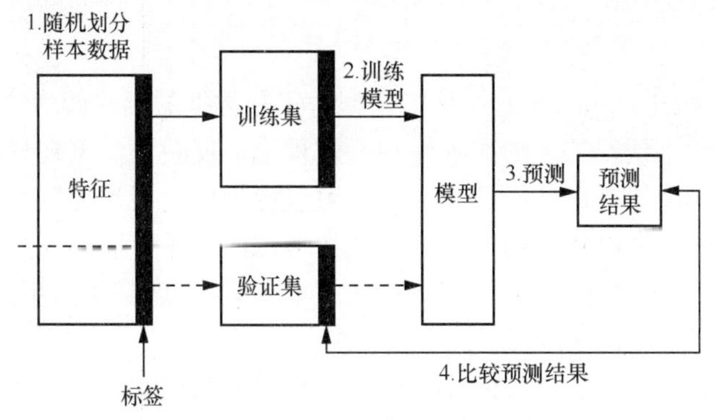

图 9-79 Holdout 交叉验证法的流程

Holdout 交叉验证法对于训练集和验证集的划分具有敏感性，也就是说模型的评估结果会随着样本集划分的不同而发生变化。

（2）*K* 折交叉验证法

采用 *K* 折交叉验证（*K*-fold cross-validation）法时，首先随机地把训练集划分为 *K* 个样本数相等且不相交的子集，其中 *K*−1 个用于模型训练，余下 1 个用于模型的性能评估。通过 *K* 次训练以后，得到 *K* 个模型。*K* 折交叉验证法的实现流程如图 9-80 所示。

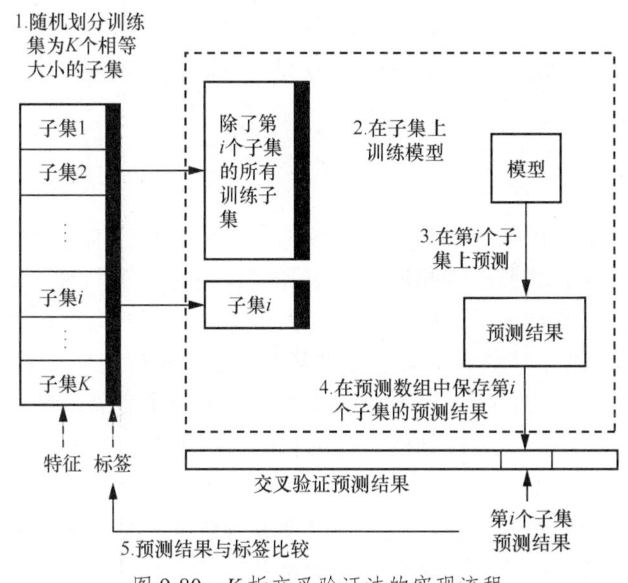

图 9-80 *K* 折交叉验证法的实现流程

使用 *K* 折交叉验证法时，每一个样本数据都要经过训练和验证，通过独立且不同的样本子集对模型进行评估，最后将所有模型的预测结果进行整合，计算出模型的平均性能。

与 Holdout 交叉验证法相比，*K* 折交叉验证法是一种具有更强鲁棒性的性能评估方法。在 *K* 折交叉验证法中，每一个样本都会被划分到训练集或者验证集中。这种方法降低了模型对数据集划分的敏感度。

交叉验证法常用于数据集样本量适中或不充足的情况。当数据集样本量有限时，为了对模型性能进行无偏估计，通常使用 *K* 折交叉验证法。

10. 泛化

泛化能力（generalization ability）是指模型对未知数据的预测能力。在测试集上，模型对样本数据进行预测，预测结果的准确性在一定程度上反映了模型在现实世界中的预测能力，也就是体现了模型的泛化性能。人们在学习过程中也会展现出泛化能力，通常称之为举一反三的能力，或者学以致用的能力。比如在考试前，学生通过课堂练习、课后作业来掌握课程知识。如果学生能够举一反三，在考试时，尽管试题是学生平时没有见过的题目，那么他们也能正确地解答这些题目。

在训练模型时，充足的数据可以让模型学到数据中的模式，模型的预测结果也会更加稳定，即模型具有更好的泛化能力。提高模型泛化能力的方式通常有数据扩增、模型正则化等。数据扩增是指在现有数据集的基础上，通过对样本数据进行平移、旋转、加噪等变换来增加训练样本。数据扩增以后，由于样本的表现形式变得多样化，使模型能够适应更多的场景，从而提升了模型的泛化能力。另外，在大多数场景下，由于数据分布不均匀，模型过多地学习某类数据，容易导致预测结果偏向于该类。因此，调整输入数据的分布也能在一定程度上提高模型的泛化能力。请注意，在进行数据扩增时，也要保证增加的数据尽可能不破坏原数据集的总体分布特征。

由于模型复杂度与模型的大小（即参数的数量）有关，因此通过限制模型参数的数量可以调整模型的复杂度。通常我们在损失函数中添加一个正则项作为模型的惩罚项，用来惩罚过度复杂的模型。正则化（regularization）是一种防止模型过拟合的重要方法，它能有效地提高模型的泛化能力。

9.4.2 回归

在现实世界中，某个现象的发生是受多种因素的影响而产生的结果，比如疾病与个人的身体素质、生活方式、环境条件和遗传基因等因素相关；学生的考试成绩是学习时间、学习态度、学习方法、教师水平、教育资源等因素综合作用的结果；商品的销售额受消费者的购买力、客户满意度、广告投入等因素的影响。通过分析结果与影响因素之间的关系，可以对结果进行预测，比如根据消费者的购买力来预测未来商品的销售额。为了有效地预测结果，需要对每种影响因素进行分析，找到它们与结果之间的关系。

19 世纪末，生物学家 Galton 对人类身高在遗传过程中的变化进行了研究。他通过分析父母身高与子女身高的关系，发现它们之间呈现一种线性关系，即如果父母身高较高，那么子女的身高也比较高。在分析过程中，Galton 采集了 1 078 对父母和子女的身高数据，并将其绘制成散点图，通过观察这些样本点可以看出身高数据总是分布在某条直线的周围。根据这些样本点，可以拟合出身高之间的线性关系（一条直线）。通过这种线性关系，就可以根据父母的身高来预测子女的身高了。

尽管通过拟合的线性关系可以预测身高，但是有时也会有例外的情况，比如有些身高较矮的父母，其子女的身高却较高。特别是当父母身高非常高或非常矮时，他们子女的身高不会比父母更高或更矮，而是更接近平均身高。Galton 用“回归”这个词来说明“向均值方向移动”这种现象。在现实世界中，有很多变量都会出现均值回归现象。也就是说，当某一个变量走向极端时，好像有一股力量拉着它回到均值，比如人的身高不可能越来越高，后代的身高总是在平均身高附近波动。

在统计学中，回归分析是找出随机变量之间相互依赖关系的一种统计方法。在用回归分析确定多个变量的依赖关系时，首先需要对变量之间的关系做出假定。线性回归（linear regression）假定变量之间是一种线性关系，即因变量与自变量呈现直线变化关系。例如，当商品的单价固定时，商品销售额=购买数量×商品单价，商品销售额与购买数量就呈线性关系。两个变量 y 与 x 的线性关系表示为：$y = kx + b$。一个变量可能受多个因素的影响，比如房价不仅与房屋的面积相关，还受城市消费水平、地理位置、治安状况、交通条件等各种因素的影响。在预测房价时，需要综合考虑这些因素，建立多元线性关系：$y=k_1x_1+k_2x_2+\cdots+k_nx_n+b$。建立了变量之间的关系模型以后，就需要根据已知的样本数据 y 和 $x_1,x_2,\cdots,x_n$，来计算模型中的参数 $k_1,k_2,\cdots,k_n$ 和 b 的值。当参数确定了以后，就可以根据房价影响因素的取值和关系模型来预测房价。

下面我们以 sklearn 库提供的波士顿房价数据集为例，来分析房价与各种影响因素之间的关系。波士顿房价数据集统计了 20 世纪 70 年代中期，波士顿郊区房价以及与房价相关的 13 项影响因素，包括犯罪率、住宅平均房间数、房产税等。这些影响因素也称为特征。

① 首先，我们通过 import 加载 sklearn 自带的数据集模块 scikit-learn.datasets，然后用 load_boston( )函数载入波士顿房价数据集。载入的房价数据集保存在 house_prices 变量中。house_prices 包含两部分信息，其中.data 包含房价的所有记录，而.target 是数据集的目标值，也就是房价。通过.shape 属性，我们可以查询数据集的记录数（行数）和字段数（列数）；用 DESCR 属性可以查看数据集的详细情况，从中可以了解数据集每一个字段的详细解释。代码如下：

```
from scikit-learn import datasets# 波士顿房价数据集
house_prices = datasets.load_boston()
x = house_prices.data
y = house_prices.target
print('房价数据集记录数: ', x.shape[0])
print('影响房价的因素数量: ', x.shape[1])
print('影响房价的因素信息: ', house_prices.DESCR)
```

波士顿房价数据集中有 506 条房价记录（行），每条记录由 14 个特征（列）组成，其中 13 个特征为自变量，1 个目标值（自住房的平均房价 MEDV，单位为千美元）为因变量。表 9-2 列出了影响房价的 13 项因素的具体含义。

表 9-2　波士顿房价的影响因素

序号	影响因素	说明
1	CRIM	城镇人均犯罪率
2	ZN	住宅用地超过 25 000 平方英尺的比例（1 英尺等于 0.304 8 米）
3	INDUS	非零售商用地的比例
4	CHAS	是否靠近查尔斯河
5	NOX	一氧化氮浓度
6	RM	住宅平均房间数

序号	影响因素	说明
7	AGE	1940 年前建成的自用房屋比例
8	DIS	到波士顿 5 个就业服务中心的加权距离
9	RAD	辐射性公路的接近指数
10	TAX	每万元全值财产税率
11	PTRATIO	城镇师生比例
12	B	$B=1000(Bk-0.63)^2$，其中 Bk 表示城镇中黑人的比例
13	LSTAT	下层经济阶层的比例

② 接下来，我们通过 pandas 库来查看波士顿房价数据集，以对数据集有一个初步的了解。代码如下：

```
house_prices = datasets.load_boston()
df = pd.DataFrame(house_prices.data, columns=house_prices.feature_names)
df['Target'] = pd.Series(house_prices.target)df.head()
```

③ 在创建房价预测模型之前，我们需要确定房价与 13 个特征之间的关系。首先，通过 sklearn 提供的特征选择功能，可以选出与房价最相关的 *k* 个特征，即影响房价最重要的 *k* 个因素，代码如下：

```
from scikit-learn.feature_selection
import SelectKBest,f_regression
# 选出相关性最高的 k 个特征，k=1
selected_feature = SelectKBest(f_regression, k=1)
selected_feature.fit(x, y) # 数据降维：get_support()将数据降为一维向量
x = x[:, selected_feature.get_support()]
print('与房价最相关的特征：\n', x)
```

通过 SelectKBest 类可以选取与房价相关性最强的 *k* 个特征。调用 fit( )函数对数据进行拟合，然后用 get_support( )函数将数据缩减成一个向量。运行上面的代码可以看到与房价最相关的特征是 LSTAT（下层经济阶层的比例）。

④ 为了确定房价与特征 LSTAT 之间是否存在线性关系，绘制 LSTAT 与房价的散点图，从而对两个变量之间的关系有一个直观上的判断，代码如下：

```
# 利用散点图分析变量的相关性
from matplotlib.font_manager import FontProperties
import matplotlib.pyplot as plt
font = FontProperties(fname=r"c:\windows\fonts\simsun.ttc", size=14)
lstat = df['LSTAT']
fig = plt.figure(figsize=(8, 6), dpi=300)
plt.scatter(lstat, y, s=20, marker='o', facecolors='deepskyblue')
plt.xlabel("LSTAT", fontproperties=font)
plt.ylabel("波士顿房价", fontproperties=font)
```

代码的运行结果如图 9-81 所示。

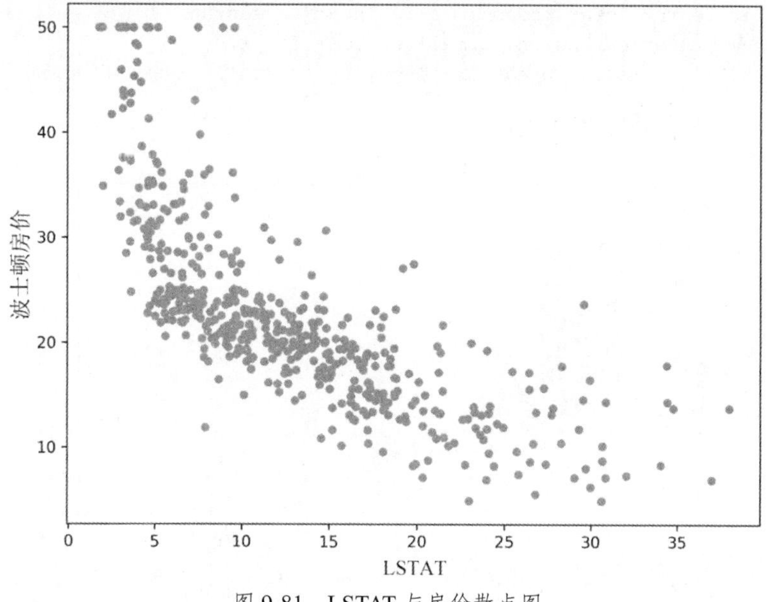

图 9-81　LSTAT 与房价散点图

通过绘制散点图可以初步判断自变量和因变量之间是否存在线性关系。从图 9-81 中可以看出，随着 x（LSTAT）的增大，y（房价，MEDV）在减小，自变量和因变量之间可以用一条直线来近似表示。对于其他 12 个特征，也可以做类似的分析。

⑤ 由于房价与特征 LSTAT 之间存在线性关系，因此预测房价的模型可以采用线性回归模型。已知模型的形式，接下来需要估计模型参数。首先，我们来看单变量的线性回归模型 $y = ax + b$ 。根据房价数据集，已知 x（LSTAT）和 y（房价），需要估计参数 a 和 b 的值。在图 9-82 所示的线性回归模型中，x 为横坐标，y 为纵坐标，b 为截距，a 为斜率，y' 为线性回归模型的计算结果。

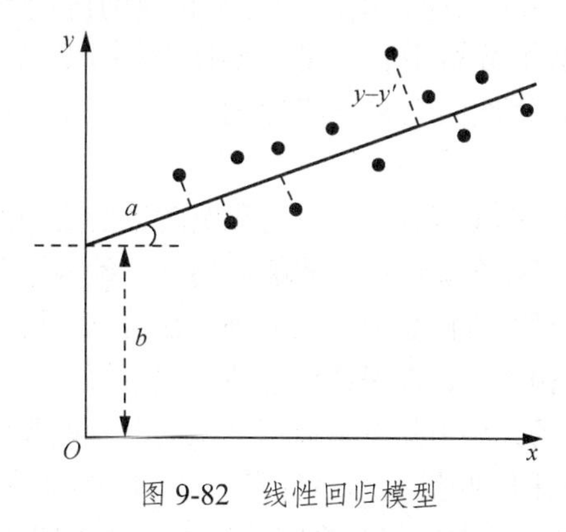

图 9-82　线性回归模型

计算参数 a 和 b，就是根据观测值(x, y)，即(LSTAT, MEDV)，找到一条最“合理”的直线，尽可能地让散点图上所有的点与直线的距离“最近”。通常采用最小二乘法和梯度下降法对模型参数进行估计。

⑥ sklearn 库封装了估计模型参数的算法。通过 LinearRegression 类，我们可以创建并训练一个线性回归模型，然后直接调用它的 fit( )函数进行拟合，即可得到模型的参数，代

码如下：

```
from scikit-learn.linear_model import LinearRegression
regressor = LinearRegression(normalize=True).fit(x, y)
plt.scatter(x, regressor.predict(x), color='tomato', linewidth=0.5)
```

代码的运行结果如图 9-83 所示。

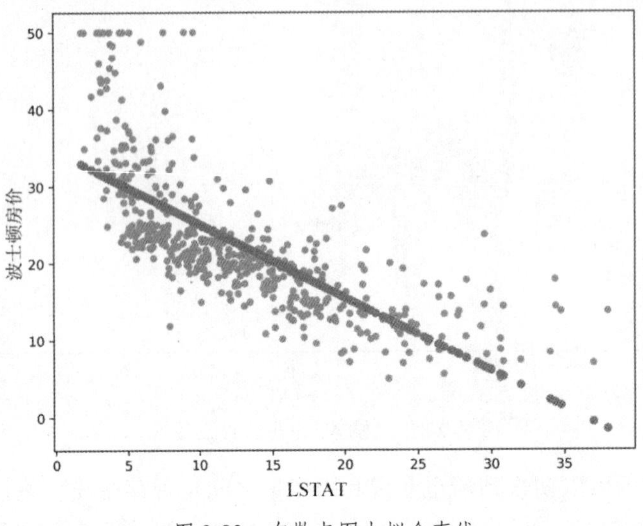

图 9-83　在散点图上拟合直线

在上面的散点图上，程序绘制出了拟合的直线。函数 LinearRegression(fit_intercept=True, normalize=False, copy_X=True, n_jobs=1)的参数 fit_intercept 表示模型是否存在截距；normalize 表示模型是否在回归前对数据进行标准化；copy_X 如果设为 True，横坐标值将被复制，否则被重写；n_jobs 如果设为 1，将启动所有 CPU。

拟合直线给出了输入 x 和输出 y 之间的最佳线性关系。当需要对房价进行预测时，只要给出一个自变量 x（LSTAT）的值，就能计算出相应的房价预测值 y。这里的例子只考虑了一个变量，而在实际数据分析中，经常需要研究一个因变量与多个自变量之间的相关关系，因此通常采用多元线性回归来分析数据。多元线性回归和一元线性回归的分析方法类似。

在使用线性回归模型对目标（因变量）进行预测时，需要确保数据满足一定的条件。首先，因变量 y 与自变量 x 之间存在线性关系才能使用线性预测模型。通常可以观察变量的散点图，来确定它们之间是否具有线性趋势，从而确定是否具有线性关系。其次，采集样本数据时，要保证观察值之间互相独立，即保证任意两个观察值之间没有相关性。最后，观察误差要服从正态分布，并且它的大小不随变量取值范围的改变而改变，即具有方差齐性。

在进行回归分析时，如果因变量 y 与自变量 x 之间的线性关系不成立，则可以考虑使用非线性回归分析方法。线性是指量与量之间按比例、成直线的关系，在空间和时间上代表规则和光滑的运动；而非线性则指不按比例、不成直线的关系，代表不规则的运动和突变。在生活中，很多现象呈现出非线性关系。在进行数据分析时，选择合适的非线性模型类型，主要依靠专业知识和经验，常用的非线性函数有幂函数、指数函数、抛物线函数和对数函数等。

9.4.3 分类

1. KNN最近邻分类方法

在生活中，经常需要对各种事物进行分类，比如商场将不同的商品根据类别摆放在不同的货架上；公司对员工的工作进行分类；在看电影时，每个人根据自己的喜好挑选不同类型的电影等。以图书分类为例，图书馆将所有图书根据内容的不同，分别摆放在文学、人文、经管、艺术、科技等预先设定好的书架上。当图书馆购买了一批新书后，应该如何确定它们的类别，并将其放置在不同的书架上呢？一种人工分类的方法是比较现有的图书与新书的内容是否接近，如果接近就将其划分到一类中。机器的分类方法与此类似。

分类方法与聚类方法不同。在对新书进行分类之前，图书馆对已有图书进行归类，并且为所有图书都指定了所属的类别。首先，在分类时需要确定分类的标准，即选取图书分类的特征，比如书中描述的时间、地点、事件、情感等构成了图书的特征。接下来，需要将新书的特征与已有图书的特征进行比较。新书不是和所有的图书进行比较，而是会设定一个比较范围，比如新书每次与其他4本书进行比较，即在所有书中寻找与新书最相似的4本书进行比较，看新书与哪一类书最相似，就归为哪一类。假设现在有艺术（C_1）类、科技（C_2）类和文学（C_3）类3个类别的图书，图书馆又购买了一本新书，现在要对其进行分类，分类的方法如图9-84所示。

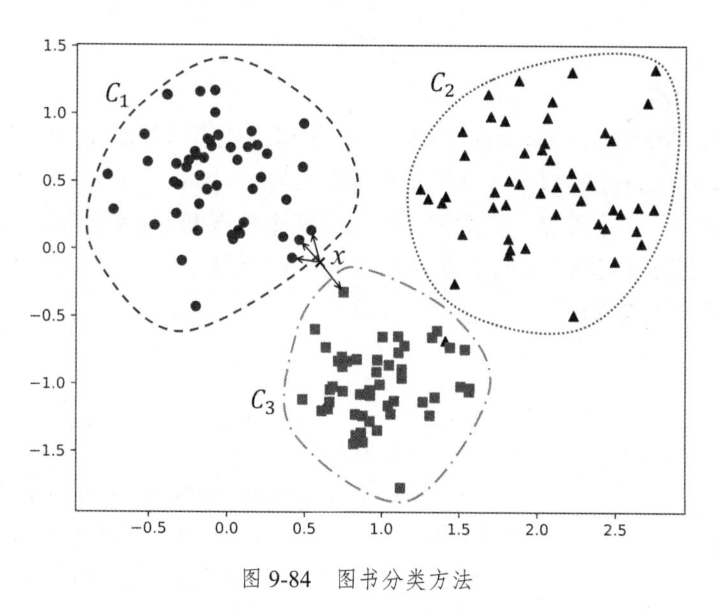

图9-84 图书分类方法

从图9-84中可以看出，在这个比较范围内（4本书），新书x与文学类（C_3）的一本书相似，与艺术类（C_1）的3本书相似；从总体的相似比例来说，艺术类的相似性所占比例为3/4。因此，新书x就归为艺术类。

1968年，Cover和Hart提出了K最近邻（K-nearest neighbor，KNN）分类方法。它的基本思想类似于“近朱者赤，近墨者黑”，即在目标分类时，如果与目标最相邻的K个样本，它们大多数都属于某一个类别，那么我们就把目标划归到这一类别。KNN算法分为3步，如图9-85所示。

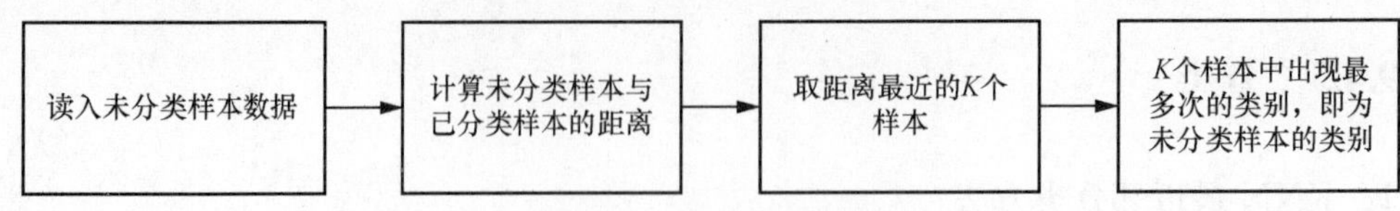

图 9-85 KNN 算法流程

首先，读入未分类样本数据；其次，计算未分类样本到所有已分类样本的距离；再次，选择与未分类样本距离最近的 K 个样本；最后，根据多数表决（majority-voting）规则，将未分类样本归类为 K 个样本中最多的类别。

2. 常用的距离

KNN 算法根据样本之间的距离来判断样本的相似性。常用的距离包括欧几里得距离、曼哈顿距离、余弦距离等。

（1）欧几里得距离

在距离度量中，欧几里得距离（Euclidean distance）是最常见的一种距离，简称欧氏距离。在二维平面上，$P_1(x_1,y_1)$、$P_2(x_2,y_2)$ 两个点之间的距离为 $P_1P_2=\sqrt{(x_2-x_1)^2+(y_2-y_1)^2}$ 。将二维平面扩展到更高维空间，在高维空间中，两个点 A 和 B 的坐标分别为 $(a_1,a_2,\cdots,a_n)$ 和 $(b_1,b_2,\cdots,b_n)$，它们之间的欧氏距离为：

$$d_{AB}=\sqrt{\sum_{k=1}^{n}(a_k-b_k)^2}$$

（2）曼哈顿距离

曼哈顿距离（Manhattan distance）又称为 L_1-距离或城市区块距离（city block distance）。在二维平面上，$P_1(x_1,y_1)$、$P_2(x_2,y_2)$ 的曼哈顿距离为 $d=|x_1-x_2|+|y_1-y_2|$。就像在城市中，从一个地点开车到另一个地点，驾驶的距离不是两个地点间的直线距离，而是根据经过的街道来计算的。在高维空间中，两个点 A 和 B 的坐标分别为（$a_1,a_2,\cdots,a_n$）和（$b_1,b_2,\cdots,b_n$），它们之间的曼哈顿距离为：

$$d_{AB}=\sum_{k=1}^{n}|a_k-b_k|$$

（3）余弦距离

余弦距离（cosine distance）又称为余弦相似度（cosine similarity）。在二维平面中，从坐标原点 O 出发，分别连接平面上的两个点 $P_1(x_1,y_1)$、$P_2(x_2,y_2)$，形成两个有向线段，如图 9-86 所示，它们称为向量，分别表示为向量 $\boldsymbol{a}$ 和向量 $\boldsymbol{b}$。

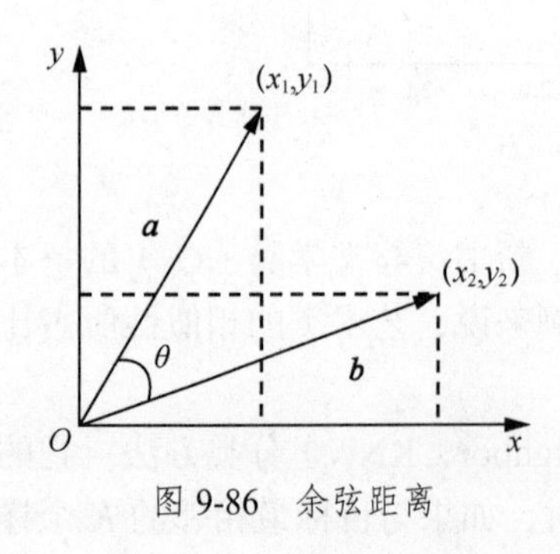

图 9-86 余弦距离

为了度量向量 $\boldsymbol{a}$ 和 $\boldsymbol{b}$ 的相似性，可以通过线段之间的夹角来衡量两个向量之间的差异。通常采用夹角的余弦来度量它们的相似性，夹角越小，它的余弦值越大，表示两个向量越相似。相似性的计算公式为：

$$\mathrm{sim}(\boldsymbol{a},\boldsymbol{b})=\cos\theta=\frac{x_1x_2+y_1y_2}{\sqrt{x_1^2+x_2^2}\times\sqrt{y_1^2+y_2^2}}$$

在高维空间中，向量 $\boldsymbol{a}$ 和 $\boldsymbol{b}$ 的余弦距离为：

$$\frac{\sum_{i=1}^{n}(x_i\times y_i)}{\sqrt{\sum_{i=1}^{n}(x_i)^2}\times\sqrt{\sum_{i=1}^{n}(y_i)^2}}$$

以上给出了 3 种距离，在实际数据分析中使用哪一种距离，需要根据具体问题来确定。

3．编写 KNN 程序

下面我们编写 KNN 程序，对 sklearn 中的鸢尾花（Iris）数据集进行分类。鸢尾花数据集是 Fisher 在 1936 年收集整理的用于多重变量分析的数据集。该数据集包括 iris setosa（山鸢尾）、iris versicolor（杂色鸢尾）和 iris virginica（弗吉尼亚鸢尾）3 个类别，每个类别的鸢尾花采集了 50 个数据，一共包含 150 朵鸢尾花的测量结果，如图 9-87 所示。

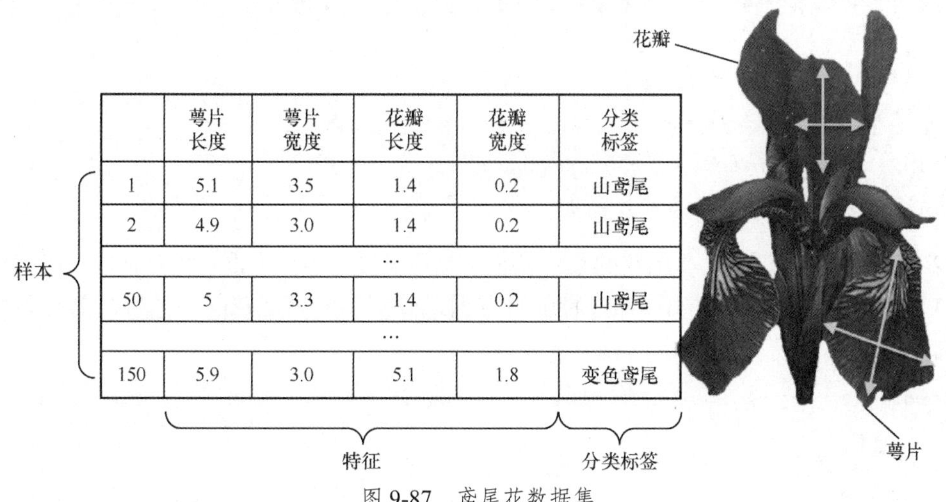

	萼片长度	萼片宽度	花瓣长度	花瓣宽度	分类标签
1	5.1	3.5	1.4	0.2	山鸢尾
2	4.9	3.0	1.4	0.2	山鸢尾
			…		
50	5	3.3	1.4	0.2	山鸢尾
			…		
150	5.9	3.0	5.1	1.8	变色鸢尾

图 9-87　鸢尾花数据集

① 数据集中每一行代表一朵花的样本数据，每个数据包含 4 个特征，分别是萼片长度（sepal length）、萼片宽度（sepal width）、花瓣长度（petal length）和花瓣宽度（petal width）。每一类花的特征数据以 cm 为单位，按列存储，构成特征数据集。分类标签（target）指明每一朵花是 3 个类别（即 setosa、versicolor、virginica）中的哪一类。下面我们给出 KNN 分类的代码：

```
from sklearn.datasets import load_iris
import numpy as np

#加载数据集
iris = load_iris()
print(f"类别：{iris.keys()}")
```

```
#数据的样本数和特征数
n_samples, n_features = iris.data.shape
print(f"样本数：{n_samples}")
print(f"特征数：{n_features}")

print(f"第一个样本数据：{iris.data[0]}")
print(f"样本数据分类标签：{iris.target}")

print(f"类别：{iris.target_names}")
print(f"每个类别的样本数：{np.bincount(iris.target)}")
```

代码的运行结果如下：

```
类别：dict_keys(['data', 'target', 'target_names', 'DESCR', 'feature_names',
'filename'])
样本数：150
特征数：4
第一个样本数据：[5.1 3.5 1.4 0.2]
样本数据分类标签：[0 0 0 0 0 0 0 0 0 0 0 0 0 0 0 0 0 0 0 0 0 0 0 0 0 0 0 0 0 0 0 0 0
0 0 0 0
 0 0 0 0 0 0 0 0 0 0 0 0 0 1 1 1 1 1 1 1 1 1 1 1 1 1 1 1 1 1 1 1 1 1 1 1 1 1 1 1 1
1 1 1 1 1 1 1 1 1 1 1 1 1 1 1 1 1 1 1 1 1 1 2 2 2 2 2 2 2 2 2 2 2 2 2 2 2 2 2 2 2 2 2
2 2 2 2 2 2 2 2 2 2 2 2 2 2 2 2 2 2 2 2 2 2 2 2 2 2 2 2 2]
类别：['setosa' 'versicolor' 'virginica']
每个类别的样本数：[50 50 50]
```

② 接下来，我们选取鸢尾花的某一特征（萼片长度、萼片宽度、花瓣长度、花瓣长度）绘制 3 种鸢尾花的特征直方图，通过特征直方图来分析不同鸢尾花同一种特征的分布情况，代码如下：

```
import matplotlib.pyplot as plt

# x_index 索引表示选取鸢尾花的不同特征进行统计
# 设置 x_index 的值
# 0：萼片长度（sepal length）
# 1：萼片宽度（sepal width）
# 2：花瓣长度（petal length）
# 3：花瓣宽度（petal width）
x_index = 3
color = ['blue','red','green']
hatches= ['/','-','xx']
plt.figure(figsize=(10, 6), dpi=300)

# 绘制 3 种鸢尾花指定特征的统计直方图
for label, color, hatch in zip(range(len(iris.target_names)), color, hatches):
    plt.hist(iris.data[iris.target==label, x_index],
             label=iris.target_names[label],
```

```
            color=color, alpha = 0.7, hatch=hatch)

plt.xlabel(iris.feature_names[x_index], fontsize=16)
plt.legend(loc="Upper right")
plt.show()
```

代码的运行结果如图 9-88 所示。

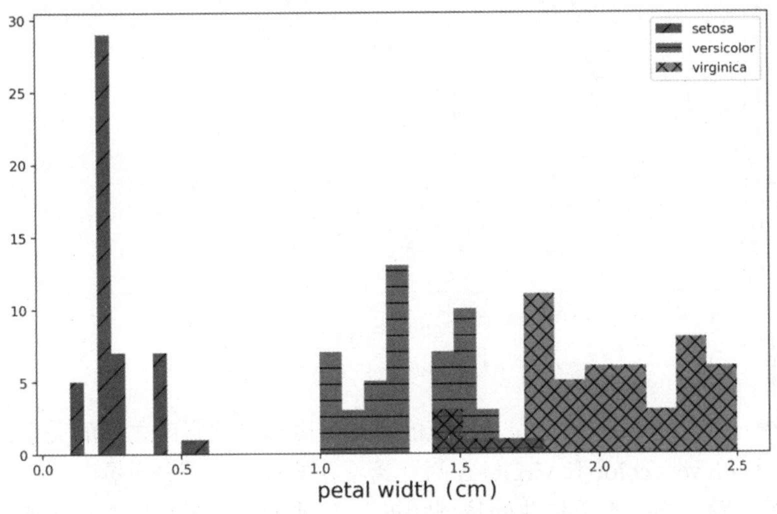

图 9-88　鸢尾花特征直方图

③ 从图 9-88 中可以看出，3 种鸢尾花的花瓣宽度分布在不同的区间，versicolor 和 virginica 两种花瓣宽度的分布区间有部分重叠。对于 3 种鸢尾花的不同特征，可以通过绘制散点图来观察两个特征之间的关系。下面我们绘制 3 种鸢尾花的萼片长度与萼片宽度关系的散点图，代码如下：

```
x_index = 0  # 萼片长度（sepal length）
y_index = 1  # 萼片宽度（sepal width）
colors=['cornflowerblue','tomato','yellowgreen']
markers=['*', 'o', 'D']
plt.figure(figsize=(10, 6), dpi=300)

# 绘制萼片长度与萼片宽度的关系散点图
for label, color, marker in zip(range(len(iris.target_names)), colors, markers):
    plt.scatter(iris.data[iris.target==label,x_index],
            iris.data[iris.target==label,y_index],
            label=iris.target_names[label],
            c=color, marker=marker)

# x 坐标和 y 坐标的标签
plt.xlabel(iris.feature_names[x_index], fontsize=16)
plt.ylabel(iris.feature_names[y_index], fontsize=16)

plt.legend(loc='upper left')
plt.show()
```

代码的运行结果如图 9-89 所示。

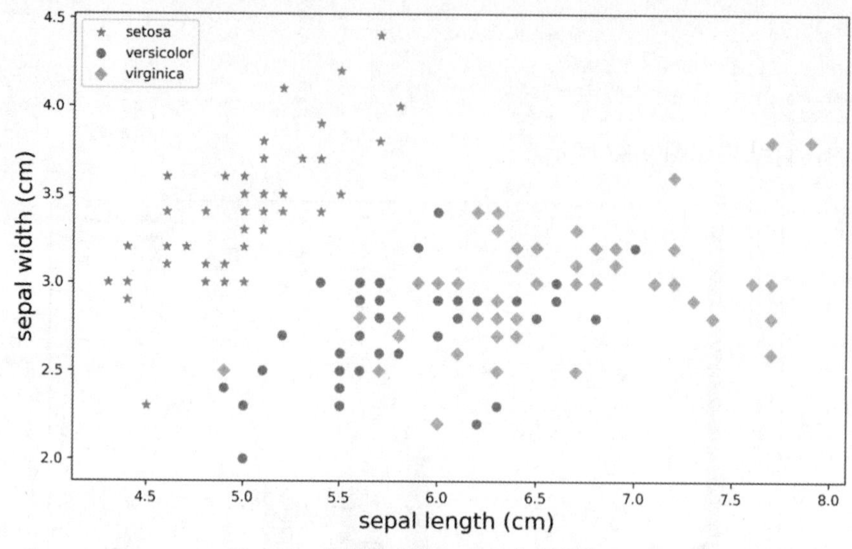

图 9-89 鸢尾花萼片长度与宽度散点图

从图 9-89 中可以看出 3 种不同鸢尾花的萼片长度与萼片宽度之间的关系，它们分布在不同的区间。同样 versicolor 和 virginica 两种鸢尾花的分布有部分重叠。总体上，从单一特征和特征关系来看，同一类鸢尾花的特征相近，不同类的特征相差较远。因此，我们可以通过 4 个特征的距离关系，对 3 种鸢尾花进行分类。

④ 在 KNN 分类之前，我们需要对鸢尾花数据进行预处理。使用 StandardScaler 类对数据进行归一化和标准化。StandardScaler 类将数据的每一个特征维度减去均值，并对特征方差进行归一化处理，计算公式如下：

$$z=\frac{x-\mu}{\sigma}$$

其中，z 是归一化后的值；x 是样本数据；μ 是样本特征均值；σ 是样本标准差。

预处理的代码如下：

```
from sklearn.datasets import load_iris
from sklearn.model_selection import train_test_split
from sklearn.preprocessing import StandardScaler

# 载入鸢尾花的特征值和标签
iris = load_iris()
iris_data = iris.data
iris_target = iris.target

# 将样本数据按照 8：2 的比例划分训练集和测试集
# test_size=0.2 表示将 20%的数据用作测试集
x_train, x_test, y_train, y_test = train_test_split(iris_data, iris_target,
test_size=0.2)

# 对特征值进行标准化处理
std = StandardScaler()
x_train = std.fit_transform(x_train)
```

```
x_test = std.transform(x_test)
```

⑤ fit( )函数用于计算训练数据的均值和方差；transform( )函数用于把数据转换成标准的正态分布；fit_transform( )函数是 fit( )函数和 transform( )函数的结合，用于计算 x_train 的均值 μ 和方差 σ，并对 x_train 进行归一化处理。由于 StandardScaler 已经保存了 x_train 的均值和方差，因此可以直接使用 transform( )函数对 x_test 进行归一化处理。预处理完成以后构造 KNN 模型，并对模型进行测试，代码如下：

```
from sklearn.neighbors import KNeighborsClassifier
from sklearn.metrics import classification_report

# 设置类别参数：n_neighbors = 3
knn = KNeighborsClassifier(n_neighbors=3)
# 训练 KNN 模型
knn.fit(x_train, y_train)

# 在测试集上进行预测
y_predict = knn.predict(x_test)

# 显示预测结果
labels = ["setosa", "versicolor", "virginica"]
for i in range(len(y_predict)):
    print(f"第{(i+1)}次测试：\t"
          f"真实值：{labels[y_test[i]]}\t"
          f"预测值：{labels[y_predict[i]]}")

print(f"准确率：{knn.score(x_test, y_test)}")
clr = classification_report(y_test, y_predict,
                  target_names=iris.target_names)
print(clr)
```

代码的运行结果如下：

```
准确率：0.9333333333333333
              Precision    recall     F1 score    support
    setosa       1.00       0.91        0.95         11
  versicolor     0.91       0.91        0.91         11
   virginica     0.89       1.00        0.94          8

   accuracy                             0.93         30
  macro avg      0.93       0.94        0.93         30
weighted avg     0.94       0.93        0.93         30
```

⑥ KNN 算法根据样本最邻近的 K 个样本来判断其所属类别。K 值是人为设定的，不同的取值可能产生不同的分类结果。如果 K 选大了，可能将样本分类到样本数量多的类中，这样会造成某个类包含太多应该属于其他类的样本。在极端情况下，K 取训练集的样本数量，此时无论新输入的样本属于哪一类，预测时都会将它归于训练集中样本数最多的那一类。而如果 K 选小了，由于噪声样本的干扰，很容易分错类，因此新样本对噪声样本较敏感。在实际应用中，一般采用交叉验证法或者依靠经验来选取 K 值，比如 K 值一般小于训练样本数的平方根。在初始选取时，我们可以选取一个较小的 K 值（一般为奇数），然后

通过不断地调整 K 值大小来优化样本分类；当达到最优时，该 K 值即最佳选取值。K 值选取的代码如下：

```
from sklearn.model_selection import GridSearchCV

knn = KNeighborsClassifier()
# 设置类别参数
params = {"n_neighbors": [1, 2, 3, 5, 10]}

grid_cv = GridSearchCV(knn, param_grid=params)
grid_cv.fit(x_train, y_train)

# best_score_：在寻优过程中观察到的最好评分
print("最好的评分：", grid_cv.best_score_)

# 从一组分类器中选取最好的模型
print("最好的模型：", grid_cv.best_estimator_)

# best_params_：取得最好结果的模型参数
print(f"最好结果的参数：{grid_cv.best_params_}")

knn_best = grid_cv.best_estimator_
print(f"在测试集上的评分{knn_best.score(x_test, y_test)})"
```

代码的运行结果如下。

```
最好的评分： 0.95
最好的模型： KNeighborsClassifier(algorithm='auto', leaf_size=30, metric='minkowski',
             metric_params=None, n_jobs=None, n_neighbors=5, p=2, weights='uniform')
最好结果的参数：{'n_neighbors': 5}
在测试集上的评分：0.9666666666666667
```

GridSearchCV 类（GridSearch 和 CV，即网格搜索和交叉验证）通过交叉验证搜索最佳 K 值，以实现自动调参。它通过循环遍历，在所有候选参数中选择表现最好的参数，适用于小数据集的 K 值选取。

KNN 算法简单，易于理解和实现，并且不需要估计参数，没有训练过程，可用于多分类问题。然而，KNN 算法的可解释性较差，无法给出具体的分类规则，并且在类别不平衡时，如果一个类别的样本数量很大，而其他类别的样本数量很小时，可能导致新样本的 K 个邻居中，大部分样本都属于样本数量多的类别，从而造成新样本的误分类。针对类别不平衡问题，可以采用加权的方法来改进算法，比如选取不同数量（不同的权重）的最近邻居来参与分类。

9.4.4 聚类

1. 概述

人们在认识世界时，面对各种纷繁复杂的信息，在没有学习任何知识之前，通常需要对接收到的复杂信息进行简化。一个基本的简化方法是根据对象的特征或属性将相似的对象聚集成一类，而将差异较大的对象聚集成不同的类。通过这种方法可将大量的对象简化为少数的类别，比如在认识动物时，可依据动物的生活环境将其聚集为不同的类，将在陆地上生活的动物聚为一类，将在海里生活的动物聚为另一类。为了更细致地对动物进行区分，还可以根据动物的形态特征、生理习性、生育特性等进行聚类。以上的聚类方法是人类认知世界的基本方法。而从聚类的过程来看，就好像对象根据它们自身的特征自动聚集在一起。当聚集出多个类别以后，一旦出现一个新的对象，就能根据它的特征，很快地判断它是属于哪一个类别。

聚类是典型的无监督学习方法，它也是一种探索性的数据分析技术，能够从数据集中导出有意义的关系。例如，公司的销售人员根据顾客购买的产品，来发现不同的购物群体；故障维修人员收集大量的设备信息和设备运行状态，对不同的设备故障进行区分；电影网站收集大量的电影信息，根据动作、悬疑、喜剧等特征将影片整理归类到不同的列表下面。如果我们获取了大量的样本，却没有样本的其他信息，比如类别信息，那么，可以先提取样本的各种特征，再用聚类的方法来提炼出它们的类别信息。

聚类方法不需要任何指导（不需要知道训练样本的类别），只要给定简单的聚类规则，通过特征的相似性，就可以将样本聚为不同的簇（又称为类或群组）。将相同簇中的对象归为一类，它们具有一定程度的相似性，而不同簇中的对象差异性较大。聚类方法广泛应用于市场调查、基因序列分析、图像分割、视频分析和目标检测等多个领域。

2. *K*-means 聚类算法

（1）简介

K-means 聚类算法是一种经典的基于距离的聚类算法，它使用距离作为对象相似性的度量标准，即两个对象的距离越近，相似性就越大。距离相近的多个对象聚集在一起就会形成一个簇。如果能找到每一个簇的中心位置，所有的样本将根据簇的中心位置自动地完成聚类。每一个簇（聚类）中心代表了一个类别，如果给定一个新的样本，就可以根据新样本到每个簇中心的距离对其进行归类。

K-means 聚类算法的基本思想是：在聚类之前，由于不知道样本的簇中心，因此随机选取 K 个点作为簇中心；然后，通过不断地修正簇中心，最终确定出簇中心的准确位置。修正簇中心是一个不断迭代的过程，如图 9-90 所示。

图 9-90 给出了 *K*-means 聚类算法的迭代过程。图中设置聚类数 K=2，表示将所有样本聚为两类，即两个簇。图 9-90（a）是初始样本的分布情况。在图 9-90（b）中，随机选取两个点作为样本的簇中心。开始聚类以后，两个簇中心用“×”和“+”表示，两个簇的样本分别用实心圆和五角星表示。在图 9-90（c）中，计算每个样本到两个簇中心的距离，再根据距离将每个样本划分到最近的那个簇。在图 9-90（d）中，每个样本都划分完以后，所有样本聚为两个簇，接着再把每个簇中所有样本的坐标加起来求平均，将结果作为簇的中心位置（簇中心），可以看到原来的簇中心发生了移动。图 9-90（e）～(f) 不断重复上述过程，直到两个簇中心不再移动为止。*K*-means 聚类算法的实现流程如图 9-91 所示。

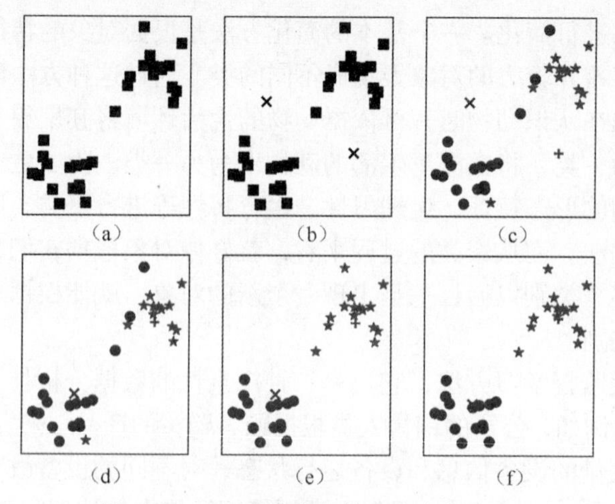

图 9-90　*K*-means 聚类算法的迭代过程

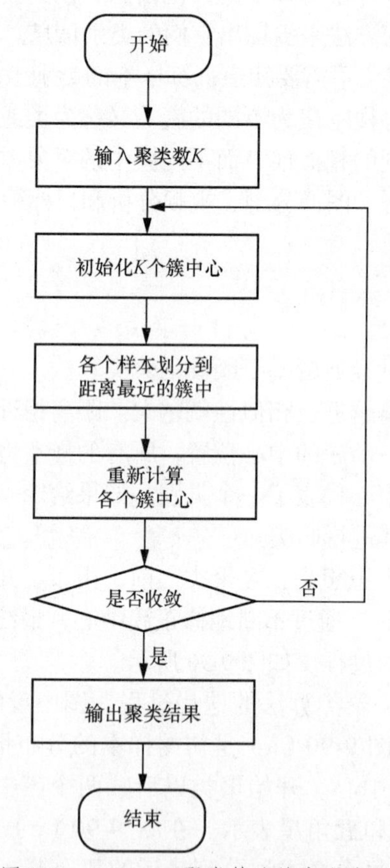

图 9-91　*K*-means 聚类算法的实现流程

（2）确定聚类标准

在聚类过程中，首先要确定聚类的标准，也就是要确定依据哪些特征或属性来度量样本之间的相似性。比如对人进行聚类时，可以按人的年龄、身高和体重等特征来计算人与人之间的相似性。接下来，需要确定计算相似性的方法。与 KNN 分类方法类似，*K*-means 聚类算法也用不同的“距离”来度量样本之间的相似性。

距离作为一个几何概念，抽象出了一些基本性质：

① 非负性：$\text{dist}(x_i, x_j) \geqslant 0$；

② 同一性：$\text{dist}(x_i, x_j)=0$，当且仅当 $x_i = x_j$；

③ 对称性：$\text{dist}(x_i, x_j)=\text{dist}(x_i, x_j)$；

④ 直递性：$\text{dist}(x_i, x_j) \leqslant \text{dist}(x_i, x_k)+\text{dist}(x_k, x_j)$。

除了我们最熟悉的欧氏距离以外，随着特征（用向量表示）维度的增加，“距离”也在维度和计算方式上进一步扩展。闵可夫斯基距离（Minkowski distance，简称闵氏距离）不是一种距离定义，而是一组距离的定义。两个 n 维向量$(x_1, x_2, \cdots ,x_n)$与$(y_1, y_2, \cdots, y_n)$的闵氏距离定义为：

$$d = \sqrt[p]{\sum_{k=1}^{n} |x_k - y_k|^p}$$

其中 p 是一个可变参数。根据 p 的不同，闵氏距离可以表示一大类距离。当 p=1 时，d 是曼哈顿距离；当 p=2 时，d 是欧氏距离；当 $p \to \infty$ 时，d 是切比雪夫距离。如果用不同的 p 值来可视化各种距离，则可以看到它们以不同的方式接近“中心点”，如图 9-92 所示。

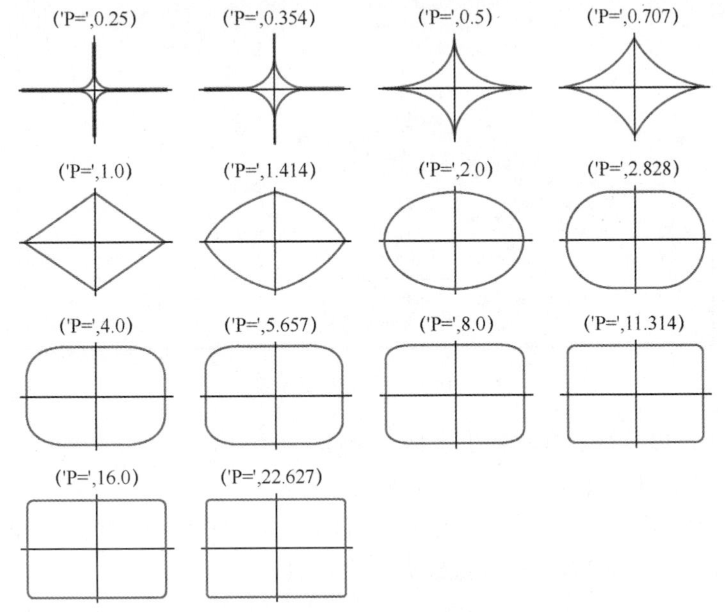

图 9-92 闵氏距离

在使用距离公式进行相似性度量时，样本特征的度量单位可能不同。比如人的两个特征身高和体重，它们的度量单位不一样，一个是 cm，一个是 kg。另外，特征的分布（期望、方差等）也不一样，取值范围可能差异很大。因此，在度量相似性时，需要根据实际问题对样本数据进行预处理，比如对所有数据的特征进行归一化。

（3）生成模拟样本数据

sklearn 库提供的数据生成功能可以生成模拟样本数据。make_blobs( )函数可根据指定的样本总数、特征数、聚类类别数、聚类分布范围（方差）等参数，生成具有多个簇的样本数据，代码如下：

```
import matplotlib.pyplot as plt
```

```
from sklearn.datasets import make_blobs

# 生成聚类的样本数据，每个样本包含两个特征，一共生成 200 个样本
X, y = make_blobs(n_samples=200,    # 生成样本的总数
                  n_features=2,        # 样本的特征数
                  centers=4,           # 聚类类别数（簇数）
                  cluster_std=1,       # 每个类别的方差
                  random_state=1);

plt.figure(figsize=(6, 4), dpi=300)
plt.xticks(())
plt.yticks(())
plt.scatter(X[:, 0], X[:, 1], s=20, marker='o')
```

代码的运行结果如图 9-93 所示。

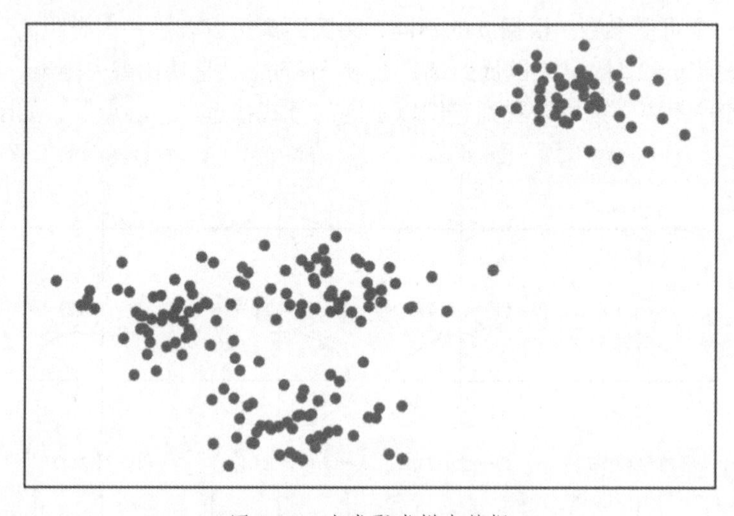

图 9-93　生成聚类样本数据

从图 9-93 中可以分辨出样本数据形成 4 个簇。

（4）对样本数据进行聚类

① 下面我们使用 *K*-means 聚类算法对生成的样本数据进行聚类。首先设置簇的数量为 3，然后调用 fit( )函数对样本数据进行聚类，代码如下：

```
from scikit-learn.cluster import K-means
n_cs = 3  # 簇数
kms = K-means(n_clusters=n_cs)
kms.fit(X);
print(f"K-means: 类别={n_cs}, 成本={K-means.score(X)}")
```

② sklearn 的 K-means.score( )函数用来计算聚类成本，计算结果为负数，其绝对值越大，说明聚类成本越高。聚类完成以后，为了查看聚类结果，我们重新绘制不同簇的样本数据以及各个簇的中心位置，代码如下：

```
labels = kms.labels_
centers = kms.cluster_centers_

markers = ['^', '*', 'o']
```

```
colors = ['coral', 'yellowgreen', 'deepskyblue']

plt.figure(figsize=(6,4), dpi=300)
plt.xticks(())
plt.yticks(())

# 绘制样本
for c in range(n_cs):
    cluster = X[labels == c]
    plt.scatter(cluster[:, 0], cluster[:, 1],
                marker=markers[c],s=20, c=colors[c])

# 绘制样本的簇中心
plt.scatter(centers[:, 0], centers[:, 1],
            marker='o', c="black", alpha=0.9, s=100)

# 标识类别编号
for i, c in enumerate(centers):
    plt.scatter(c[0], c[1], marker='$%d$' % i, s=40, c=colors[i])
```

代码的运行结果如图 9-94 所示。

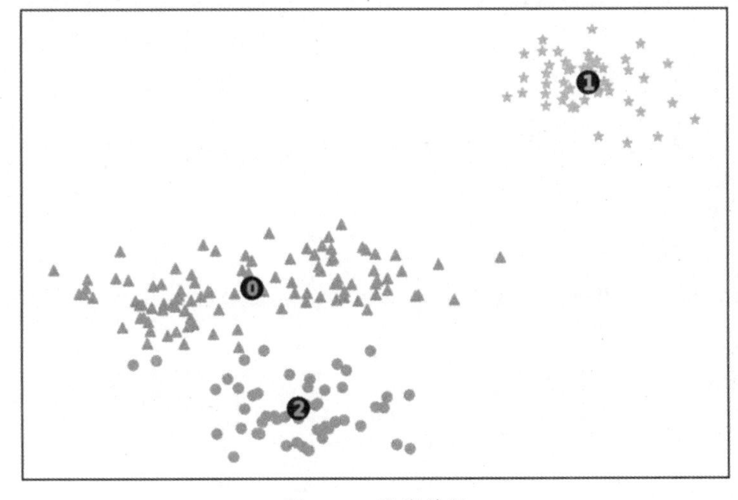

图 9-94　聚类结果

③ make_blobs( )函数生成的数据有 4 类，即 K=4。而在 K-means 程序中，我们设置 K=3。也就是说，一般情况下事先我们并不知道样本数据可以划分为多少类。因此，如何设置聚类类别数 K 是 K-means 聚类算法需要解决的一个关键问题。通常可以先设置不同的 K 值进行聚类，在聚类完成以后，再根据聚类的效果来判断应该选取哪一个 K 值。

（5）判断聚类效果

聚类算法用聚类成本函数的大小来判断聚类的效果。K-means 聚类算法一般采用 SSE（sum of the squared errors，误差平方和）函数作为聚类成本函数。SSE 是各个簇中心与其内部样本距离的平方和，计算公式如下：

$$\mathrm{SSE}=\sum_{k=1}^{n}\sum_{p\in C_i}\left(p-m_i\right)^2$$

其中，C_i是第 i 个簇；p 是 C_i 中样本的位置；m_i 是 C_i 的中心位置，即 C_i 中所有样本位置的均值。

在一个簇中，样本彼此间越靠近，则 SSE 越小；反之，簇的样本越分散，则 SSE 越大。

为了确定最优的 K 值，我们选取不同的 K 值进行聚类，然后计算出聚类成本 SSE。最终选取使 SSE 最小的 K 值，从而得到参数 K 的最优解，代码如下：

```
def plot_K-means_models(n_clusters, X):
    '''
    选取不同的聚类数（K 值）进行聚类，并可视化聚类结果。
    :param n_clusters: 聚类数（K 值）
    :param X: 聚类数据
    '''
    plt.xticks(())
    plt.yticks(())

    # 使用 K-means 算法聚类
    K-means = K-means(n_clusters=n_clusters)
    K-means.fit_predict(X)

    labels = K-means.labels_
    centers = K-means.cluster_centers_
    markers = ['o', '^', '*', 's']
    colors = ['coral', 'yellowgreen', 'deepskyblue', 'burlywood']

    # 计算成本
    score = K-means.score(X)
    plt.title(f"k={n_clusters}, score={(int)(score)}")

    # 绘制样本
    for c in range(n_clusters):
        cluster = X[labels == c]
        plt.scatter(cluster[:, 0], cluster[:, 1],marker=markers[c], s=20,
        c=colors[c])

    # 绘制聚类中心点
    plt.scatter(centers[:, 0], centers[:, 1],
              marker='o', c="black", alpha=0.9, s=300)

    # 绘制聚类中心编号
    for i, c in enumerate(centers):
        plt.scatter(c[0], c[1], marker='$%d$' % i, s=50, c=colors[i])

import matplotlib.pyplot as plt

# 设置不同的聚类数
n_clusters = [2, 3, 4]

plt.figure(figsize=(10, 3), dpi=300)
# 分别对 3 种聚类数（K 值）进行聚类，并可视化聚类结果
for i, c in enumerate(n_clusters):
    plt.subplot(1, 3, i + 1)
    plot_K-means_models(c, X)
```

代码的运行结果如图 9-95 所示。

通常 K 值越大，聚类成本就越低。当 K 的取值小于真实聚类数时，随着聚类数 K 的增

大，样本类别划分会越来越细，每个簇的紧密程度也就越来越高，SSE 将逐渐减小；而当 *K* 到达真实聚类数时，再增加 *K* 值，SSE 的下降幅度会减少，且趋于平缓。如果将不同 *K* 值的聚类成本和 *K* 值的关系绘制出来，会得到一个类似于人肘部的曲线。通过这种方式来选取最优的 *K* 值，称为肘部法则。在上面的例子中，我们分别选取 *K*=1,2,⋯,10，用 10 种不同的聚类数来观察算法的聚类效果，代码如下：

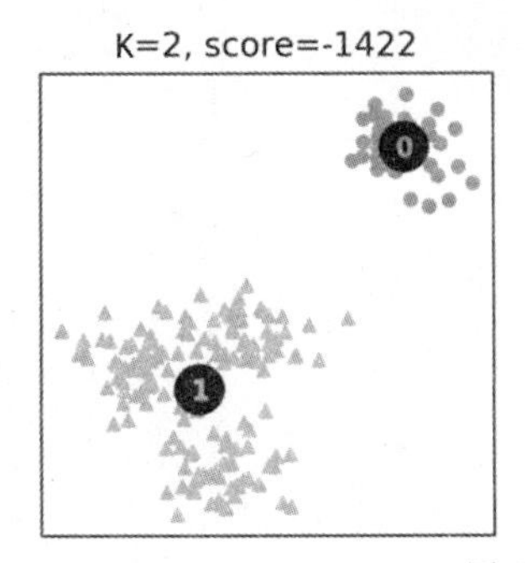

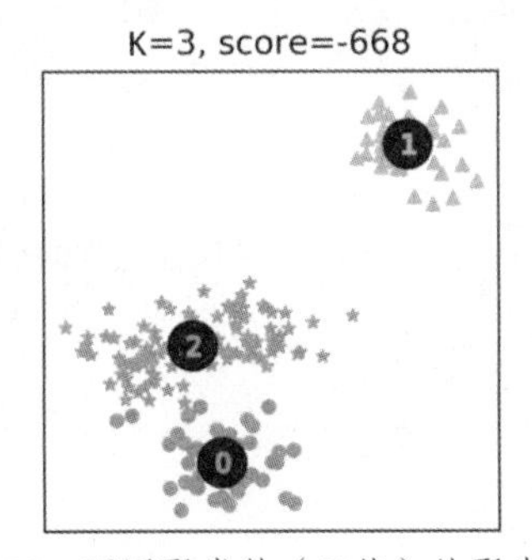

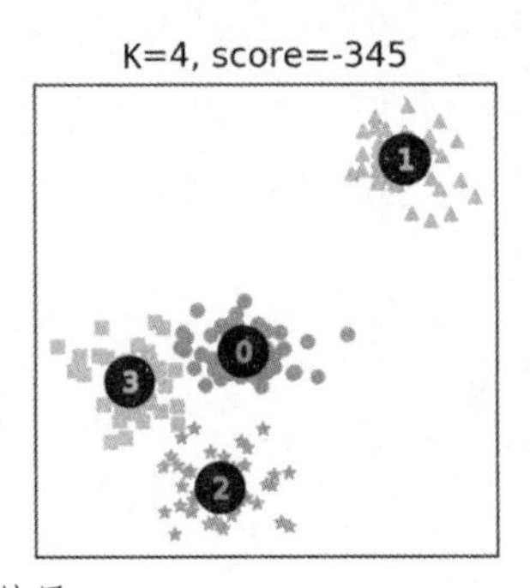

图 9-95　不同聚类数（*K* 值）的聚类结果

```
from sklearn.cluster import K-means
import matplotlib.pyplot as plt
from sklearn import metrics

cluster_sum_square = []  # 不同聚类数的簇类平方和

# 创建 10 个 K-means 对象，其聚类数从 1 到 10
for i in range(1,11):
    # 使用“K-means++”初始化中心点（也可以随机初始化）
    K-means = K-means(n_clusters=i, max_iter=300, n_init=10,
                init="random", random_state=0)
    K-means.fit(X)
    # inertia：样本到其簇中心的平方距离之和，即簇类平方和
    cluster_sum_square.append(K-means.inertia_)

    if i == 1:
        continue
    else:
        ss = metrics.silhouette_score(X, K-means.labels_, metric='euclidean')
        print(f'i={i}\t 轮廓系数是：{ss}')

plt.figure('aa', figsize=(6, 4), dpi=300)
font = {'family' : 'SimHei',
      'weight' : 'normal',
      'size'   : 16, }

# 绘制肘部图
plt.plot(range(1,11), cluster_sum_square, 'bx-')

plt.xlabel('聚类数', font)
plt.ylabel('平均畸变程度', font)
plt.title('用肘部法则来确定最佳的 K 值', font)
plt.show()
```

代码的运行结果如下：

```
i=2  轮廓系数是：0.7121391741203736
```

```
i=3 轮廓系数是：0.600862832823403 9
i=4 轮廓系数是：0.6296723861827597
i=5 轮廓系数是：0.5487328601445796
i=6 轮廓系数是：0.504562491502921 4
i=7 轮廓系数是：0.3918091654672018 5
i=8 轮廓系数是：0.339577418397172 6
i=9 轮廓系数是：0.327729357836697 4
i=10 轮廓系数是：0.348283198979138 3
```

聚类肘部如图 9-96 所示。

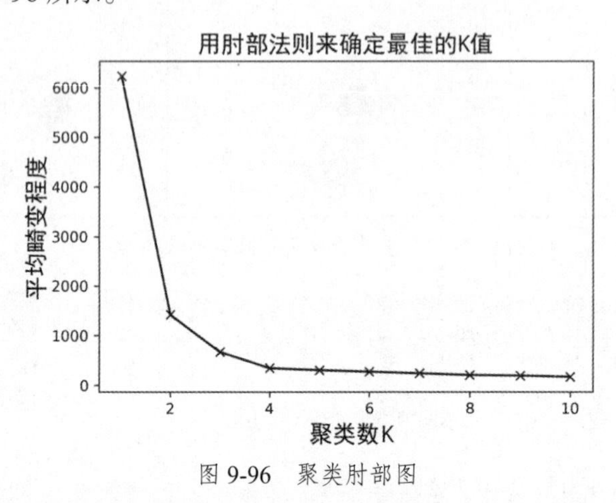

图 9-96　聚类肘部图

首先，我们用 sklearn.metrics.silhouette_score( )函数计算不同 K 值的轮廓系数。轮廓系数的取值范围是[−1, 1]。同类样本距离越近且不同类样本距离越远，则分数越高。从代码运行结果可以看出，当 K=2 时，轮廓系数最大；而从肘部曲线来看，图中有一个拐点，这个拐点对应的 K 值（K=4）就是样本数据的最佳类别数。

除了 SSE 以外，我们也可以用其他簇指标来确定 K 值，比如用簇的平均半径或直径作为 K 值的判定指标。簇半径是指簇内所有点到簇中心距离的最大值，簇直径是指簇内任意两点之间的最大距离。

K-means 聚类算法的特点是实现简单、速度快，适用于大规模数据集。需要注意的是，*K*-means 聚类算法的参数 K 需要事先给定。由于 K 值通常难以估计，因此需要选取不同的 K 值进行多次聚类，然后确定最优的 K 值。另外，初始簇中心的选择对聚类结果有较大的影响。从不同的初始簇中心开始运行算法，将得到不同的聚类结果。如果初始簇中心选取不好，可能导致较差的聚类效果。最后，由于算法通过不断地迭代来更新簇中心，当样本数量非常大时，算法的时间开销非常大，因此需要进一步改进算法，提高效率。

3．其他聚类算法

除了 *K*-means 聚类算法以外，常用的聚类算法还有均值漂移聚类、基于密度的聚类、层次聚类等。

均值漂移（mean shift）聚类是通过不断寻找样本密集区域来聚集的方法。首先，任选一个样本点，以该样本为中心点确定一个聚类区域（通常采用圆形区域）；然后，计算该区域中所有样本的质心（簇中心），即样本密度最大的位置；接着，再以该位置为中心重新划定聚类区域，计算该区域的样本质心位置。每一次重新设定聚类区域后，都将改变聚类区域的中心。当簇中心不再移动时，区域中的所有样本点形成一个簇。从算法的运行过程来看，每一次迭代后，簇中心（区域中样本位置的均值）都会发生漂移，直到定位出各个类别的中心位置。

DBSCAN（density-based spatial clustering of applications with noise，带噪声的基于密度的空间聚类）与均值漂移聚类类似，也是通过判断簇类样本点之间的联系是否紧密来完成聚类的。由于同一类样本之间联系紧密，因此该类中的任意样本，在其周围不远处一定存在同类的样本。将联系紧密的样本划为一类，就得到了一个聚类簇。如果有多个簇联系紧密，就将它们连接起来，形成若干个簇；而其他样本分配到距离它最近的簇范围内，最终得到聚类结果。

层次聚类构建类似于树的聚类结构来实现不同粒度（层次）的聚类。层次聚类包括自上而下和自下而上两种聚类方式。采用自上而下的聚类方式时，首先将所有样本点划分到一个簇中，然后将簇中距离最远的样本点划分到两个新的簇。重复上述操作直到满足终止条件为止，最后得到层次化的聚类结果。采用自下而上的聚类方式时，首先将每一个样本点都当作一个簇，然后将距离最近的两个簇进行合并。不断重复合并过程直到到达预先设定的簇数，或者直到聚合成一个簇。聚类树的树根包含所有的样本点，而树的内部节点就是一个簇，一个叶子是一个样本，也可将其看作只有一个样本的簇。

9.4.5 深度学习

随着大数据技术的不断发展以及计算机运算能力的不断增强，机器学习逐渐转向深度学习。现在，深度学习已经成为解决各个领域复杂问题的一项关键技术。深度学习作为机器学习的一个分支，是一种从大量数据中学习目标特征的新方法。它通过构建具有很多隐层的机器学习模型（通常是神经网络），利用海量的训练数据来有效地学习目标特征，从而提升算法分类和预测的准确性。

传统的机器学习方法通常采用浅层学习，即将原始数据通过一两次变换转为连续空间中的特征，由于变换简单、次数少，得到的特征往往不能适应复杂问题的需要。因此，大多数传统的方法是人工构造学习模型或手工设计特征提取方法。而深度学习更注重特征的自主学习，它利用大数据和丰富的计算资源，在模型中加入更多的特征变换，提取出更多、更丰富、更能刻画数据内在模式的特征，从而提升分类和预测的效果。

现有的深度学习大多采用神经网络来构建学习模型，它通过神经网络的逐层叠加对数据进行多级处理，提取出对任务有帮助的特征，然后基于这些特征实现分类和预测。相比早期浅层神经网络 3～4 层的结构，深度神经网络的网络结构可达 10 层、20 层，甚至 100 多个隐层。现在，深度学习可以用于解决人脸识别、对象检测、目标跟踪、信用评估、欺诈检测、肿瘤检测、药物发现、DNA 序列分析、股票价格预测、语音识别等各种问题，目前已广泛应用于自然语言处理、图像分析、计算机视觉、计算金融学、计算生物学等多个领域。

1．卷积神经网络

在图像处理中，CNN（convolutional neural network，卷积神经网络）是最常用的深度学习模型，它是一种使用卷积运算的深度神经网络，擅长处理图像，能够有效地提取图像中的各种低层和高层特征。

卷积神经网络的结构与传统的神经网络类似，也包含 3 个部分，分别是输入层、隐层和输出层。卷积神经网络的输入层可以处理多维数据，通常将它的神经元设计为 3 个维度，即 width、height 和 channels，用来表示像素的宽度、高度和 RGB 通道。隐层通常由卷积层和池化层交替组成。卷积层和池化层是卷积神经网络特有的结构。输出层采用全连接结构。全连接层的输入是卷积层和池化层提取的特征图，它的最后一层输出分类或回归的结果。

（1）卷积层

卷积神经网络通过卷积操作来提取图像的局部特征。较低的卷积层（convolutional layer）通常提取一些低级别的图像特征，比如边缘、角点、纹理等；而较高的卷积层将低层提取的特征融合成更复杂的特征模式，比如眼睛、嘴巴、鼻子等，从而使卷积神经网络能够有效地学习复杂的抽象特征。卷积核（卷积模板）从形式上来说是一个矩阵。一个卷积核提取一种特征，卷积核越大，提取局部特征的范围也越大。卷积神经网络通常在每一层设置多个卷积核。

传统的神经网络通常采用全连接的方式将输入图像传递给隐层，即每个神经元都能够感知整个图像。采用这种方式，图像越大，网络的参数越多，导致训练过程非常缓慢。卷积神经网络的卷积层通过卷积核限制每一层神经元的数量，每个神经元只感知图像的局部，而后面的隐层再把前面提取的局部特征综合起来，从而得到全局特征。神经网络的连接方式如图 9-97 所示。

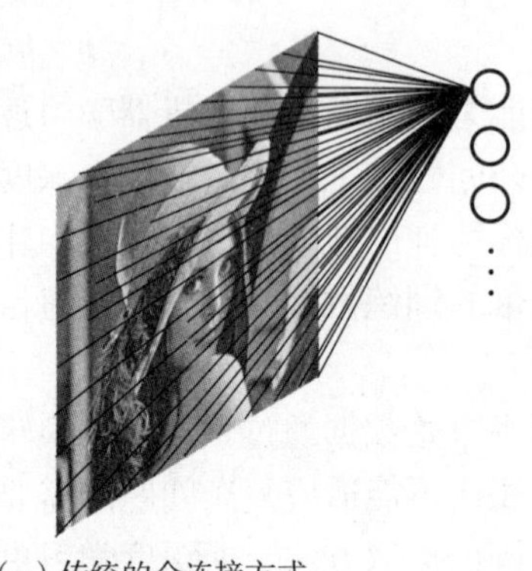
（a）传统的全连接方式

（b）卷积神经网络的局部连接方式

图 9-97　神经网络的连接方式

卷积运算是指通过卷积核在图像上滑动来提取图像的局部特征。卷积核每次滑动到一个位置，就提取当前位置的图像局部特征，最终通过滑动处理提取整个图像的特征。假设在输入图像（灰度图像）中，像素 p 的坐标为(x, y)，卷积核大小为$r \times s$，权重为w_{ij}，图像灰度值为v_{ij}，卷积过程就是将卷积核中所有权重与输入图像上对应元素的灰度值相乘，然后将相乘后的值累加起来，作为图像的局部特征，计算公式如下：

$$\text{conv}_{x,y} = \sum_{i,j}^{r \times s} w_{ij} v_{ij}$$

下面我们来看一个例子，一个 6×6 的图像矩阵，用一个 3×3 的卷积核，移动步长为 1，执行卷积运算，运算方式如图 9-98 所示。

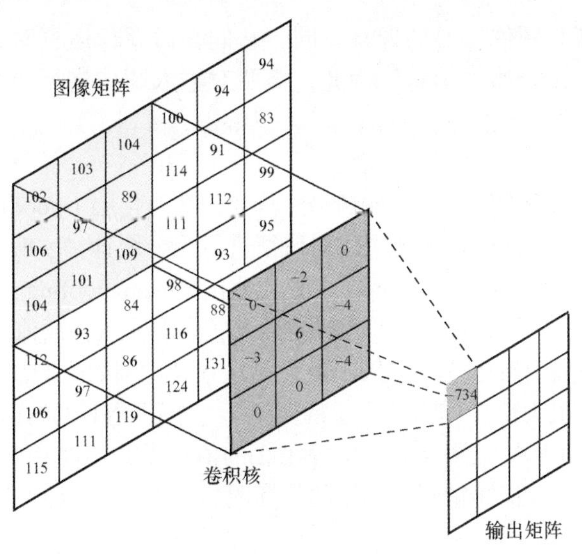

图 9-98　卷积运算

从图 9-98 可以看出，卷积运算后的输出结果为：

$$\mathrm{conv}_{x,y} = 102\times0-103\times2+104\times0-106\times3+97\times6-89\times4+104\times0+101\times0-109\times4=-734$$

在卷积操作中，卷积核（kernel）、步长（stride）和填充（padding）决定了输出图像（特征图）的大小。步长定义为卷积核在图像上滑动时移动的距离。当滑动步长为 1 时，卷积核将会逐个滑过图像的每一个像素；当步长为 n 时，在下一次滑动时将跳过 n 个像素。填充是在图像执行卷积操作之前，在图像周围添加像素，比如在图像周围填充 0，如图 9-99 所示。

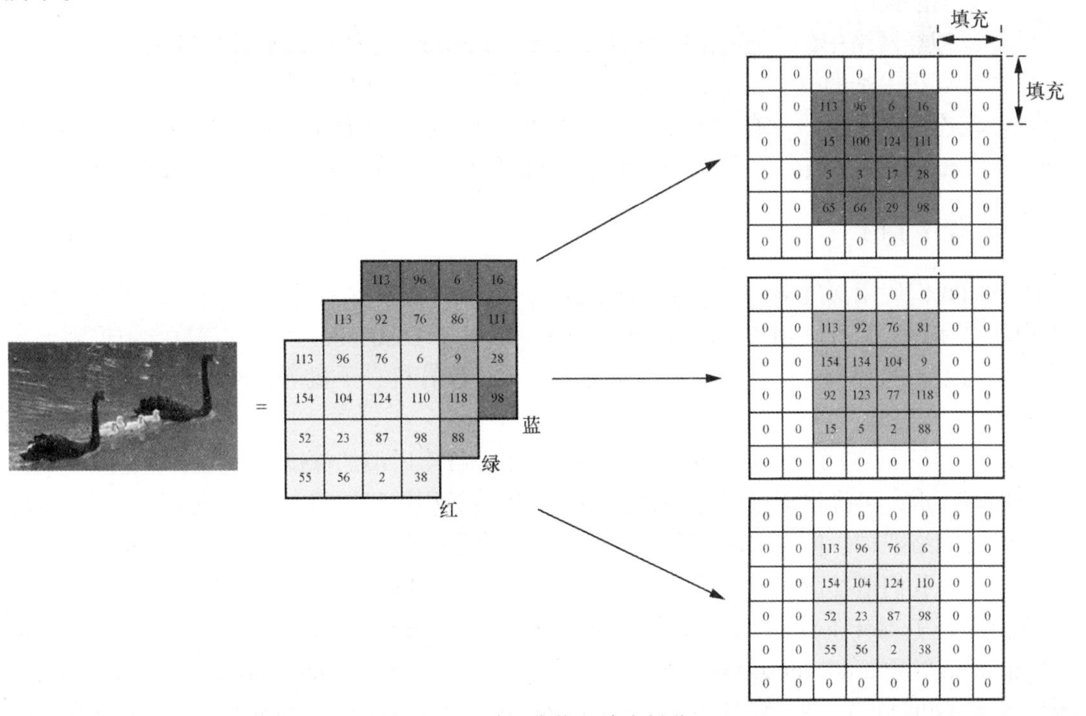

图 9-99　对图像执行填充操作

图像边缘的像素与图像中心的像素不同，它们在做卷积运算时，只能用卷积核计算一次，从而导致丢失部分边缘信息。因此，需要对输入图像进行填充，来保留图像的边缘特征。

（2）池化层

图像在执行完卷积操作以后，特征图仍然较大，在池化层（pooling layer）中可通过池化处理可以进一步缩小特征图。池化操作对特征进行聚合统计，一般池化区域为2×2。常用的池化方法有最大池化（max pooling）、平均池化（mean pooling）等。最大池化是指将特征图划分为若干个子区域，取每个子区域的最大值作为输出特征值。图 9-100 中给出的池化区域为 2×2，池化操作步长为 2，采用最大池化方法。例如我们从特征图左上角的 4 个元素(2, 3, 6, 7)中选取最大值 7 作为池化后特征图第一个位置(1, 1)的值；接着，滑动 2 步，选取最大值 9 作为池化后特征图第二个位置(1, 2)的值；以此类推，不断地在图像上滑动，选取池化区域的最大值，最终得到缩小后的特征图。

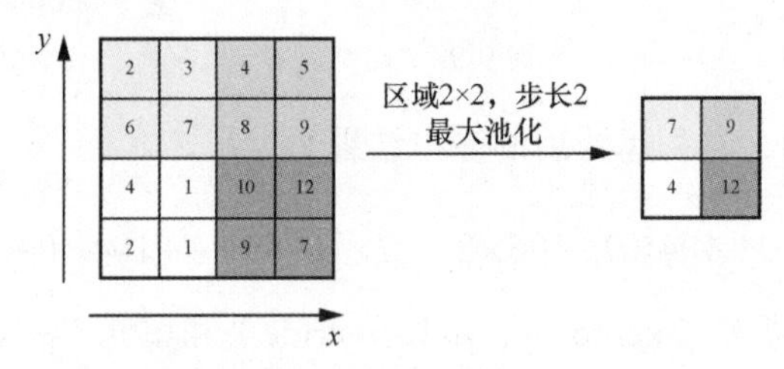

图 9-100　最大池化操作

与最大池化类似，平均池化取子区域上所有元素的平均值作为输出特征值。通过池化方法统计局部区域的特征，不仅降低了数据的维度，同时使模型不容易过拟合。

（3）全连接层

卷积神经网络中的全连接层（fully connected layer）把所有的局部特征组合成全局特征，并计算每一类的概率，起到“分类器”的作用。全连接层与多层感知机结构一样，每个神经元连接前一层的所有神经元，而全连接层的最后一层作为输出，可以采用 Softmax 回归（Softmax regression）实现多分类，这样的层也称为 Softmax 层（Softmax layer）。

2. 程序示例

下面我们使用深度学习框架 TensorFlow 和 Keras 构造一个卷积神经网络，用来识别图像中的猫和狗这两种动物。TensorFlow 是 Google 基于 DistBelief 研发的深度学习框架，它支持异构设备的分布式计算，能够在服务器、台式计算机、手机等各种平台上运行深度学习模型。

Keras 是一个基于 TensorFlow、Theano 以及 CNTK 后端的深度学习框架，它由 Python 语言编写而成，可提供深度学习的高层 API，支持卷积神经网络、循环神经网络等常用的深度学习网络架构。使用 Keras 能快速开发深度学习算法，并对算法进行试验和验证。

首先，我们搭建深度学习的开发环境，安装 TensorFlow 和 Keras。根据硬件条件，可以选择安装 TensorFlow 的 CPU 版和 GPU（graphics processing unit，图形处理器）版。使用 pip install --upgrade tensorflow 命令安装 CPU 版，使用 pip install --upgrade tensorflow-gpu 命令安装 GPU 版。如果安装 GPU 版，还需要安装 CUDA（compute unified device architecture，

统一计算设备架构）和 CUDNN（CUDA deep neural network，CUDA 深度神经网络）。CUDA 是 NVIDIA 公司提供的 GPU 运算平台。安装完以后，编写程序检测 TensorFlow 是否可以正常运行，代码如下：

```
import tensorflow as tf
hello = tf.constant('Hello, TensorFlow!')
sess = tf.Session()
print(sess.run(hello))
```

如果代码运行结果显示字符串“Hello, TensorFlow!”，表示 TensorFlow 运行正常。接下来再用 pip install keras -U –pre 命令安装 Keras。

深度学习的猫狗数据集来自 Kaggle 竞赛，可以在其官网上下载。数据集有两个文件夹，分别是 train 文件夹和 test 文件夹。训练集中有 25 000 幅猫和狗的图像，每幅图像的文件名都标注了是猫还是狗，并且类别标签用 0 表示猫，用 1 表示狗。测试集中有 12 500 幅猫和狗的图像。

在使用 Keras 训练卷积神经网络模型之前，重新组织猫狗数据集，数据集的文件夹结构如图 9-101 所示。

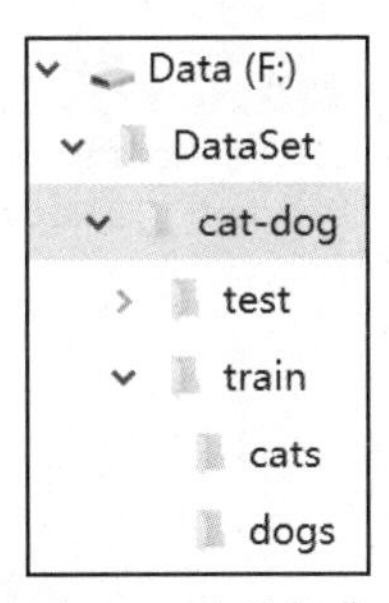

图 9-101　重新组织的数据集文件夹结构

整理好数据集以后，用 ImageDataGenerator 类的 flow_from_directory( )函数载入训练数据，并且通过随机旋转、移动、错切变换、缩放、翻转操作对训练数据进行扩增，代码如下：

```
from keras.preprocessing.image import ImageDataGenerator

# 训练样本和测试样本目录
train_dir = r'f:/DataSet/cat-dog/train/'
test_dir = r'f:/DataSet/cat-dog/test/'
image_size = (128, 128) # 图像的大小
batch_size = 16 # 设置批量数据为 32

# 对训练图像进行扩增
train_gen = ImageDataGenerator(rescale=1./255,          # 将图像像素值变换到[0, 1]
                               rotation_range=20,       # 图像随机旋转的最大角度
                               width_shift_range=0.2,   # 水平方向上偏移的最大百分比
                               height_shift_range=0.2,  # 垂直方向上偏移的最大百分比
                               shear_range=0.2,         # 图像随机错位切换的角度
                               zoom_range=0.5,          # 图像随机缩放的范围
```

```
                  horizontal_flip=True,          # 随机水平翻转
                  validation_split=0.1)          # 验证集划分比例
# 生成训练数据
train_flow = train_gen.flow_from_directory(train_dir,
                        target_size=image_size,
                        batch_size=batch_size,
                        class_mode='binary',
                        subset='training')     # 设置为训练数据

# 生成验证数据
valid_flow = train_gen.flow_from_directory(train_dir,
                        target_size=image_size,
                        batch_size=batch_size,
                        class_mode='binary',
                        subset='validation')   # 设置为验证数据

print(f'训练集信息：\n{train_flow.class_indices}')
```

完成数据载入以后，我们需要搭建深度学习网络。下面用 Keras 的 Sequential 模型来构造卷积神经网络，代码如下：

```
from keras.models import Sequential
from keras.layers import Conv2D, BatchNormalization, MaxPooling2D,
                         Dense, Dropout, Flatten, Activation
from keras import optimizers

# 创建 Sequential 模型对象
model = Sequential()

# 第一层
# 输出特征图的通道数（深度）为 32，卷积核大小为(3,3)，激活函数为 ReLU
model.add(Conv2D(filters=32, kernel_size=(3,3), activation='relu',
          input_shape=(image_size[0], image_size[1], 3)))
# 采用批归一化
model.add(BatchNormalization())
# 采用最大池化，窗口大小为(2,2)，用以缩小特征图的尺寸
model.add(MaxPooling2D((2,2)))

# 第二层
model.add(Conv2D(filters=64, kernel_size=(3,3), activation='relu'))
model.add(BatchNormalization())
model.add(MaxPooling2D((2,2)))

# 第三层
model.add(Conv2D(filters=128, kernel_size=(3,3), activation='relu'))
model.add(BatchNormalization())
model.add(MaxPooling2D((2,2)))

# 第四层
model.add(Conv2D(filters=256, kernel_size=(3,3), activation='relu'))
model.add(BatchNormalization())
model.add(MaxPooling2D((2,2)))
```

```
# 输出层
# 将特征图转为扁平层，即将多通道的特征输入转化为一维的输出
model.add(Flatten())

# 全连接层，对图像进行分类，分为 0、1 两类
model.add(Dense(512, activation='relu'))
model.add(Dropout(0.5))
model.add(Dense(64, activation='relu'))
model.add(Dropout(0.5))
model.add(Dense(1))
model.add(Activation('sigmoid'))

# 编译模型，设置损失函数、优化器、模型的度量方式
model.compile(loss='binary_crossentropy',
          optimizer=optimizers.adam(lr=0.0003),
          metrics=['accuracy'])

# 显示模型信息
print(model.summary())
```

代码的运行结果如下：

```
Layer (type)                 Output Shape              Param #
=================================================================
conv2d_1 (Conv2D)            (None, 126, 126, 32)      896
_________________________________________________________________
batch_normalization_1        (Batch (None, 126, 126, 32)   128
_________________________________________________________________
max_pooling2d_1              (MaxPooling2 (None, 63, 63, 32)   0
_________________________________________________________________
conv2d_2 (Conv2D)            (None, 61, 61, 64)        18496
_________________________________________________________________
batch_normalization_2        (Batch (None, 61, 61, 64)     256
_________________________________________________________________
max_pooling2d_2              (MaxPooling2 (None, 30, 30, 64)   0
_________________________________________________________________
conv2d_3 (Conv2D)            (None, 28, 28, 128)       73856
_________________________________________________________________
batch_normalization_3        (Batch (None, 28, 28, 128)    512
_________________________________________________________________
max_pooling2d_3              (MaxPooling2 (None, 14, 14, 128)  0
_________________________________________________________________
conv2d_4 (Conv2D)            (None, 12, 12, 256)       295168
_________________________________________________________________
batch_normalization_4        (Batch (None, 12, 12, 256)    1024
_________________________________________________________________
max_pooling2d_4              (MaxPooling2 (None, 6, 6, 256)    0
_________________________________________________________________
flatten_1 (Flatten)          (None, 9216)              0
_________________________________________________________________
dense_1 (Dense)              (None, 512)               4719104
_________________________________________________________________
dropout_1 (Dropout)          (None, 512)               0
_________________________________________________________________
```

```
dense_2 (Dense)              (None, 64)                32832
_________________________________________________________________
dropout_2 (Dropout)          (None, 64)                0
_________________________________________________________________
dense_3 (Dense)              (None, 1)                 65
_________________________________________________________________
activation_1 (Activation) (None, 1)                    0
=================================================================
Total params: 5,142,337
Trainable params: 5,141,377
Non-trainable params: 960
```

卷积神经网络模型创建好以后，调用模型的 fit_generator(self, generator, steps_per_epoch =None, epochs=1, verbose=1, callbacks=None, validation_data=None, validation_steps=None, class_weight=None, …)函数开始训练卷积神经网络。其中 generator 是数据生成器；epochs 是训练迭代次数；callbacks 是一个列表，它的元素是 keras.callbacks.Callback 对象，即模型的回调函数。在训练过程中，模型会根据设定的条件调用列表中的回调函数。模型训练好以后，我们将模型保存到磁盘上，代码如下：

```
from keras.callbacks import ModelCheckpoint

model_file = r'f:/cats_and_dogs.h5'
his = model.fit_generator(train_flow,
                steps_per_epoch=100,             # 每一轮训练的批次
                epochs=50,                       # 数据迭代的次数
                verbose=1,                       # 显示训练信息
                validation_data=valid_flow,      # 验证集数据
                validation_steps=50)             # 验证集用于评估的批次

# 保存模型
model.save(model_file)
```

为了可视化模型的训练过程，根据 fit_generator( )函数返回的 his，用 Matplotlib 绘制模型的准确率和损失的变化曲线，代码如下：

```
import matplotlib.pyplot as plt

plt.rcParams['figure.dpi'] = 300
plt.rcParams['font.sans-serif']=['SimHei']

# 绘制训练过程中模型准确率的变化
plt.plot(his.history['acc'])
plt.plot(his.history['val_acc'], '--')
plt.title('模型的准确率')
plt.ylabel('准确率')
plt.xlabel('轮数')
plt.legend(['训练集', '验证集'], loc='upper left')
plt.savefig(r'f:/acc.png')
plt.show()

# 绘制训练过程中模型损失的变化
```

```
plt.plot(his.history['loss'])
plt.plot(his.history['val_loss'], '--')
plt.title('模型的损失')
plt.ylabel('损失')
plt.xlabel('轮数')
plt.legend(['训练集', '验证集'], loc='upper right')
plt.savefig(r'f:/loss.png')
plt.show()
```

代码的运行结果如图 9-102 所示。

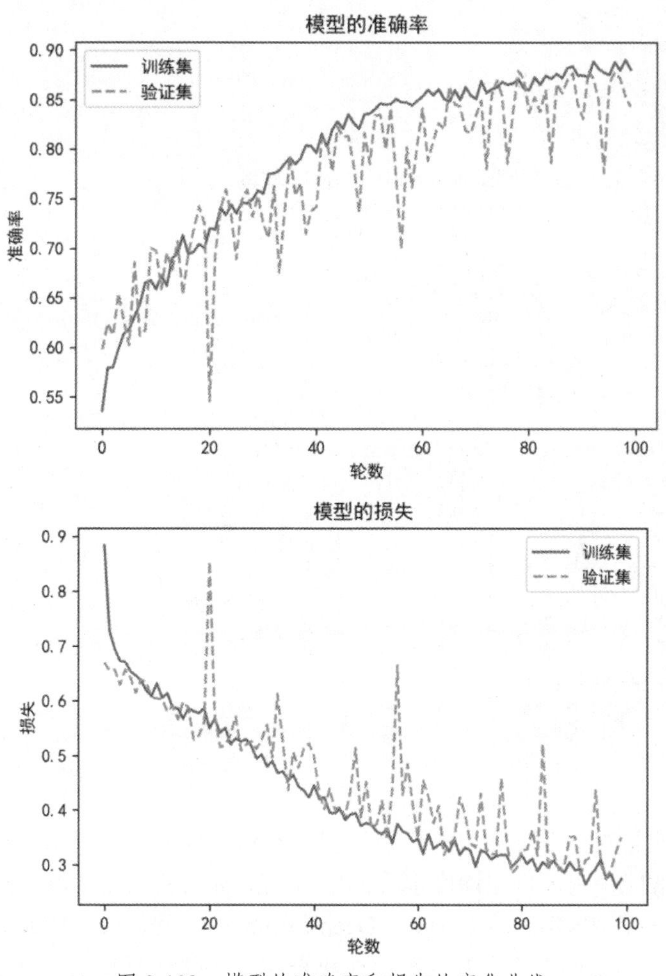

图 9-102　模型的准确率和损失的变化曲线

从图 9-102 中可以看出，在 100 轮训练过程中，训练集的准确率在不断上升，损失在逐渐下降。验证集反映了同样的变化趋势，但波动的幅度较大。

最后，我们对模型进行测试，给模型输入一幅图像，然后调用模型的 predict( )函数进行分类并输出分类结果，代码如下：

```
import numpy as np
import cv2

# 载入测试数据
```

```
def load_test_data(X_test=[]):
    test_flow = []
    for x in X_test:
        img = cv2.imread(x)
        img = cv2.resize(img, image_size)
        img = cv2.cvtColor(img, cv2.COLOR_BGR2RGB)
        test_flow.append(img)

    print(type(test_flow[0]))
    test_flow = np.array(test_flow) / 255.0
    return test_flow

# 输出预测结果
def put_prey(pre_y, label):
    output=[]
    for y in pre_y:
        if y[0]<0.5: #二分类，此处只用一个神经元输出
            output.append([label[0], 1-y[0]])
        else:
            output.append([label[1], y[0]])
    return output

img_file1 = '../../DataSet/Images/dog.jpg'
img_file2 ='../../DataSet/Images/cat.jpg'

model.load_weights('cats_dogs_weights.hdf5')
X_test = load_test_data([img_file1, img_file2])
y_pred = model.predict(X_test)

np.set_printoptions(suppress=True)
print(y_pred)
print(['dog' if i >= 0.5 else "cat" for i in y_pred])
```

代码的运行结果如下：

```
[[0.93701375]
 [0.00002427]]
['dog', 'cat']
```

深度学习框架是支持深度学习的一系列程序库和工具软件，它能使开发人员不需要深入底层算法细节就能快速地构建深度学习模型。目前，常用的深度学习框架除了 TensorFlow 和 Keras 以外，还有 PyTorch、CNTK、Deeplearning4j、Apache MXNet、PaddlePaddle、TensorLayer 等。它们用预先构造好的组件模块来定义深度学习模型，为深度学习提供了清晰而简洁的开发方法。

9.5 本章小结

本章首先介绍了基于流行框架 Scrapy 的网络爬虫、数据存储方式及其基础应用，然后介绍了推荐系统，并基于 IMDB 实现了简单的推荐系统；针对基本的图像操作介绍了 Python 的图像处理库；最后结合 scikit-learn 和 Keras 库介绍了各种机器学习算法和深度学习方法，并给出了相应的应用实例。

9.6 习题

1. 编写 Python 程序生成验证码图像。

2. 编程实现在图像上添加文字。

3. 用 Python 编程实现图像的自适应直方图均衡化。

4. 创建两个滑动条，分别调整图像的对比度和亮度。

5. 列举 4 种颜色空间，并说明它们的特点及应用范围。

6. 利用所学的图像处理和机器学习方法，设计一套算法流程，来实现汽车牌照的定位和数字的识别。

7. 将彩色图像转换为灰度图像，计算灰度图像的均值和标准差，并将灰度图像反白显示。

8. 什么是过拟合？什么是欠拟合？

9. 朴素贝叶斯中的“朴素”指的是什么？

10. 简述支持向量机的算法流程。

11. *K*-means 和 KNN 算法的区别是什么？

12. 简述有监督学习和无监督学习的区别。

13. 简述 3 种常用的降维方法。

14. 什么是 *K* 折交叉验证？

15. 给出准确率、召回率、F1 值、混淆矩阵的定义。

参考文献

[1] 范丽. 基于 Python 的数据可视化[J]. 电子世界，2020(8): 2.
[2] 张艳，吴玉全. 基于 Python 的网络数据爬虫程序设计[J]. 电脑编程技巧与维护，2020(4): 2.
[3] 王德志，梁俊艳. 面向新工科的《Python 语言程序设计》教材建设研究[J]. 黑龙江教育：理论与实践，2020(3): 3.
[4] 汪材印，崔琳，吴孝银，等. 应用型本科高校省级规划教材《Python 语言程序设计》建设研究[J]. 滁州学院学报，2018(2): 3.
[5] 裘宗燕. 基于 Python 的数据结构课程[J]. 计算机教育，2017(12): 4.
[6] 黄赫，孙静，张思源. 基于 Python 语言编程的计算机教学探讨[J]. 数字通信世界，2019(7): 1.
[7] 耿颖. 使用 Python 语言的 GUI 可视化编程设计[J]. 单片机与嵌入式系统应用，2019(2): 4.
[8] 嵩天，礼欣，黄天羽. Python 语言程序设计基础[M]. 2 版. 北京：高等教育出版社，2017.
[9] 刘卫国. Python 语言程序设计[M]. 北京：电子工业出版社，2016.
[10] 张志强，赵越. 零基础学 Python[M]. 北京：机械工业出版社，2015.
[11] 董付国. Python 程序设计基础[M]. 2 版. 北京：清华大学出版社，2018.
[12] LAMBERT K A. 数据结构（Python 语言描述）[M]. 2 版. 肖鉴明，译. 北京：人民邮电出版社，2021.
[13] ZELLE J. Python 程序设计[M]. 3 版. 王海鹏，译. 北京：人民邮电出版社，2018.
[14] MCKINNEY W. 利用 Python 进行数据分析[M]. 唐学韬，译. 北京：机械工业出版社，2013.
[15] HETLAND M L. Python 基础教程[M]. 3 版. 袁国忠，译. 北京：人民邮电出版社，2018.
[16] RAMAN K. Python 数据可视化[M]. 程豪，译. 北京：机械工业出版社，2017.
[17] MILOVANOVIC I，颛清山. Python 数据可视化编程实战[M]. 北京：人民邮电出版社，2015.
[18] IVAN I. NumPy Cookbook[M]. Birminghan: Packt Publishing，2015.
[19] WES M. Python for data analysis: Data wrangling with Pandas，NumPy，and IPython[M]. Sebastopol: O'Reilly Media，2012.
[20] 刘大成. Python 数据可视化之 matplotlib 实践[M]. 北京：电子工业出版社，2018.
[21] 斯蒂尔. 数据可视化之美[M]. 北京：机械工业出版社，2011.
[22] MARTELLI A，RAVENSCROFT A，ASCHER D. Python cookbook[M]. Sebastopol: O'Reilly Media，2005.